中国历史极端气候事件复原研究

张德二 著

商务印书馆
创于1897
The Commercial Press

图书在版编目（CIP）数据

中国历史极端气候事件复原研究/张德二著. —北京：
商务印书馆，2023（2023.11 重印）
ISBN 978-7-100-19543-0

Ⅰ．①中…　Ⅱ．①张…　Ⅲ．①气象灾害-研究-中
国　Ⅳ．①P429

中国版本图书馆 CIP 数据核字（2021）第 033079 号

中国历史极端气候事件复原研究
张德二　著

商 务 印 书 馆 出 版
（北京王府井大街 36 号　邮政编码 100710）
商 务 印 书 馆 发 行
北京中科印刷有限公司印刷
ISBN 978-7-100-19543-0
审图号：GS（2022）1468 号

2023 年 7 月第 1 版　　　　开本 787×1092　1/16
2023 年 11 月北京第 2 次印刷　印张 24 ³/₄

定价：228.00 元

自　序

　　极端气候事件是气候变化研究的内容之一，有关现代极端气候的著述很多，而历史时期的极端事件研究尚鲜见，近些年极端气象事件频发，给当今社会带来极大影响，引起热议。各类报道中常有称某些事件为"前所未见""千年未遇"的，也有称其是全球变暖所致、将会越来越频繁等，于是便时有转向历史气候研究的发问：历史上可曾有过类似事件发生？是否还有更甚于今者？本书将笔者多年来依据历史气候记录对过去一些极端气候事件所作的研究结果，连缀成篇，按水旱冷暖分别陈述，期望能增进对这基本问题的认识，也为学术著述补缺。

　　笔者自 1974 年专事历史气候研究以来，逐渐认识到中国浩繁的历史文献中丰富的气象记载对于古气候研究之弥足珍贵，时日愈久，体验愈深，尤其是它独具的记录事物发生时间地点较明确、描述具体的优点，它能够直接指明是温度或是降水的变化，是霜、雪或是霰、雹现象，且发生时间清楚，这是其他古气候代用记录（树木年轮、冰芯、石笋、湖相沉积等）所不能的，故笃信中国气候史料应当对气候变化的科学问题给出特有的揭示。起先笔者曾一度潜心于定量重建历史气候时间序列，如旱涝等级序列、温度序列、降尘频数序列等，每每为历史气候记载的中断、缺如带来的序列不连续性而大伤脑筋，后来竟发现历史气候重大事件的复原研究却是可以绕过这层障碍的，因为它尽可以选择历史记载丰富的事例来进行。我于 1994 年承担国家自然科学基金项目"我国历史重大气象灾例复原研究"（项目号：49375244）时，即着手探讨如何利用文献记载来复原历史气象实况，包括天气过程的复原推断、气候特征值的定量推算等，写成《中国历史重大气象灾例复原研究》书稿，经遴选获准国家自然科学基金委员会的出版基金，被商务印书馆接受列入出版计划，可惜这书稿的修订事后来因另有其他任务无暇顾及以致搁置。然而，在此其间关于极端气候事件的话题随着全球变暖的讨论已成为热议，许多议论引起我对原书稿的重新审视，于是将原书稿中的事例选取作了增删、调整和内容补充，并将原书名更改为《中国历史极端气候事件复原研究》，于 2012 年再启书稿修订，此时有了较充裕的时间来细细地、全面核定书中采用的资料信息、反复调试图幅的荷载内容和色彩配置等，让插图能表达更多的信息、更便于解读。如此的水磨功夫毕竟见到了效果。

本书陈述了利用古代文献记载对中国历史时期干旱、雨涝、异常寒冷、异常暖热等极端气候事件所作的实况复原研究，给出各事例的实况复原图、气候特征值推算，以及有关气候概况和外界影响因子的说明等。所选历史极端事件的严重程度大多是现代气象观测未曾记录的，更有许多现代天气学、气候学研究结论（包括笔者的一些研究结果）一再地在过去千百年的历史事例中得到印证，每有"印证"皆令人欣然，得享一番探究自然之道的愉悦。

利用历史文献记录来复原过去的气候实况是一项全新的尝试，虽无先例可仿，但可任由妙思导引去探寻，而终于觅得一条"通幽"之"曲径"：它首先要将源于不同史籍的、点点滴滴的历史气候记录——串联起来，再作合理的拼合，这犹如散珠碎玉的精细拣选和串缀，好似智力拼图，进而再用天气学、气候学原理来解读这些拼合，力图通过一番科学诠释来重现昔日的气候实况情景，甚而呈现出一幅生动的天气学画面，不仅仅有干旱、雨、雪的发生地点跃然于纸上，而且它们成片、成线的分布往往又恰是天气学理论所述的典型模态，其间天气系统的移动变化、锋面活动逐日位置便会顿然清晰呈现，好似有一番点石成金的变幻。这种将"残丝""断线"式的历史气候记录作"精妙拼织"的过程颇富奇趣，常常会有意外惊喜，有时费心找到的一小段刮风下雨记述，竟然就能将一大堆散乱的现象串联起来，呈现为一段天气系统的活动过程，于是整个气候异常事件就有了天气学理论的解释。此刻，那些看似繁乱不堪的枯燥史料便顿时生动起来，如吉光片羽，化腐朽为神奇。这般利用历史记载的"残片"来恢复过去的气候实况的研究，常常如神探之觅踪破案，既有脑汁绞尽的苦苦探索，也是一段可以任思维自由驰骋的奇妙的体验，有苦思，也有愉悦，时而还会有在知识汪洋中"纵一苇之所如，凌万顷之茫然"的绝妙感觉。

此项复原研究是在前人丰厚的学术成果基础上进行的。气候史料的使用首先遇到历法和历史沿革地理的诸多问题，所幸这些问题大多可以借助于诸如《二十史朔闰表》和《中国历史地图集》等精品著作为工具而解决，当我便捷地利用这些前辈学者的倾心之作时，对先贤们的敬意便油然而生。至于历史气候特征值的定量推断，则是一项全新的探索，裨益于许多中、外学者的学术成果。如今能有众多的天气动力学、农业气象学、物候学、作物栽培学、水文学等学科的考察报告和研究结论被用作推断古气候值的依据，更有常年积累的气象观测站资料可方便利用，还有太阳活动、火山活动、海洋厄尔尼诺事件年表等科学资料随手检阅，诚乃幸事也！本项研究更得益于计算机技术的发展，面对如此巨量的历史气候记载，传统的分析研究方法已完全无能为力，谨凭借笔者自己团队研制的"中国历史气候基础资料系统"，各种专项记录的检索、分析和综合绘图方得以便捷地进行。

　　本书的基础史料取自《中国三千年气象记录总集》（下简称《总集》），此《总集》的编写始于1985年，于2004年出版，2013年又出版增订本。当年编撰此《总集》之初衷是要为中国历史气候的研究提供一份翔实可靠的、有实据可查的基础资料。本书即是依据《总集》史料写成的第一本专题著述。在本书的写稿期间历史记录曾有修订、增补，笔者也时有新的考量，故书稿屡作补充修改、插图多次更新。如此的琢磨不觉时光竟然飞逝了二十多年，然而这对《总集》内容的解析来说才仅仅是个开始。于此，笔者益发体验到人类认识自然的道路何其漫长，扎扎实实的基础性的研究又何其不易！！先贤曰："君子务本，本立而道生"，转借圣贤言，但愿本书秉承"务本"精神，于探究气候变化之"道"有补。

　　本书是学术专著，难免会枯燥和乏味。前辈学者曾提出"学术美文"的追求，笔者虽心仪之，却自知实难为之，好在气候变化是大众皆可参与的话题，各人尽可以由自身的体验和见闻来议论气候之是否异常或是否极端，这或许能淡化一点艰涩，引起一些阅读兴趣。

張德二

2019 年 7 月 28 日

引　言

—— 历史极端气候事件实况复原的方法及其科学依据

全球气候变化问题为世所瞩目。气候变化不单指气候平均状态和距平的变化，也包含极端天气或气候事件（以下简称极端事件）的变化。极端事件的突发性强、影响大，故备受关注。极端事件通常被理解为"小概率"事件，指那些远离平均状态而很少出现的气候值或现象。有关现代的极端事件研究进展很快，论述颇丰，广及极端事件的分类、评估、归因、预估和应对诸多方面。其中有关现代事件的研究已取得许多成果，但关于过去数百年、上千年间极端事件的并不多，而这些却是在考虑气候变化和应对策略问题时不可缺少的。

中国历史气候记录的科学应用，以研究中国近五千年气候之变迁[1]首开先河，继而在重建历史时期气候序列、研究历史旱涝、冷暖和沙尘暴现象的长期变化规律、特征方面取得众多成果[2][3][4]，笔者参与这些研究并从中悟到，历史气候记录在研究历史气候事件上更独具优势，于是想到应当再作一番新的探讨。这首选的便是历史极端事件的实况复原问题。研究事例的选取，着眼于干旱、雨涝、寒冷、暖热各类事件的罕见性，因其发生概率很低（＜10%）而被视作极端事件，亦兼顾不同历史朝代和冷暖气候背景的代表性，仅择典型的、有代表性的极端事例进行之。本书陈述了利用古代文献记载对中国历史时期极端气候事件所作的实况复原研究，含干旱、雨涝、寒冷、暖热事件共 44 例。其中干旱（持续 3 年以上的大范围干旱）7 例，雨涝（持续多雨、暴雨）14 例，寒冷（寒冬、春寒、冷夏）17 例，暖冬和炎夏 6 例。此研究依据历史气候记载来复原各事例的气象实况，给出各种复原推断结果，包括天气过程的复原推断、气候特征值的定量推算及其推断的科学依据、可能的自然影响因子，以及气候概况和背景的回溯等，并尽可能地与现代的典型事例作对比讨论。

这项复原研究以中国历史气候记录为基础资料，依据现代天气学、气候学的基本原理来进行，是一项全新的探讨和尝试。这项跨学科的研究，需要多种知识、技术的综合运用，涉及人文科学、自然科学诸多方面。以下分别就此项研究所涉的历史气候记录、天气实况复原、气候特征值的定量推算、伴生灾害、成因和气候概况、冷暖气候背景，以及有关的历史地理沿革、古今历法和古文献标注、插图绘制等问题说明之。

一、基础气候史料的可靠性及其使用

中国历史气候记录十分丰富，在逾万种的古籍文献中可谓俯拾皆是，然而用作历史气候研究的基础史料，却务必经过系统采集和精心勘校，以剔除种种讹误。这采集工作应当以历史文献学的专业知识为指导来进行，绝非轻易地寻章摘句、随手抄录，还需援用自然科学知识来判别记载之真谬，那种简易地将多种汇编史料混合使用的做法则应坚决地予以摒弃。所幸的是这项繁难万端的古文献记载的系统采集、勘校、去伪存真的工作，已在编撰《中国三千年气象记录总集》（以下简称《总集》）[5]时得以施行。《总集》系统采集了 8 432 种史籍中有关气象的记载（其中地方志史料是按《中国地方志联合目录》全部尽作查阅的），经精心勘校编成，许多错讹得以消弭。本书以此《总集》为基本资料，乃使本书的科学水平得以保障，读者倘若对本书所述史实有疑问，可以从《总集》详查，笔者另备有编撰《总集》时采集收存的史籍卷帙（副本）供查证。此外，本书还用到清代宫廷文档，如奏折、《晴雨录》等逐日天气报告（现存中国第一历史档案馆）。

气候史料的使用涉及古今历法和古今地名沿革变迁的诸多问题，这些大多可以借助于《二十史朔闰表》[6]和《中国历史地图集》[7]等精良图书而得以解决。史料记载中采用帝王纪年和农历记月、日，本复原研究据《二十史朔闰表》将这些换作公历来表示：在公元 1582 年以前的用儒略历，以后的用格里高利历表示。文中的农历年、月、日写为汉字表示，公历的用数字表示，以示区分。气候史料中一些现象的发生地是以古地名记载的，复原研究中这些古地名皆经古今地名对照处理后，再按现代地名位置来统计和绘制分布图。古代行政区的范围和治所地点皆可借助《中国历史地图集》[7]等工具书予以认定，有些疑难则另向历史地理学家求教。但史籍中有许多现象的发生地记载十分简略，如记为某府大旱、某地暴雨的，并未指明究竟是某府所辖全境的，或仅仅是府治所在地的局地现象，这些不能全由工具书来解答，不过有些却是可以依靠天气学知识来判断的，例如通常说"旱一片、涝一线"即指严重干旱往往大范围发生、雨涝常呈区域性或地带状出现，这有助于合理判读发生地的范围，且往往能够显示出天气系统活动特征。由于历史记载会有缺失，加之某些地名诠释含有推断的成分，所以书中的插图所显示的各类现象的发生地域只是示意性的。

气候史料能够方便地用于本项气候事件复原研究，得益于计算机技术的发展。面对如此巨量的历史气候记载，传统的研究方法已完全无能为力，依靠我们自己研制的"中国历史气候基础资料系统"[8]，来完成各种专项记录的检索、分析和综合绘图。这"中国历史气候基础资料系统"已将《总集》[5]的历史气候记录经过古、今地名和纪年、历法变换处理后，按设定格式录入，且自 2000 年建成后又屡有修订完善[8]。

二、历史极端事件的实况复原

本书从天气学、气候学的角度来展开极端事件实况的复原和分析，对不同旱、雨、寒、热各类事件的表述方式有些差别，并酌情将历史极端事例的实况与现代同类事例作些对比。

1. 极端事件实况情景的复原

依据史料，缀合相关记载以呈现历史极端事件的实况情景，除直述外，多采用图解方式来直观表达极端事件的实况发生情形，如干旱、持续多雨、暴雨、水患发生的地域，大雪、寒冻、冰封的发生地点，罕见的高温酷热、异常低温寒凉、霜雪的记载地点，以及寒潮、暴雨天气系统的移动过程等。书中含图 190 幅。

一些天气过程（如降水、寒潮）可据天气现象的记述来作推演。如由史料记载的降雨地点和起止时间推知暴雨中心地带的转移，由降雨或降雪起止时间和风向变换推断锋面活动，由霜雪日期之先后推断寒潮冷空气路径，以及由各地降雨起止时间推断雨带位置和移动特点等，并与现代气候特征进行对比。一些持续多年的干旱事件的实况图，可直观表达逐年的干旱区的变动、旱区范围的扩大或缩小，以及干旱中心区的移动特点。由降水和干旱历史记载绘成的逐年旱涝分布图，则可呈现降水空间分布型（如南涝北旱、北涝南旱等）的气候特征。

2. 气候特征值的定量推断

如何定量推断各类历史气候特征值并无先例可循，推断方法的探寻则颇富探索性。兹将本书对不同的气候事件所采用的定量指标和量值，概述如下：

（1）历史极端干旱事件

采用干旱县数、连续无降雨日数、连续"无透雨"日数和复原推算的降水量、降水量距平百分率来表示。

干旱县数　按历史记载的受旱地域以县为单元统计得出（即受旱县数），由于宋、元两代的行政建制与现代差别较大，这县数统计只对明、清两代的事例进行。

连续无降雨日数和连续"无透雨"日数　据史料所记各地"亢旱""无雨"（无透雨）的起讫日期统计其间的日数，以表示各地干旱时段的长度。

降水量、降水量距平百分率　根据史料中的降雨或无雨时段的记述和一些关于作物受旱程度与降水关系的研究结果（如农作物干枯致死对应于降水量距平百分率 –95%～–90%等）来推断得出降水量 R（mm）和降水量距平百分率 r（%）估算值。其方法和步骤详见第一章。

（2）历史极端雨涝事件

持续多雨事件　采用史料中通常记为"久雨""霪雨"的主要降雨时段的起止日期和持续天数、雨带维持的天数、持续降雨地域范围大小来表示，由史料记述得到；在有可能时，也采用由各地《晴雨录》档案研究推算的雨日、雨期、雨量统计结果。

暴雨事件　采用主要强降水天气过程的起止时间、持续时间（小时、天数）和强降雨区范围大小来表示。

（3）历史寒冬事件

选择极端最低温度、持续降雪日数、积雪日数、积雪深度等表示。

极端最低温度值　由江河湖海水体冰冻和植物冻害记录来推断。

① 由江河湖海结冰的历史记录推断　现代冰情的研究指出中国现代河流结冰的初冰日期、终冰日期和冰期日数的等值线分布与气温条件之间有密切关系[9]，依据南方河流水体结冰的临界温度条件和海冰观测规范等来推断历史最低温度（详见第四章）。不过，这样进行的温度推断尚有不确定性。

② 由植物冻害记载推断　依据物候学、农业气象和林学研究给出的各种林木、农作物遭受冻害时的临界温度指标，来推断极端最低温度。采用的气象指标有多种，如中国江南地区温州蜜柑树势严重冻伤的温度指标是 –12.2℃ 等（详见第四章），显然这些温度推断是含有不确定性的。

持续降雪日数、积雪日数、积雪深度　皆直接由史料中的相关文字记述转为数量值表示，如将"大雪连绵四十日不止"估计为＞40 天、"积雪月余不消"估计为＞30 天、"雪深三尺"估计为 100 cm 等，尽管史料记述多是记录者的主观印象或粗略估计，不能等同于现代气象观测值，而且某些历史雪日、雪深的记载的数值很高，令今人匪夷所思，但这些历史事例的雪日和积雪深度的相对高值地带的空间分布特点，却往往在现代气候图见到，详见第四章有关个例所述。

（4）历史春、夏低温寒冷事件

采用平均温度值和异常推迟的终雪日期、终霜日期等来表示。

平均温度值的推算　根据"中国物候的地理推移率"[12]等结论，可由历史物候日期记载来推断春季气温值。然而，这方法却不适用于夏季温度的推算，故冷夏事件一般只能作情景描述，仅 1755 年史料中凑巧有夏季蝉鸣的记载，依据蝉鸣与温度关系得以推论当年盛夏时节最高温度（详见第五章第 5 节）。

终雪日期、终霜日期　将历史记载的农历日期换成公历日期表示，并与现代的霜、雪平均终日、最晚终日等进行对比。

（5）历史暖冬和炎夏事件

给出史料记述的异常温暖、炎热现象的发生地点、范围和实况情景，因为仅凭史料之记述尚无法作此类温度的定量推算。仅 1743 年的炎夏事件因幸而拥有温度测量记录，得以详述了温度计测量值及其认证等（详见第六章第 5 节）。

三、历史极端事件的伴生灾害

为了能够对各个历史极端气候事件有一个较完整的认识，书中还陈述了各极端气候事件引起的灾情和伴生灾害（水患、饥荒、蝗灾、瘟疫）情形，并绘制各伴生灾害的地域分布图以辅助说明之，但对极端事件与灾害之间的因果关联等问题则未妄加议论。且对各类事件之所述详略不一，持续干旱事件因地域广、饥荒等危害最为深重，其所述最详细。至于相关的灾情评估、社会影响等则仅略有提及，因这类问题已有大量专门的论著，而对持续多雨、暴雨、异常寒/暖造成的虫害、疫病、饥荒情形则酌情述之。

四、历史极端事件的成因问题

本书未对历史极端事件作成因探讨，只是介绍一些主要的自然影响因子（太阳活动、火山、海温）在历史极端事件发生时的概况，以助于对成因问题的理解和思考。至于人为影响因子，因为是历史时期的事例，则未提及。

因为各种影响因子是通过大气环流场的变化来影响气候的，所以极端气候事件的成因问题，首先应联系到大气环流场的变化，各类极端天气、气候事件直接由异常的大气环流所致。一些现代的极端气候事件的成因问题，已有大气环流场变化的详尽剖析，然而历史时期并无大气环流资料可用，倘若某历史极端事例的史料中适逢有可据以推断天气系统的位置、特征的记述，则可由持续多雨、干旱、高温记录推断出副热带高压系统的位置和活动状态，这样就可从大气环流场的角度来对极端事件的成因作些解说，但大多数历史事件却并非如此。于是本书仅将事件发生时一些主要的自然因子（太阳、火山、海温）的基本情况作些陈述。显然，各因子对气候产生影响的机制十分复杂，不是简单的对应关联，至今一些现代的极端气候事件的归因问题也仍在探讨之中，所以书中各章各节所设的"可能的影响因子"一段，只为提供一些背景情况，这是特地要加以说明的。

1. 太阳活动

太阳活动引起太阳辐射的改变，从而对地球气候产生影响。太阳黑子相对数往往被当作太阳活动的代表，用于气候变化分析。至今，在太阳活动对地球气候的影响方面，已做了大量的统计研究，指出太阳活动的各种时间尺度的周期性与地球气候的关联，更有指出太阳活动的准11年周期（又称太阳活动周）与全球大气环流、区域气候变化（寒冬、大范围旱涝等）的关系[13]。本书根据过去时期的太阳活动资料，给出各极端事件所对应的太阳活动周的情况，包括所对应的太阳活动周、所处的位相（上升、下降段，峰年 M，极小年 m，或其前后）、峰年的太阳黑子相对数和强度等。文中太阳活动的资料取自文献[14]、[15]。

在每个太阳活动周内，从太阳黑子数最少的年份 m 到最多的年份（峰年）M 是上升段，M 年之后到下一个 m 年为下降段；峰年 M 和极小年 m 的前（后），分别以 M+（M−）、m+（m−）标示；峰年的强度按其太阳黑子相对数划分为 9 级表示，记作 WWW（极弱）、WW（很弱）、W（弱）、MW（中弱）、M（中）、MS（中强）、S（强）、SS（很强）、SSS（极强）。太阳黑子相对数在 1750 年以前的是估计值，所定的太阳活动峰年是有"可能误差的"。更多的说明可参见文献[13]。

2. 火山活动

火山爆发喷出大量熔岩、气体和火山灰，高空形成的火山尘幕会影响大气透明度，强火山喷发形成的平流层气溶胶可强烈地散射、反射太阳辐射，使地表冷却。至今现代火山活动对全球气候的影响等问题已有许多研讨。本书谨陈述各历史极端气候事件发生时和发生前的全球火山活动情况，包括喷发火山位置和火山名、喷发时间、级别、喷发指数、喷出的火山灰体量和到达高度等，以提示火山活动对历史极端事件的可能影响。火山资料取自《世界的火山》（*Volcanoes of the World*）[16]一书。

火山喷发级别从弱到强分为 8 级，喷发指数（VEI）表示为 0、1、2、3、3↑、4、4+、5、6、7、8，VEI=8 是最强烈的喷发。

3. 海温特征

气候系统内部自然变化中最重要的方面是大气与海洋环流的变化。"厄尔尼诺"这一赤道中、东太平洋海表大范围持续异常偏暖现象，是大气和海洋相互作用的结果，它隔几年发生一次，持续时间达半年以上，它的发生和变化对全球气候有重要影响，也是中国气候发生异常的强信号。现今已由海温观测确认了 1951 年以来的厄尔尼诺事件，并深入研究了它们对全球和中国气候异常以及极端事件带来的影响，然而这样的研究方法却不能用于历史极端事件。历史厄尔尼诺资料有由奎因（W. H. Quinn）和尼尔（V. T. Neal）整理的公元 1525 年以来的 El Nino 事件年表[17]，该年表指出各次厄尔尼诺事件出现的年份、事件的强度、可信程度和主要史料来源，是一份持严谨态度研制的、可靠性高的科学资料。本书即依据这份年表资料来说明历史极端气候事件发生时的海温状况，指出各极端事件发生时是否为厄尔尼诺年，或在其前、后发生，以及厄尔尼诺事件的强度（由弱到强依次表示为 M–、M、M+、S、S+、VS），由此来推断海温冷暖特征，诸如赤道东太平洋海温高或相对较低等，并与现有的一些关于厄尔尼诺事件影响中国气候异常的研究结论作些对照。

五、气候概况和冷暖气候背景

书中陈述历史极端事件当年的气候概况和事件的冷暖气候背景。

气候概况指事件发生当年的冷暖、降水以及沙尘暴和台风活动的总体情况，指出是否有异常和异常发生时间、地域。对某些个例也有述及其上一年或前期气候状况的。

极端事件的冷暖气候背景值得关注。已有多种全球、北半球和中国的温度变化曲线表明，在过去的千余年间存在温暖的中世纪暖期（MWP）和寒冷的现代小冰期（LIA），以及其间的次一级冷暖波动[18][19][20][21][22]，只是这些冷、暖期在全球各地的出现并不完全同步。中国东部地区现代小冰期自 14 世纪至 19 世纪持续约 600 年，其间次一级的寒冷阶段和相对温暖时段的划分，各位研究者尚不尽相同。本书中所称的小冰期第一、第二、第三寒冷阶段，分别指 1410 年代~1490 年代、1590 年代~1690 年代、1790 年代~1890 年代。须指出，极端气候事件在不同的冷暖气候背景下皆有发生，只是发生的频次有差异，如笔者曾指出，"在最近千年间，中国的干旱严重事件 15 例中有 11 例处于相对寒冷的气候阶段，其冬季的温度低于现代平均值（1951~1980 年）"[23]。书中指出各历史极端事件发生时,是处于何种气候期、气候阶段,如中世纪温暖气候期、小冰期中的第几个寒冷阶段或相对温暖阶段等,还酌情将一些历史极端事件与处于温暖气候背景下的现代极端事件作些对照。现代极端事件的资料取自文献[24]、[25]、[26]。

六、其他

本书旨在专述笔者所进行的历史极端气候事件研究,故对相关的科学研究结论和科学知识只作简要概说,未及细述,因为这些学识之详情尽可以方便地由文献检索获知。所列出的参考文献仅限于正文所引用的,或特为验证笔者以往的研究结论[27][28][29]而选入的,并未博引罗列,以免去冗繁。

本书所用的历史气候记载采自《中国三千年气象记录总集》,即参考文献[5]。正文中引用的史料原句用引号("　")标示,在同页逐一以脚注标示所引古籍的版本、书名和卷号,因脚注数量不宜过多,有些引文的出处则被统注为参考文献[5]。

书中使用的现代气象资料,取自国家气象信息资料中心,所列示的温度、降水、霜、雪等项的现代平均值,一般是 1951～2000 年这个时段的,个别有采用 30 年气候平均值(如 1951～1980 年、1971～2000 年或其他时段的),则另作标注。

本书插图中的各历史气候实况复原图原稿,由"中国历史气候基础资料系统"[8]生成,其绘图系统所用的地理底图采用"国家基础地理信息系统 1:400 万数据"下载数据绘制,其绘图的地理单元为"县"。在本书出版时再用国家测绘地理信息主管部门具有审图号的公益性地图[地图审图号为 GS(2016)2884 号]作为地理底图,重新转绘。各历史气候实况复原图上,底图所示的为现代地名。

目　　录

插图目录

2　历史久雨极端事件

3　历史暴雨极端事件

5 历史春寒和夏季低温极端事件

6　历史暖冬和炎夏极端气候事件

1 历史干旱极端事件

中国地处东亚季风区，降水变率大，干旱事件发生率高，大范围长时间的持续干旱危害最为深重。历史上发生过的重大干旱事件，尤其是那些严重程度为近百年所未见的、连续多年的大范围干旱实例，对其的研究，在气候预测和应对策略研究方面有着重要意义。至于在不同的冷暖气候背景下此类异常事件的特点和发生的可能性等更涉及到社会的可持续发展问题，故值得分别对历史上不同的冷暖气候背景下的典型干旱事例进行剖析。

中国历史上最早的重大干旱记载可追溯到距今 3 800 多年前，即发生于公元前 1809 年的伊、洛河枯竭事件。而更广为人知的莫如距今 3 600 多年前商汤时的连年大旱了，"汤克夏而正天下，天大旱五年不收"[①]"汤七年旱"[②]，这是发生在黄河流域的大范围干旱。其后历朝历代的大范围重大干旱事例不胜枚举，著名的如西汉时，公元前 110～前 105 年黄河流域连续六年夏大旱，以致"民多暍死"[③]，"关东流民二百万口，无名数者四十万"[④]；又如西晋（265～317 年）时大旱频仍，最严重的 309 年竟然"三月大旱，江、汉、河、洛皆竭，可涉"[⑤]，"五月大旱，襄平县梁水淡池竭，河、洛、江、汉皆可涉"[⑥]；再如唐代时，638 年"吴、楚、巴、蜀州二十六，旱"[⑦]，790 年"夏，淮南、浙东西、福建等道旱，井泉多涸，人渴乏，疫死者众"[⑧]，805 年"夏，

---

① 《吕氏春秋·顺民》
② 《荀子·王霸》
③ 《汉书·武帝纪》
④ 《汉书·石奋传》
⑤ 《晋书·怀帝纪》
⑥ 《晋书·五行志》
⑦ 《新唐书·五行志》二
⑧ 《旧唐书·德宗记》下

越州镜湖竭"[①]"秋，江浙、淮南、荆南、湖南、鄂、岳、陈、许等州二十六，旱"[②]；等等。类似的大范围干旱年份可以列出许多，它们的发生概率应在 5%以内，当属极端气候事件无疑。不过早期的历史记载过于简略，难敷复原气候实况之用，故本章仅从最近千年的历史记载中选取研究个例。个例的确定首先着眼于干旱事件的罕见性，同时也考虑其典型意义和代表性，而且尽可能地含有各个世纪的事例。当然，所选个例还须历史记录足够丰富，足堪用于绘图表达。经普查最近 1 000 年的历史干旱记录，择出持续 3 年及以上的、干旱范围在 4 个省市以上的严重干旱事件共 7 例，它们分别出现于宋、元、明、清等不同的朝代和不同的冷暖气候背景下。详如表 1—0—1 所示。

表 1—0—1　7 例历史干旱极端事件简况

序号	时　间	干　旱　概　况	气　候　背　景
1	989～991 年 北宋端拱二年至淳化二年	北方连续 3 年大范围干旱	中世纪温暖气候期
2	1328～1330 年 元天历元年至至顺元年	西北、华北连续 3 年干旱，旱区一度扩展至长江中下游地区	中世纪温暖气候期结束，开始转向寒冷
3	1483～1485 年 明成化十九年至二十一年	北方连续 3 年大范围干旱	小冰期的第 1 个寒冷阶段
4	1585～1590 年 明万历十三年至十八年	南、北方连续 6 年大范围干旱，旱区逐年自北向南移动并扩展	小冰期内第 1 个相对温暖时段结束
5	1637～1643 年 明崇祯十年至十六年	南、北方连续 7 年大范围干旱	小冰期寒冷气候的第 2 个寒冷阶段
6	1784～1787 年 清乾隆四十九年至五十二年	南、北方连续 4 年大范围干旱，旱区自北向南移动	小冰期内第 2 个相对温暖时段
7	1876～1878 年 清光绪二年至四年	北方连续 3 年大范围干旱，旱区南达长江流域和华南	小冰期的第 3 个寒冷阶段，北半球许多地方气候开始转暖，中国仍然寒冷

所选 7 例各具代表性：989～991 年是宋代中原地区极端干旱实例，是距今千年、最早的、堪作复原研究的个例；1328～1330 年的连旱是元代的例子；1637～1643 年的干旱事件（通常又称崇祯大旱）以持续时间最长、干旱范围最广，居史载干旱事例之首；1585～1590 年干旱地域广且变动大，旱涝分布由前期的北旱南涝转变为后期的北

①《新唐书·五行志》三
②《新唐书·五行志》二

涝南旱；1876～1878 年是北方持续大旱、一度广及南方的典型，旱区中心地带连续 300 余日无（透）雨；1784～1787 年连旱 4 年，1785 年为长江中下游干旱之典型——"太湖水涸百余里，湖底掘得独木舟"[5]。有些连年干旱事件在干旱地域的空间变动上呈现共同的特点，即干旱区最初出现于河北、河南、山西等地，然后再向周边省份扩展移动，如 1483～1485 年和 1784～1787 年的干旱区皆曾逐年向西、向南扩展至甘肃、陕西和江苏、安徽；再如 1328～1330 年的干旱区逐年向东、向南、向北延展至山东、浙江和内蒙古、辽宁；又如 1585～1590 年的干旱区逐年自北向南移动，先在华北、黄河流域然后移至长江流域和华南。另外，所选的干旱事例发生的气候背景有别，各在不同的冷、暖气候阶段。

本章依据历史记载复原上述各重大干旱事件的发生、发展的动态过程，绘图显示逐年干旱区域的变动——扩展、移动或消失，图中干旱区域以县为单元标示，干旱事实据历史文献的记载如"不雨""亢旱""大旱，禾不入种""河涸""淀竭""人畜饮水绝"等来认定。此外，还将一些严重干旱情景，如江河断流、湖泊干涸的记录列表显示，以展现历史极端干旱景况与现代情形的明显对照。

本章试图对各例的干旱特征值给出些定量的表示，提供给读者的不仅是干旱区的范围和地域分布、变动，还有诸如干旱时间、干旱程度的定量表达，哪怕是很粗略的估算，也将使得历史事例与现代实况的对比不会只是定性的，还可有量化的认识。然而历史文献中的气候记载通常很简略，早期记录更是如此，要给出这些干旱事件的定量特征值尚有难度。经多方摸索，本章将为各例酌情给出受旱县数、持续干旱时段长度，以及降水量、降水量距平百分率的推算值等量值。其中"受旱县数"将按历史记载的受旱县名统计得出，遇有如"××府大旱"的记载则对照历史政区划分[7]且将该府所辖的县全数计入。由于古今县名沿革变化，加之还有史料漏记，所以这受旱县数统计是有误差的。由于宋、元两代的行政建制与现代差别较大，这县数统计只对明、清两代的 5 个事例进行。至于"持续干旱时段长度"，拟采用持续"无（透）雨"的天数来表示。现代气候分析中常用无降水日数、连续无降水日数和"无透雨"时段的长度来表示干旱程度。历史文献中常有某地长时间"亢旱无雨"的记述，如"自×月至×月无雨"等，这实指"无透雨"，其含义古今可比。故试对某些个例统计其史料所记"无雨"（无透雨）日数以表示干旱时段的长度，以便与现代气象记录对比。另外，还将对某些地点试作降水量、降水量距平百分率的定量推算，这是一项新的探讨。本章采用的是根据史料中的降雨或无雨的记述，和一些关于作物受旱指标与降水关系的研究结果，如降水量距平百分率为–95%～–90%时农作物将干枯致死等来作推断，其方法、步骤是：①据历史记载来估计农历各月份的降水量距平百分率，将持续"亢旱""禾苗枯槁"时段的降水量距平百分率估计为−95%～−90%，即降水量为正常降水量的5%～10%或以下；将既无旱情又无雨情记载的时段估计为0%，即降水量接近平均值；将有降水记述的时段酌情估计为10%～40%或更高。②将历史记载的农历月份和日期改用公历（格里高利历）表示，如989年农历六月对应于公历7月6日—8月3日，再将农历月份的降水量距平百分率转换成公历月份的距平百分率估算值r_i（$i=1$，2，……，12）表示，跨公历月份的按天数比例进行折算。③由现代的月平均降水量P_i（1951～2000年或1961～2000年均值）和历史时段的月降水量距平百分率估算值r_i（$i=1$，2，……，12），推算出历史上的各月降水量R_i（$R_i=P_i \times r_i$，$i=1$，2，……，12）、年降水量$R_年$和年降水量距平百分率$r_年$。

干旱对农业、民生和环境的影响深重，随干旱发生的饥荒、蝗灾和瘟疫等灾害素为学者们所关注。持续干旱往往有歉收和饥荒随之出现，干旱又往往与蝗灾关联，尤其在水旱灾交替地带，多年的饥荒有时还会伴有瘟疫流行，使灾难更加深重。故本章特地设有"伴生灾害"一节，对饥荒、蝗灾或疫病情状等加以说明。

本章依据史料陈述各年份的天气、气候概况，包括逐年的大范围旱涝空间分布型和降水特征（雨带位置、梅雨等），以及冬夏异常冷暖、春秋冷空气活动特点，台风、沙尘暴情形等。显然，大范围干旱应当是大气环流的异常所致，但是人们对历史时期的大气环流实况却并不知晓，本章谨依据天气学原理来对某些个例的大气环流特征，如副热带高压的活动特点等试作推断，以增进认识。

至于重大干旱事件的成因，通常会考虑到一些外界因子如太阳活动、火山尘幕等对地球辐射收支的影响，考虑海洋—大气系统的热量交换之效应，关注如厄尔尼诺事件等强信号的影响等。关于太阳活动，国内外许多研究工作已指出它对平流层和对流层的大气环流状况的影响，及其与大范围天气、气候异常的一些统计关联和影响机制的问题等。本章谨给出各干旱事例的太阳活动背景简况，如太阳活动周、太阳黑子数等基本情况，供读者考量，这些资料取自文献[14]、[15]。从这7例中我们可以看到一些有趣的对比，如发生在寒冷背景下的1876～1878年干旱事件，与发生在相对温暖背景下的1784～1787年持续干旱事件二者所在的太阳活动周的位相是不同的，前者位于太阳活动周的太阳黑子数下降段而后者位于上升段。关于火山活动对大气环流影响的研讨至今尚在进行中，本章仅列举各事件相应年份的火山活动概况，包括中等以上规模的火山活动、喷发时间、位置和火山灰的喷出量等，这些资料主要取自文献[16]。至于历史上的海温影响因子只能借助于反映赤道东太平洋异常增温的厄尔尼诺事件的历史记录，可惜这些记录只始于 1525 年，它们采自文献[17]。

各重大干旱事件的冷暖气候背景是值得关注的问题，本章依据全球、北半球和中国的历史温度变化曲线[18][19]，以及关于小冰期、中世纪温暖期中的气候阶段[20][21][22]来说明干旱事件的冷暖气候背景。本章所述的 7 个实例在冷、暖气候背景下皆有出现，这是本书选择个例时刻意而为。笔者的研究曾指出，中国严重干旱的发生与冷暖气候背景有关，最近 1 000 年来在寒冷的气候背景下有较多的重大干旱事件发生，而在相对温暖的背景下则较少发生，中国最近 1 000 年的 15 例重大干旱事件中即有 11 例发生在寒冷气候背景下[23]。

本章酌将历史干旱个例与现代的干旱记录[24][25][26]作些对照，至今有 10 例现代厄尔尼诺事件与中国降水分布的研究[27]已指出厄尔尼诺事件当年和事件前 1 年对应于中国大范围少雨，而笔者对最近 500 年的 101 例厄尔尼诺年的旱涝分析结论也与之相似[28]，这些结论又被本章的一些干旱事例所印证，如 1784～1786 年和 1876～1878年的干旱事件皆发生于厄尔尼诺事件当年和前 1 年等。这些印证丰富了我们的天气学、气候学认识。

1.1　989～991 年连续干旱

989～991 年（北宋端拱二年—淳化二年）华北地区连续 3 年大旱，这是发生在中世纪暖期的重大干旱事件，也是距今 1 000 年前的、历史记载最为丰富的大范围连旱事例。

1.1.1　干旱实况和干旱发展过程

989 年入夏后，河北、山东等地普遍干旱，"四月不雨至五月"①②，河南旱期更长些，"自三月不雨至于五月"③ "五月京师（开封）旱"④，五月"戊戌（6 月 24 日），

---

① 嘉靖《真定府志》卷八
② 康熙《兖州府志》卷三十九
③ 顺治《息县志》卷十
④ 《宋史·五行志》四

帝亲录京城诸司系狱囚，多所原减"，"是夕大雨"①，继后"七月至十一月旱"②，又秋冬连旱，"自秋徂冬不雨"③"冬，京师旱"④，史载"是岁河南、莱、登、深、冀旱甚"⑤。

990 年山西南部春旱，河北南部和河南全境、陕西关中春夏旱。"（开封）正月至四月不雨，河南、凤翔、大名、京兆府、许、沧、单、汝、乾、郑、同等州旱。"⑥，"七月，开封、陈留、封丘、酸枣、鄢陵旱，赐今年田租之半，开封特给复一年。"⑦"八月，放凤翔府天兴五县等税，又减京兆府长安等八县民万三千一百十三户田，及许、沧、单、汝州民其税十之六，皆以旱故也。"⑧"十月，以乾、郑二州，河南寿安等十四县旱，州蠲今年租十之四，县蠲其税。"⑨"是岁，开封、大名管内及许、沧、单、汝、乾、郑等州，寿安、长安、天兴等二十七县旱。"⑩

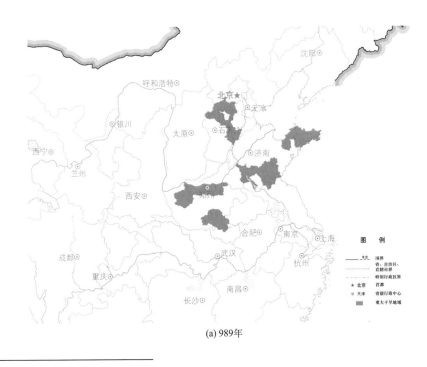

(a) 989年

---

① 《续资治通鉴·宋纪》十五
② 《宋史·五行志》四
③ 《续资治通鉴·宋纪》十五
④ 《宋史·王禹偁传》
⑤ 《宋史·五行志》四
⑥ 《宋史·五行志》四
⑦ 《宋史·太宗纪》二
⑧ 《宋会要辑稿·食货》七十
⑨ 《宋史·太宗纪》二
⑩ 《宋史·太宗纪》二

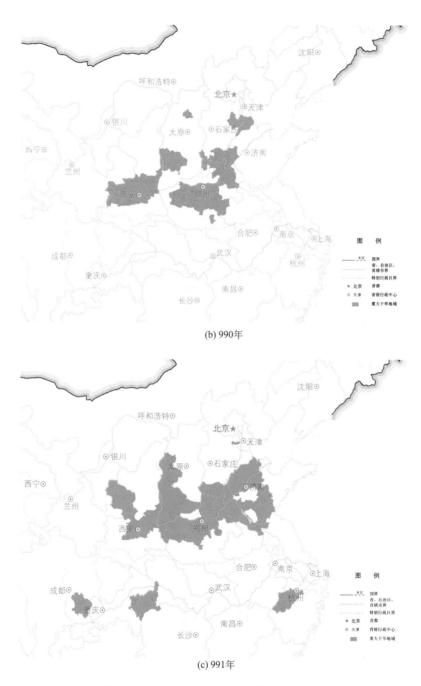

(b) 990年

(c) 991年

图 1—1—1 989~991 年重大干旱地域分布

991 年河北、山西南部旱区的干旱仍继续，河南、陕西关中、山东西南部仍春旱，但干旱区域已向南扩展至长江以南，长江上游的川东地区严重春旱，江苏徐州等 32

州郡、余杭等地成了新的春夏旱区。史载："春京师大旱"①，"是岁，大名、河中、绛、濮、陕、曹、济、同、淄、单、德、徐、晋、辉、磁、博、汝、兖、虢、汾、郑、亳、庆、许、齐、滨、棣、沂、贝、卫、青、霸等州旱"②。但入夏后陕西关中，黄河中游、下游及黄淮地区转为多雨并引发水患，至此中原地区旱情得以解除。

1.1.2 干旱特征值的推断

这次干旱事件的核心地带在河南，选取京都汴梁（今开封）为代表地点，采用本章开头所述的推算方法，由历史记述和现代降水资料推算开封989～990年各年的降水距平百分率。步骤如下：

①989年春旱持续至仲夏，旱情十分严重，以致皇帝"以旱虑囚""亲录京城诸司系狱囚"③并批示减刑，故将（农历）三月至五月戊戌（6月24日）这一酷旱时段的降水量估计为正常值的 5%左右（距平百分率为–95%），而五月戊戌日当晚大雨④，按降雨量25～49.9 mm/24 h为大雨的现代气象标准，当晚的雨量估计为30 mm，所以将6月降水量估计为正常值的 41%（距平百分率为–59%）。②989年"（农历）七月至十一月（京师）旱，上忧形于色，蔬食致祷"⑤，表明降水很少，故将这时段的降水量估计为正常值的10%～30%不等（距平百分率为–90%～–70%）。③989年（农历）正月、二月、六月和 988年十二月既无干旱记载又无降水记载，故将这些时段的降水量估计为正常，即降水量的距平百分率为0。④990年开封"正月至四月不雨"⑥应理解为"未下透雨"，将这时段的降水量估计为正常降水量的5%～10 %不等（降水距平百分率约–95%～–90%），又据下半年旱情记述⑦将各月降水距平估计为–70%～–30%或0，再将农历月距平估计值折算成公历月表示，即得到989～990年（公历）各月降水量距平百分率估计值（表1—1—1）。

① 《宋史·五行志》四
② 《宋史·太宗纪》二
③ 《续资治通鉴·宋纪》十五
④ 《宋史·太宗纪》二
⑤ 《宋史·五行志》四
⑥ 《宋史·五行志》四
⑦ 《宋史·太宗纪》二

表 1—1—1　989～990 年河南开封各月降水量距平百分率和年降水量的推断及现代降水量

开封		1月	2月	3月	4月	5月	6月	7月	8月	9月	10月	11月	12月	年
989 年估值	降水距平百分率 r_i	0	0	0	−95%	−95%	−59%	0	−72%	−80%	−90%	−80%	−70%	−51.9%
	降水量 R（mm）	7.2	27.1	10.6	1.9	2.6	30.3	164.2	33.9	13.2	3.8	4.9	2.7	302.4
990 年估值	降水距平百分率 r_i	0	−90%	−95%	−90%	−90%	0	−40%	−70%	−30%	−30%	0	0	−47.0%
	降水量 R'（mm）	7.2	2.7	0.5	3.8	5.1	74.0	98.5	36.3	46.2	26.9	24.5	9.1	334.8
现代 1951～2000 年	平均降水量 $\bar{R}$（mm）	7.2	27.1	10.6	38.2	51.1	74.0	164.2	121.0	66.0	38.4	24.5	9.1	631.4

从表中的估算值可见，位于这次连旱事件旱区中心地带的开封，989 年的年降水量 302 mm，仅常年降水的四成许，低于现代 1951～2000 年的极端最低降水量记录 310 mm（1966 年），降水量距平百分率–52.1%，即较常年减少五成多。989、990 年连续 2 年的平均年降水量 319 mm，也低于开封现代气象记录的极端最低值（为 1965 年和 1966 年的平均雨量 347 mm），这连续 2 年极度少雨的情形为近 70 年所未见。

1.1.3　伴生灾害

（1）饥荒

严重的持续干旱少雨，必致歉收而生饥荒。989 年"汝南旱甚，民多饥死"[①]，"河南、莱、登、深、冀旱甚，民多饥死，诏发仓粟贷之。"[②]从政府的蠲免举措可见旱灾歉收之严重，990 年各地因旱而蠲年租者，少则"十之四""之半"，甚而"十之六、七"。如淳化元年"七月，开封、陈留、封丘、酸枣、鄢陵旱，赐今年田租之半，开封特给复一年；十月，以乾、郑二州，河南寿安等十四县旱，州蠲今年租十之四，县蠲其税"[③]，"十一月大名府管内蠲今年租十之七"[④]。"开封、河南等九州饥"[⑤]，"是岁，深、冀二州，文登、牟平两县饥。"[⑥]至 991 年，饥民逃亡严重，史载"正月诏：永兴、

---

① 嘉靖《真阳县志》卷九
② 《宋史·五行志》四
③ 《宋史·太宗纪》二
④ 《宋会要辑稿·食货》七十
⑤ 《宋史·五行志》五
⑥ 《宋史·太宗纪》二

凤翔、同、华、陕等州，岁旱民多流亡，以官仓粟贷之"[①]。

（2）蝗灾

与干旱相伴的蝗灾最先于 989 年在河南汝南、确山、息县等地发生[②]。随后 990 年河北沧州和山东淄、澶、濮、棣等州及青县、邹平、惠民、观城、河南荥阳等地皆成为蝗区，史载"七月淄、澶、濮州、乾宁军有蝗，沧州蝗蝻虫食苗，棣州飞蝗自北来害稼"[③]，"曹、单二州有蝗，不为灾"[④]。991 年蝗灾发生在山东楚丘、淄州、鄄城和河北乾宁军等地，"（六）月楚丘、鄄城、淄川三县蝗"，"（七）月乾宁军蝗"[⑤]。

1.1.4 气候概况

989 年华北干旱少雨、南方降水正常。自春至初夏，华北和中原地区持续干旱，直至五月戊戌（6 月 24 日）开封等地"是夕大雨"[⑥]，旱情一度缓解，史载"六月南京（今商丘）霖雨伤稼"[⑦]，实指进入农历六月后（即自 7 月上旬起）黄淮地区雨季开始，但随后夏末和秋冬该地区又继续干旱。按通常黄淮地区雨季的开始与长江流域梅雨之结束相衔接的规律来推论，该年长江流域梅雨的结束日期应为 7 月上旬，这大致与现代梅雨的平均结束日期相近，由于长江流域及以南地区未见降水异常的记载，故推想这些地区的降水应当属于正常。989 年开封有极严重的沙尘暴发生，史载"京师暴风起东北，尘沙暗日，人不相辨"[⑧]。

990 年夏季降水呈现北旱南涝的格局。华北、中原地区干旱，而湖北、江西的吉、洪、江、蕲诸州，和陕西、甘肃的河阳、陇城等地，皆有大雨并引发洪水。史载："六月吉州大雨，江涨"[⑨]，"六月陇城县大雨，坏官私庐舍殆尽"[⑩]，"七月吉、洪、江、蕲、河阳、陇城大水"[⑪]。

---

① 《宋会要辑稿·食货》五十七
② 顺治《息县志》卷十
③ 《宋史·五行志》一
④ 《宋史·太宗纪》二
⑤ 《宋史·太宗纪》二
⑥ 《宋史·太宗纪》二
⑦ 嘉靖《真阳县志》卷九
⑧ 《宋史·五行志》五
⑨ 《宋史·五行志》一
⑩ 《宋史·太宗纪》三
⑪ 《宋史·太宗纪》二

991 年华北和中原地区仍大范围春旱，川东和江浙还有新旱区。但入夏以后，自陕西关中至河南、山东沿黄河一带及黄淮地区多雨，以致河涨、泛溢为害。如"四月，京兆府河涨，陕州河涨，坏大堤"[①]，"六月（辽）南京霖雨伤稼"[②]，"六月，汴水溢于浚仪县，又决于宋城县。博州大霖雨，河涨，亳州河溢"[③]，"七月，泗州招信县大雨，山河涨"[④]。另外，夏秋四川、湖北、江西和广西也多雨以致水灾，史载"七月，嘉州江涨溢入州城，复州蜀、汉二江水涨坏民田。八月，滕州江水涨十余丈，入州城。九月，邛州蒲江等县山水暴涨，坏民舍。是秋，荆湖北路江水注溢浸田亩"[⑤]。991 年冬季是暖冬，史载"冬，京师（开封）无冰"[⑥]。

1.1.5 可能的影响因子简况

（1）太阳活动

989～991 年跨 982～990 年和 990～998 年的两个太阳活动周，前一个活动周的峰年（M）是 986 年，强度为中等，990 年是太阳活动极小年（m）。989 年则为极小年的前 1 年，记为 m–1，991 年记为 m+1。有趣的是，这极小年之前的 988 年，在中原地区竟然观测到北极光现象。极光通常是太阳活动特征的一种指示，史载"十一月戊午夜，西北方有气如日脚，高二丈"[⑦]，这是中国历史上很少有的、在 35°N 地点观测到极光的记录之一，这表明当年太阳活动有异常。

（2）火山活动

公元 989～991 年间火山活动的记录并不太多，989 年有日本 Nigata-Yake-Yama 火山喷发，990 年无火山记录，991 年有意大利 Vesuvius 火山喷发，这两次喷发级别皆为 3 级，喷发指数 VEI=3。

---

① 《宋史·五行志》一
② 《辽史·圣宗纪》
③ 《宋史·五行志》一
④ 《宋史·五行志》一
⑤ 《宋史·五行志》一
⑥ 《宋史·五行志》二
⑦ 《宋史·天文志》十三

1.2   1328～1330 年连续干旱

1328～1330 年（元天历元年一至顺元年）西北、华北连续大旱 3 年，旱区一度扩展至长江中下游和江南地区。这是在中世纪温暖气候期结束，开始转向寒冷的气候背景下的大范围持续干旱事件。

1.2.1   干旱实况和干旱发展过程

1328 年春，河北、河南"广平、彰德等郡旱"[1]，河南安阳"正月不雨至六月，塞阳肆凶，麦无完穗，旱之禾，日就焦槁"[2]，"汴梁、河南等路及南阳府频发旱蝗"[3]。夏，长江中游的湖北"江陵路属县旱"[4]，甘肃"泾州旱"[5]，"八月陕西大旱"[6]。

1329 年旱区范围扩大，河北等地"去冬无雪、今春不雨"[7]。"大都之东安、蓟州、永清、益津、潞县春夏旱，麦苗枯"[8]，"真定、河间、大名、广平等四州四十一县夏大旱，峡州二县旱"[9]，"陕西延安诸屯旱"[10]，山西冀宁路和山东曲阜、东明、诸城大旱，河南怀庆府"天久亢旱夏麦枯槁，秋谷种不入土"[11]，修武等地"自春迄秋大旱百谷尽枯槁"[12]，"卫辉路旱"[13]。内蒙古"西木怜等四十三驿旱灾"，"赵王马札罕部落旱"[14]，

---

① 《元史·五行志》一
② 万历《彰德府续志》卷下
③ 《元史·文宗纪》一
④ 《元史·泰定帝纪》二
⑤ 《元史·泰定帝纪》二
⑥ 《元史·五行志》一
⑦ 《元史·文宗纪》二
⑧ 《元史·文宗纪》二
⑨ 《元史·五行志》一
⑩ 《元史·文宗纪》二
⑪ 《元史·河渠志》二
⑫ 民国《修武县志》卷八
⑬ 《元史·文宗纪》二
⑭ 《元史·明宗纪》

"上都西按塔罕、阔干忽剌秃之地旱"①，八月"大名、真定、河间诸属县旱"②，甘肃陇西、定西大旱，陕西关中、山东冠州秋旱。秋季干旱区更向南扩展至长江流域，江西"龙兴、南康、抚、瑞、袁、吉诸路旱"③，浙江、安徽、江西的"湖（州）、池（州）、饶（州）诸路旱"④，湖北蕲州路、黄州路、恩州、武昌旱，湖南常德、澧州和安徽庐州旱⑤。

1330 年甘肃兰州府、巩昌府，陕西同州府等春旱严重。黑龙江、吉林、内蒙古、山西、河北和河南夏秋干旱，"开元、大同、真定、冀宁、广平诸路及忠翊侍卫左右屯田，自夏至于是月（七月）不雨"⑥，"七月肇州、兴州、东胜州及榆次、滏阳等十三县旱"⑦，内蒙古"木邻等三十二驿自夏秋不雨，牧畜多死"⑧，吉林"开元路珲春、农安等地七月旱"⑨。该年干旱地带较之 1329 年更为偏北。

(a) 1328年

① 《元史·文宗纪》二
② 《元史·文宗纪》二
③ 《元史·文宗纪》二
④ 《元史·文宗纪》二
⑤ 《元史·文宗纪》二
⑥ 《元史·文宗纪》三
⑦ 《元史·五行志》一
⑧ 《元史·文宗纪》三
⑨ 道光《吉林外纪》卷九

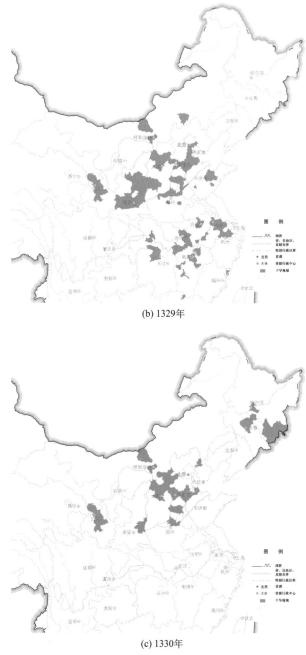

(b) 1329年

(c) 1330年

图1—2—1 1328～1330年逐年干旱地域分布

1.2.2 干旱特征值的推断

元代史料的气候记载数量少、记述简略，谨据已有的记载对持续干旱日数和主要旱区的年降水量和干旱程度试作粗略估算。

（1）连续干旱日数估计

史料中关于各地干旱时段起止的记述很少且简略，在这次连年干旱事件中，河南北部1328年和1329年干旱最严重，记载有：1328年安阳"正月不雨至六月"[①]；1329年沁阳"天久亢旱，夏禾枯槁，秋谷种不入土"[②]，修武"自春迄秋大旱，百谷尽槁"[③]等。按民间"旱一片、涝一线"的经验说法和天气学成因，史料所记的严重旱象不会是局地现象而应当在较大范围内都存在，所以这些记述可代表河南北部旱区的旱情。据这些"不雨"和"禾枯槁"记述粗略估计1328年和1329年河南北部旱区的持续干旱时段分别长约6个月、8个月，或估计连续无（透）雨日数约180天和240天，显然这是十分粗略的估计，权且借作干旱特征的一种表示，在探求早期极端干旱事例的定量表达上聊胜于无而已。

（2）年降水量和降水距平百分率

依据历史旱情记述，尝试对1328年、1329年旱情最重的河南北部地区的降水量和降水量距平百分率作定量估算，所用方法和推算步骤如前述。

表1—2—1　1328年、1329年河南旱区（新乡）各月降水量距平百分率和年降水量的
推断及现代降水量*

新乡		1月	2月	3月	4月	5月	6月	7月	8月	9月	10月	11月	12月	年
1328年估值	降水距平百分率 r_i	0	−90%	−90%	−95%	−95%	−95%	−90%	0	0	0	0	0	−51.9%
	降水量 R（mm）	4.3	0.7	2.0	1.52	2.1	3.6	15.9	133.9	58.0	34.2	20.1	5.5	281.8
1329年估值	降水距平百分率 r_i	0	−90%	−95%	−95%	−90%	−95%	−90%	−95%	−90%	0	0	0	−82.3%
	降水量 R'（mm）	4.3	0.7	1.0	1.5	4.3	3.6	15.9	6.7	5.8	34.2	20.1	5.5	103.6
现代1951~2000年	平均降水量（mm）$\bar{R}$	4.3	7.1	19.5	30.3	42.5	71.2	159.3	133.9	58.0	34.2	20.1	5.5	585.9

* 其中1328年1月是1327年农历十二月，无雨雪干旱记载。

---

① 万历《彰德府续志》卷下
② 《元史·河渠志》二
③ 民国《修武县志》卷八

河南北部旱区以新乡为代表地点。由该地区 1328 年"正月不雨至六月，麦无完穗、禾焦槁"，1329 年"自春迄秋大旱百谷尽槁""天久亢旱夏禾枯槁，秋谷种不入土"等记述来估计，这两年主要降水季节都出现亢旱以致作物枯槁的情形，按现代农业气象的研究[25]，当出现这种作物枯槁的情况时，相应的降水量只能是平常降水量的 5%～10%。而且 1328 年、1329 年此区域（卫辉路、怀庆路）并无雨情记载，故可将那些既无降雨、又无干旱记载的月份作为降水正常看待，即降水量距平为 0。按本章开头所述推算步骤，估算 1329 年年降水量的距平百分率为–82%，即仅为正常年份降水量的两成（表 1—2—1）。

1.2.3　伴生灾害

（1）饥荒

早在 1327 年，东北、华北及长江流域已有大范围饥荒出现。1328 年在北方干旱少雨地区饥荒仍持续且加剧，如"三月，晋宁、冀宁、奉元、延安等路饥"①，其中陕西关中地区已至"大饥，民枕籍而死，有方数百里无孑遗者"②，甚而记载"八月陕西大旱人相食"③（图 1—2—2a）。这其间政府的赈济也在进行，如《元史》所载：正月"河间、真定、顺德诸路饥，赈钞万一千锭。大都路东安州、大名路白马县饥，并赈之"④，二月"陕西诸路饥，赈钞五万锭。河间、汴梁二路属县及开成、乾州蒙古军饥，并赈之"⑤，三月"晋宁、卫辉二路及泰安州饥，赈钞四万八千三百锭。冀宁路平定州饥，赈粜米三万石。陕西、四川及河南府等处饥，并赈之"⑥，四月"大都、东昌、大宁、汴梁、怀庆之属州县饥，发粟赈之。保定、冠州、德州、般阳、彰德、济南属州县饥，发钞赈之"⑦，五月"燕南、山东东道及奉元、大同、河间、河南、东平、濮州等处饥，赈钞十四万三千余锭。峡州属县饥，赈粜粮五千石"⑧，六月"奉元、延安

---

① 《元史·五行志》一
② 《元史·虞集传》
③ 《元史·五行志》一
④ 《元史·泰定帝纪》二
⑤ 《元史·泰定帝纪》二
⑥ 《元史·泰定帝纪》二
⑦ 《元史·泰定帝纪》二
⑧ 《元史·泰定帝纪》二

二路饥，赈钞四千八百九十"[①]，以及七月"威宁、长安县、泾州灵台县饥"[②]等（图1—2—2a）。

1329年干旱引起的饥荒更加严重，大量灾情和赈济的记载详见参考文献[5]。仅摘《元史》的部分记载为例，如"正月己巳陕西告饥，赈以钞五万锭。丁丑，赈大都路涿州房山、范阳等县饥民粮两月。丙戌，陕西大饥，行省乞粮三十万石、钞三十万锭，诏赐钞十四万锭"[③]，二月"奉元临潼、咸阳二县及畏兀儿八百余户告饥，陕西行省以便宜发钞万三千锭赈咸阳，麦五千四百石赈临潼，麦百余石赈畏兀儿。永平赈粮五万石，大同赈枭粮万三千石"[④]，三月"蒙古饥民之聚京师者遣往居庸关北，人给钞一锭、布一匹，仍令兴和路赈粮两月还所部"[⑤]，四月"陕西诸路饥民百二十三万四千余口，诸县流民又数十万。及发孟津仓粮八万石以赈。赈卫辉路饥民万七千五百余户。河南府路民饥，食人肉事觉者五十一人，饿死者千九百五十人，饥者二万七千四百余人。池州、广德、宁国、太平、建康、镇江、常州、湖州、庆元诸路及江阴州饥民六十余万户，当赈粮十四万三千余石"[⑥]，五月"西木怜等四十三驿以粮赈之，计八千二百石，赵王马扎罕部落民五万五千四百口不能自存，赈粮两月"[⑦]等，及至年末"十二月冀宁路旱饥，赈粮二千九百石。蕲州路夏秋旱饥，赈米五千石"[⑧]。1329年饥荒发生地域（包括水患所致的）示于图1—2—2b。

1330年饥荒更为惨烈，范围广及黄河中下游、黄淮、江淮、长江中下游和江南地区，从年初至年终饥荒和赈济记载极多，详见文献[5]。仅举一例以见一斑，即"四月中书省臣言：去岁赈钞三十四万九千六百余锭，粮二十五万一千七百余石。今汴梁、怀庆、彰德、大名、兴和、卫辉、顺德、归德及高唐、泰安、徐、邳、曹、冠等州饥民六十七万六千户，一百一万二千余口，请以钞九万锭、米万五千石，命有司分赈。沿边部落蒙古饥民八千二百，人给钞三锭、布二匹、粮二月，遣还其所部。天临之醴陵、湘阴等州，台州之临海等县饥，各赈枭米五千石。晋宁、建昌二路民饥，赈粮五万五千石、钞二万三千锭。陕西行台言：奉元、巩昌、凤翔等路以累岁饥，不能具五

---

① 《元史·泰定帝纪》二
② 《元史·五行志》一
③ 《元史·文宗纪》二
④ 《元史·文宗纪》二
⑤ 《元史·文宗纪》二
⑥ 《元史·文宗纪》二
⑦ 《元史·明宗纪》
⑧ 《元史·文宗纪》二

谷种，请给钞二万锭，俾分粜于他郡"[①]。诚然，其中有些地方的饥荒是因霜灾或水灾所致，如长江下游、江淮、浙江等地，甚至还与上年的歉收有关（图1—2—2 c）。

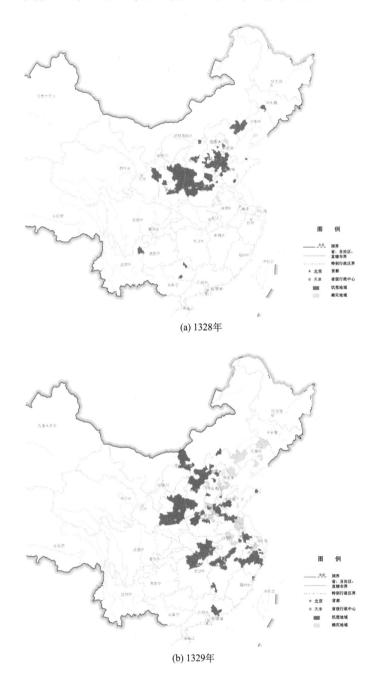

(a) 1328年

(b) 1329年

(c) 1330年

图1—2—2 1328～1330年饥荒（紫色）和蝗灾（土黄色）地域分布

（2）蝗灾

1327～1330年在河北沿渤海湾地区、山东和江淮等地区一度有干旱和雨涝的交替出现，这正是蝗虫大发生的有利条件，于是在连旱事件期间蝗灾大范围发生。

1328年四月"大都蓟州、永平路石城县蝗。凤翔岐山县蝗，无麦苗"[1]，五月"汝宁府颍州、卫辉路汲县蝗"[2]，六月"武功县蝗"[3]，"汴梁、河南等路及南阳府频岁蝗旱，禁其境内酿酒"[4]。

1329年蝗区有扩展，夏初辽宁、河南、安徽即有蝗虫报告，四月"大宁兴中州、怀庆孟州、庐州无为州蝗"[5]，盛夏六月"益都莒、密二州夏旱蝗"[6]，七月"真定、河间、汴梁、永平、淮安、大宁、庐州诸属县及辽阳之盖州蝗"[7]，八月"保定之行唐

---

[1] 《元史·五行志》一
[2] 《元史·泰定帝纪》二
[3] 《元史·五行志》一
[4] 《元史·文宗纪》一
[5] 《元史·文宗纪》二
[6] 《元史·文宗纪》二
[7] 《元史·文宗纪》二

县蝗"①。

1330 年蝗区更有扩展，为害更重，五月"广平、河南、大名、般阳、南阳、济宁、东平、汴梁等路，高唐、开、濮、辉、德、冠、滑等州，及大有、千斯等屯田蝗"②，六月"大都、益都、真定、河间诸路，献、景、泰安诸州，及左都威卫屯田蝗"③"漷、蓟、固安、博兴等州蝗"④，七月"奉元、晋宁、兴国、扬州、淮安、怀庆、卫辉、益都、般阳、济南、济宁、河南、河中、保定、河间等路及武卫、宗仁卫、左卫率府屯田蝗"⑤"解州、华州及河内、灵宝、延津等二十二县蝗"⑥（图 1—2—2）。

1.2.4 气候概况

在这次北方大范围连续干旱事件之前，1327 年山西和陕北入春即旱至六月，夏季河北、河南多雨以致滹沱河、黄河水溢。八月"真定、晋宁、延安、河南等路屯田旱"⑦，同时，河南东部及黄淮地区多雨。秋后河北、河南、山东的"大都、保定、真定、东平、济南、怀庆诸路旱"⑧。

1328 年呈北旱南涝格局。河北南部和河南、陕西及湖北旱，多雨区自山东迄安徽、江苏至浙江，"（山东）益都、济南、般阳、济宁、东平等郡三十县，濮、德、泰安等州九县雨水害稼"⑨，"杭州、嘉兴、平江、湖州、建德、镇江、池州、太平、广德九路水"⑩。另一多雨区在广西，"广西两江诸州水"⑪。

1329 年，旱涝分布格局有改变，干旱区扩展并南移，河北北部和东北地区还出现一条多雨地带。入夏后水达达路（位于今黑龙江省）多雨，黑龙江、松花江均大水灾，"黑龙、宋瓦二江水溢"⑫，六月河北"大都东安、通、蓟、霸四州，

---

① 《元史·文宗纪》二
② 《元史·文宗纪》三
③ 《元史·文宗纪》三
④ 《元史·五行志》一
⑤ 《元史·文宗纪》三
⑥ 《元史·五行志》一
⑦ 《元史·泰定帝纪》二
⑧ 《元史·泰定帝纪》二
⑨ 《元史·五行志》一
⑩ 《元史·五行志》一
⑪ 《元史·五行志》一
⑫ 《元史·文宗纪》三

河间靖海县雨水害稼"①，主要降水时段是 7 月 23—29 日（六月壬子—七月戊午）②。陕西关中地区春至初夏干旱严重，但随后有华山祷雨"大雨两日"③和六月"陕西雨"④。山东春雨夏旱⑤，河北南部以南地区仍大范围夏旱。

1330 年，甘肃、陕西、山西、河北仍大旱，内蒙古"铁里干、木邻等三十二驿自夏秋不雨，牧畜多死"⑥，又回复到北旱南涝的格局。长江下游及江淮、江浙等地夏秋多霖雨。还有一些去年干旱的地区转为多雨，如山东曹州沛县"去岁旱灾，今复水涝"⑦，江浙行省"夏秋霖雨大水"⑧，尤其盛夏闰七月，华北"大都、大宁、保定、益都诸属县及京畿诸卫、大司农诸屯水"⑨，长江中、下游"杭州、常州、庆元、绍兴、镇江、宁国诸路及常德、安庆、池州、荆门诸属县皆水，松江、平江、嘉兴、湖州等路水，漂民庐没田"⑩。

1330 年秋季冷空气活跃，甘肃、宁夏、陕西、山西、内蒙古等地大范围秋霜为害，"闰七月辛卯（8 月 26 日）奉元西和州，宁夏应理州、鸣沙州，巩昌静宁、邠、会等州，凤翔麟游，大同山阴，晋宁潞城、隰川等县陨霜杀稼"⑪，"闰七月丙戌（8 月 21 日）忠翊卫左右屯田陨霜杀稼"⑫。这两次早霜的日期比这些地点现代的初霜日期提前约 40～50 天，比现代极端最早初霜日期也提前 20 天以上。这次连旱事件出现在中世纪暖期结束、开始转向寒冷的时期，冬季出现太湖冰封、柑橘冻死，这样的严冬最近百年所未见，相似于小冰期寒冷阶段中的极端严寒的事例。春秋霜冻频繁且严重，秋霜提前，表明冷气团之活跃。如 1330 年陕、甘、宁、晋各地秋季初霜日期比现代平均日期提前 40 多天。1329/30 年的冬季严寒，"冬大雨雪，太湖冰厚数尺，人履冰上如平地，洞庭柑橘冻死几尽"⑬。

---

① 《元史·五行志》一
② 《元史·文宗纪》二
③ 《元史·张养浩传》
④ 《元史·文宗纪》二
⑤ 《元史·五行志》一
⑥ 《元史·文宗纪》三
⑦ 《元史·河渠志》二
⑧ 《元史·文宗纪》三
⑨ 《元史·文宗纪》三
⑩ 《元史·文宗纪》三
⑪ 《元史·五行志》一
⑫ 《元史·文宗纪》三
⑬ 明·陆友仁《研北杂志》卷上

1.2.5　可能的影响因子简况

（1）太阳活动

1328～1330 年的连续干旱事件发生在 1319～1331 年的太阳活动周内，位于太阳活动极小年 1332 年之前。该周的太阳黑子峰年是 1324 年，强度为中等（M）。

（2）火山活动

这次连续干旱事件期间火山活动并不多见，1328 年无火山活动记录，1329 年 6 月 28 日意大利 Etna 火山喷发，7 月 15 日再次喷发，持续 20 天，其喷发级别为 3 级，喷发指数 VEI=3 ，火山喷出物较多，达 $10^6\ m^3$。

1.3　1483～1485 年连续干旱

1483～1485 年（明成化十九年—二十一年）中国北方广大地区持续干旱，连续 3 年呈现典型的北旱南涝分布格局。这是出现在小冰期气候期的第 1 个寒冷阶段的大范围持续干旱事件。

1.3.1　干旱实况和干旱发展过程

1483～1485 年的干旱事件主要旱区在中国北方河北、山西、河南、山东，干旱最严重的 1484 年旱区扩展至长江中、下游地区。

1483 年春夏山东西部大旱，冠县"春夏大旱，民饥"[①]。夏秋山西中部大旱，孝义、灵石等地"夏秋不雨，禾尽槁死"[②]，"蠲山西太原、平阳府诸州县今年夏税，以旱灾故也"[③]。陕北榆林旱[④]，河南沁阳等地"一向亢阳二麦不收，秋田无种"[⑤]，甘肃

[①]　万历《冠县志》卷五
[②]　万历《灵石县志》卷三
[③]　《明宪宗实录》卷二百四十七
[④]　万历《延绥镇志》卷三
[⑤]　乾隆《新修怀庆府志》卷二十九

旱①。冬季"京师、直隶无雪"②。广东、广西、云南有局地干旱。

1484 年"京畿、山东、湖广、陕西、河南、山西俱大旱"③。河北"直隶保定府、真定、河间、广平、顺德、大名六府去冬无雪，今年春夏不雨，秋成未卜"④。山西干旱尤重，史载"曲沃、洪洞、临汾、临晋、荣河、解州、平陆、夏县、安邑、孝义、崞县大旱"⑤，如代县"春不雨、夏不雨"⑥，曲沃"夏五月大旱"⑦，临汾"秋不雨，次年六月始雨"⑧，平阳府"秋不雨，诸州县皆然，次年六月始雨"⑨。山东曲阜等地"夏大旱"⑩，河南虞城"春夏之交亢阳不雨，原隰墹圻焦燥，生意萎瘁，麦黍枯槁，田亩难布"⑪。该年旱区向西扩展至陕西和甘肃东部，如"关中大旱，山枯川竭，野无青草"⑫，平凉郡"夏秋不雨"⑬。旱区还向南扩展至江苏和湖北，如泰州"二十年（1484年）秋至二十一年冬大旱，河水尽涸，舟楫不通"⑭，东台"大旱，盐河龟圻"⑮，湖北"大旱，民食草木叶，殍者半"⑯。

1485 年河北南部干旱、山西春夏旱，临汾、运城等地自去秋开始的干旱持续直至夏"六月始雨"⑰；河南虞城等地"春夏亢旱，禾稼将槁"⑱；陕西、甘肃等地干旱仍继续；山东西部旱情加重，兖州、临沂、阳谷等地"春至秋不雨"⑲；江苏、浙江北部和安徽夏、秋旱，如句容"自五月以来，雨泽不降，井泉枯涸，田禾旱伤，民有

---

① 康熙《宁州志》卷五
② 《明史·五行志》三
③ 《明史·五行志》三
④ 《明宪宗实录》卷二百五十四
⑤ 雍正《山西通志》卷一百六十三
⑥ 万历《代州志书》卷二
⑦ 万历《沃史》卷二
⑧ 康熙《临汾县志》卷五
⑨ 万历《平阳府志》卷十
⑩ 乾隆《曲阜县志》卷二十九
⑪ 乾隆《虞城县志》卷八
⑫ 乾隆《陇州续志》卷八
⑬ 嘉靖《陕西通志》卷三十二
⑭ 崇祯《泰州志》卷七
⑮ 嘉庆《东台县志》卷七
⑯ 嘉靖《兴国州志》卷七
⑰ 乾隆《解州平陆县志》卷十一
⑱ 顺治《虞城县志》卷八
⑲ 万历《兖州府志》卷十五

菜色"①、常熟"秋大旱，高乡告灾"②、乐清"夏五月至七月不雨，大饥"③、安徽贵池"夏不雨"④、绩溪"夏秋大旱"⑤等。

(a) 1483年

(b) 1484年

---

① 弘治《句容县志》卷十二
② 弘治《常熟县志》卷一
③ 康熙《乐清县志》卷七
④ 嘉靖《池州府志》卷九
⑤ 万历《绩溪县志》卷十二

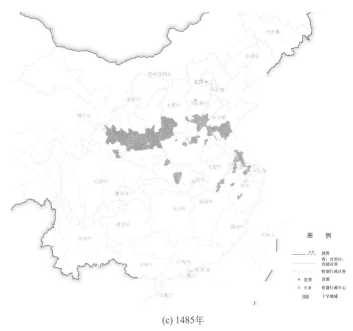

(c) 1485年

图 1—3—1 1483～1485 年逐年干旱地域分布

　　至 1486 年，河北、山东多有夜雨昼晴的适宜天气，旱情解除，年成丰稔。河南和湖北的旱情也缓和，只是山西、陕西、甘肃各地仍有夏旱或秋旱，浙江、福建、江西、湖北各有区域性的春旱和夏秋旱。

1.3.2　干旱特征值的推断

（1）受旱县数

　　依据历史记载的受旱地域按现代政区划分合计的各年受旱县数如表 1—3—1。

表 1—3—1　1483～1485 年各省受旱县数统计

（表中河北*含北京、天津，甘肃*含宁夏，江苏*含上海，广东*含海南）

年	河北*	山西	河南	山东	陕西	甘肃*	江苏*	浙江	安徽	湖北	湖南	广东*	广西	四川	云南
1483	12	49	28	1	23	8				6	1	12	10		11
1484	84	36	50	63	49	7	19	1	5	29	5			4	
1485	14	30	15	30	48	23	17	1	3	3					

（2）连续干旱时段的长度

　　试对这次连旱事件中旱情最重的山西省西南部临汾、运城地区估算其连续干旱时段的长度。前述山西平阳府各地多项历史记载①②③④，如"秋不雨，次年六月始雨"⑤等，一致表明这一地域的连续干旱时段大致是自 1484 年秋到 1485 年农历六月初。据此，若按儒略历将干旱时段设为始于 1484 年 7 月 29 日（立秋日）、止于 1485 年 7 月 12 日（六月初一），则连续干旱时段长度为 346 天。显然这是很大致的估计，仅仅是为表达这持续干旱事件的定量特征所作的尝试，聊胜于无而已，或许在与其他事例相比较时权作参考。

（3）降水量和降水距平百分率

这次干旱事件最严重的地区是山西和甘肃东部，连旱达 4～5 年，山西霍县、汾西等地早在 1482 年即告大旱，旱情持续至 1486 年，而甘肃平凉等地的干旱则自 1484 年一直持续到 1487 年。

选择山西临汾为代表地点，按前述推算降水量和降水距平百分率的方法步骤，由历史记述对 1484 年、1485 年的降水量、降水距平百分率等作出推断。1484 年临汾一带"夏五月大旱"⑥"秋不雨，次年六月始雨"⑦，其中"大旱"和"不雨"时段并非全无降雨，只是雨量很少，可估计为平均降水量的 5%～10%，其降水距平百分率表示为–95%～–90%，而将其他无任何雨旱记述的时段视为降水正常，即其降水量为多年平均值。再将历史记载"不雨"农历时段换算为公历月份表示，跨公历月份的按日数比例折算，然后由临汾的现代月降水量平均值和各月降水量占年降水量的百分比，推算得出 1484 年、1485 年的年降水量分别为 194 mm 和 276 mm，降水量距平百分率为–60%、–43%，1484 年的年降水量仅为正常年份的四成（表 1—3—2）。

另外，采用同样方法估算 1484 年甘肃平凉各月的降水量和降水距平百分率。据平凉 1484 年"夏秋不雨"，将农历夏秋"不雨"月份的降水量估计为常年值（平均值）的 5%，其中初夏和秋末月份（四月、九月）的降水量估计为常年值的 10%，按前述步骤和现代平凉降水量估算得平凉 1484 年的年降水量约为 116 mm，降水距平百分率为–77%（表略），即降水量比正常年减少七成多。这是近 50 年未见的严重旱象，也远低于平凉现代极端最少年降水量记录 249 mm（出现在 1942 年）。

---

① 雍正《山西通志》卷一百六十三
② 康熙《临汾县志》卷五
③ 万历《平阳府志》卷十
④ 乾隆《解州平陆县志》卷十一
⑤ 康熙《临汾县志》卷五
⑥ 万历《沃史》卷二
⑦ 康熙《临汾县志》卷五

表1—3—2　1484年和1485年山西临汾降水量和降水量距平百分率的估算及现代降水量

临汾		1月	2月	3月	4月	5月	6月	7月	8月	9月	10月	11月	12月	年
1484年估值	降水距平百分率 r_i	0	0	0	0	−33%	−67%	−33%	−92%	−95%	−95%	−90%	−90%	−60%
	降水量 R（mm）	3.1	5.1	16.0	30.2	25.9	17.2	82.4	7.0	3.5	1.9	1.7	0.4	194.4
1485年估值	降水距平百分率 r_i	−90%	−90%	−90%	−90%	−95%	−95%	−60%	0	0	0	0	0	−43%
	降水量 R'（mm）	0.3	0.5	1.6	3.2	1.9	2.6	49.2	88.0	69.1	38.9	16.9	4.0	276.2
现代1951～2000年	平均降水量 $\bar{R}$（mm）	3.1	5.1	16.0	30.2	38.7	52.2	123.0	88.0	69.1	38.9	16.9	4.0	485.1

1.3.3　伴生灾害

（1）饥荒

由干旱、歉收引起的饥荒早在1482年已见于山西、陕西、甘肃等地，随后旱情持续并加剧，1483年山西、河南各地多有"饿莩盈野"[①]的记述。及至1484年，河北保定府已现饥荒，大名和山西曲沃、洪洞、临汾、临晋、荣河、解州、平陆、夏县、安邑、孝义、崞县、阳城、长子、乡宁等地饥饿至极，竟出现"人相食"的惨况。饥荒以致"人相食"的记录还见于陕西咸阳、泾阳、大荔、华阴、武功、榆林和河南开封府、新乡、温县、南乐、西华、许昌、鲁山、临颍、禹县、洛阳、新安等许多地方[5]。饥饿造成民众大流亡，西北各省尤甚，如"二十年、二十一年关中大饥，人相食，流亡殆尽"[②]，甘肃平凉"饥民大流散，户口十去六七"[③]，陕西武功县"岁大饥民相食，流移者十之六七"[④]。这类记载多见于明代中叶各地所撰的方志，是当时人记的当时事，故可信度高。政府赈济的记载很多，详见于《明实录》，如"九月己酉，发京库银三万两赈贷山西饥民。御史叶淇奏：山西连年灾伤，平阳一府逃移者五万八千七百余户，

---

① 弘治《潞州志》卷三
② 万历《渭南县志》卷十六
③ 嘉靖《平凉府志》卷三
④ 正德《武功县志》卷二

内安邑、猗氏两县饿死男妇六千七百余口，蒲、解等州临晋等县饿莩盈塗不可数计，父弃其子，夫卖其妻，甚至有全家聚哭投河而死者，弃其子女于井而逃者"①。各年饥荒地域见图1—3—2，不过图中有些地方的饥荒却不全是由旱灾所致，比如1483年苏北、安徽、福建的饥荒与水灾有关。

（2）蝗灾

本次连年干旱伴有蝗灾分散发生，但程度较轻。各年的各发生区仅数县而已，也未见持续。如山西襄汾1485年记有"蝗飞蔽日，禾穗树叶食之殆尽"②，但在其前后年份均无发生。

（3）瘟疫

北方连旱和饥荒发生时山西、河南有瘟疫零散出现，范围局限。1483年始见于山西长治一带，"潞州饥人相食，瘟疫大作"③，1484年山西境内"泽州、高平、阳城大饥，人多疫死"④，河南境内偃师、方城等地"饥民多瘟死"⑤，1485年有河南中牟"大疫"⑥。而此其间南方福建、江西虽有疫情发生，但与干旱无关。

(a) 1483年

---

① 《明宪宗实录》卷二百五十六
② 万历《太平县志》卷四
③ 弘治《潞州志》卷三
④ 雍正《泽州府志》卷五十
⑤ 嘉靖《裕州志》卷一
⑥ 正德《中牟县志》卷一

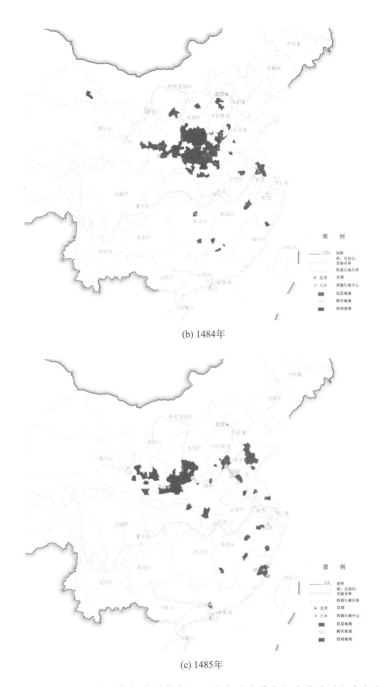

(b) 1484年

(c) 1485年

图1—3—2 1483～1485年逐年饥荒（紫色）、蝗灾（土黄色）和疫病（红色）地域分布

1.3.4　气候概况

1483～1485 年正值小冰期寒冷气候期的第 1 个寒冷阶段。

这三年的降水空间分布一直维持北旱南涝格局。即使在 1484 年干旱区向南扩展到江苏和湖北，也仅仅是多雨区向南移动了一些，北旱南涝的格局仍未改变。

在这些年份内，北方干旱主要出现在夏、秋，而南方的多雨则集中在夏季，这表明通常位于副热带高压北侧的雨带，夏季并未随季节更替而适时地北移到江淮地区和黄河流域，而是长时间在华南或江南地区停留、徘徊。以 1485 年为例，该年南方各地雨期大致在农历三月至七月，如广东"五月雨水连旬"[①]，广西"五月大雨水"[②]，福建"霪雨自三月初旬至闰四月终不止"[③]"自春徂夏积雨连月"[④]，江西"五月南昌府属大水，闭城门五日"[⑤]"秋七月大水"[⑥]，湖南"六月复大水"[⑦]。而与此同时北方地域却为"少雨"：山东"春至秋不雨"[⑧]，安徽"夏不雨"[⑨]，形成明显对照。如此长时间的南、北方水旱对峙的形势，正好表明当年副热带高压系统势力弱，以致雨带在南方滞留不能适时北移。值得注意的是连续 3 年皆呈现这种北旱南涝的格局，表明连续 3 年夏季副热带高压都十分弱势，这样的情形在现今的最近 50 年内未曾出现过。

这些年沿海台风的活动记录极少，1482～1487 年，仅有 1 次台风记载，即 1483 年 7 月 23 日（六月十九日）台风登陆福建[⑩]，闽县、侯官、怀安、长乐、连江、福清、罗源、永福、闽清等县遭遇飓风或海啸。台风记录如此之少，虽不排除史料的遗失或漏记的可能，但近海台风出现次数少，却是和副热带高压势力减弱同出一辙的。

1483～1485 年并无重大的冷暖异常变化发生。

---

① 康熙《清远县志》卷十
② 嘉靖《广西通志》卷四十
③ 嘉靖《罗川志》卷四
④ 弘治《八闽通志》卷八十一
⑤ 康熙《南昌郡乘》卷五十四
⑥ 嘉靖《南康县志》卷九
⑦ 崇祯《长沙府志》卷七
⑧ 万历《兖州府志》卷十五
⑨ 嘉靖《池州府志》卷九
⑩ 正德《福州府志》卷三十三

1.3.5 可能的影响因子简况

（1）太阳活动

1483～1485 年位于 1476～1488 年的太阳活动周内，该周太阳活动峰年是 1480 年，强度为极弱（WW）。

（2）火山活动

在这次干旱事件之前曾有重大的火山活动，即 1482 年 1 月 15 日美国 St Helens 火山强烈爆发，喷发级别为 5 级、极强，喷发指数 VEI=5。如此强烈的喷发，其喷出的火山尘足以到达平流层，形成环球的尘幕并长时间维持。1483 和 1484 年无火山活动记录，1485 年只有 1 月 5 日日本 Aso 火山喷发，喷发级别为 2 级，属于中等规模，喷发指数 VEI=2。

1.4 1585～1590 年连续干旱

1585～1590 年（明万历十三年—十八年）中国东部地区连续 6 年大范围干旱，主旱区逐年自北向南移动并扩展，前期呈北旱南涝格局，后期主旱区南扩，呈现南、北方皆干旱，旱涝分布格局有改变。这是发生在小冰期寒冷气候期的相对温暖时段结束和第 2 个寒冷阶段之前的持续干旱事件。

1.4.1 干旱实况和干旱发展过程

1585～1590 年持续干旱事件可分为前后两段：前段为 1585～1587 年，主要干旱区在北方，1586 年旱情最重，各地多有跨季节的连旱；后段为 1588～1590 年，主要干旱区南移至长江流域和江南，北方旱区缩小且分散。1590 年以后南方转为多雨，干旱事件结束。

1585 年之前，中国华北地区自 1581 年至 1584 年连续干旱少雨，至 1585 年干旱已十分严重，河北、山西、河南一带，自去年（1584 年）秋至今夏持续干旱，如河北雄县"夏旱至五月中始雨"①，北京"自去秋（八月）至此（四月戊子）不雨，京师河井并涸"②，"五月丙戌（6月13日）雨"③，山西"诸州县俱大旱"④，河南"开封府自春徂夏五月不雨"⑤。此外旱区也延及陕西、甘肃、山东以及苏北部分地方，如江苏淮安"自春徂夏亢炀，麦枯秋禾难种"⑥（图1—4—1 a）。

1586年春夏亢旱，旱区集中在河北、山西、河南、山东以及陕西、甘肃一带，各地几乎一致地记述"春夏不雨""自正月至六月不雨"或"至七月始雨"等[5]，以山西平遥的记载最具代表性"正月旱至七月，五谷未种，秋后方雨，一冬无雪，又旱至次年五月，麦田尽槁"⑦（图1—4—1 b）。

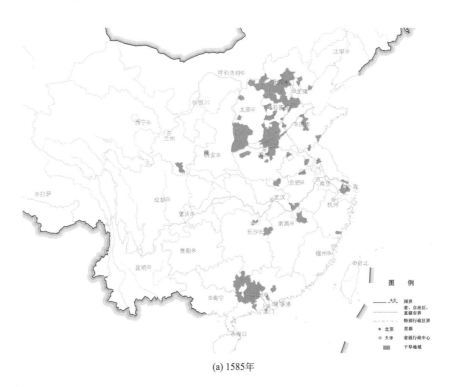

(a) 1585年

---

① 万历《雄乘》灾异
②《明史·五行志》
③《明史·神宗纪》一
④ 万历《山西通志》卷二十六
⑤ 万历《开封府志》卷二
⑥ 乾隆《淮安府志》卷三
⑦ 康熙《重修平遥县志》卷上

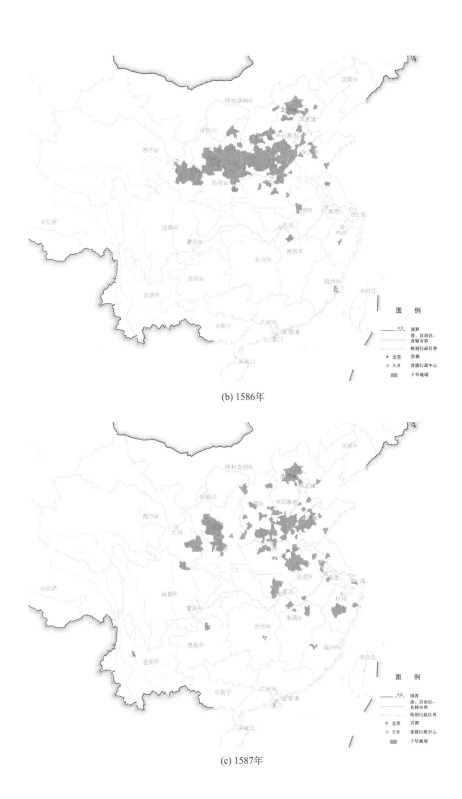

(b) 1586年

(c) 1587年

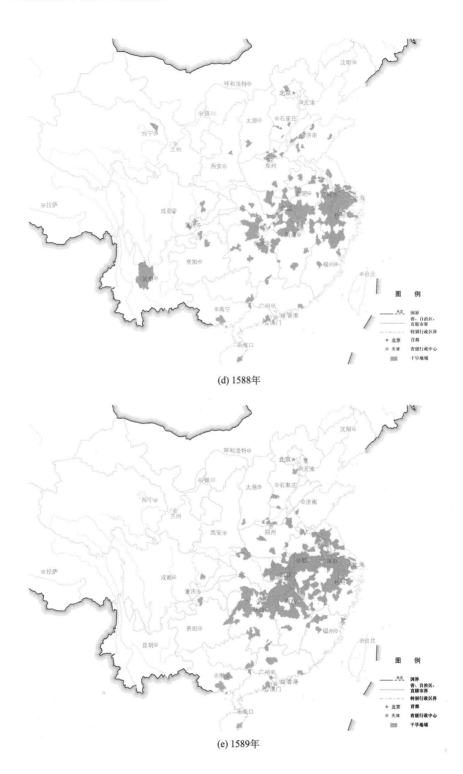

(d) 1588年

(e) 1589年

(f) 1590年

图1—4—1 1585～1590年逐年干旱地域分布

1587年河北、山西、山东及河南有大片的春、夏旱区，代表性的记载如山西晋城"春不雨、七月旱"①，山东郓城"自春至六月不雨，地皆赤"②，河南原阳"自正月不雨至六月麦尽槁"③等。此外，湖北、江苏和浙江北部有局地旱[5]。不过，有些地方却是先旱后涝的，如北京"四月京师旱，六月大雨"④、陕西关中的"夏大旱秋霖雨"⑤、河南春夏旱但"七月开封府州县淫雨"⑥等（图1—4—1 c）。

1588年北方旱区已大为缩小，河北、山西仅有零散旱区，大致在35°N附近沿黄河一带多呈春夏旱，如陕西关中"夏五月大旱"⑦、河南修武"春夏旱至立秋后三日始雨"⑧、山东"夏六月十有九日始雨，麦苗枯"⑨等。主要旱区已南移至长江流域，沿

---

① 万历《山西通志》卷二十六
② 崇祯《郓城县志》卷七
③ 万历《原武县志》卷上
④ 《明史·神宗纪》一
⑤ 康熙《鄠县志》卷八
⑥ 雍正《河南通志》卷十四
⑦ 乾隆《白水县志》卷一
⑧ 康熙《修武县志》卷四
⑨ 万历《蒲台县志》卷七

淮河一带以春夏旱为主，如安徽凤阳"春正月至六月乃雨"[①]，而长江流域西自四川及湖北、湖南、江西、安徽、江苏至浙江北部的广大干旱地带以夏秋旱为主，且大多有春夏多雨，呈先涝后旱。如湖北秭归"六月旱"[②]、湖南邵阳"至秋复旱"[③]、江西上饶"夏秋大旱"[④]、安徽望江等地"夏大旱二月不雨"[⑤]、江苏靖江"五、六月大旱"[⑥]、浙江杭州春多雨水，但"自夏及秋三月无雨，五谷皆槁"[⑦]，地处河网地带的嘉兴"诸湖及运河俱涸"[⑧]。夏旱区还扩展至福建，福安"井泉涸"[⑨]、沙县"六月末不雨，闰月（闰六月）皆旱"[⑩]。

1589 年干旱区域与上一年相似。河南至山东沿黄河一带仍有春夏旱，淮河流域至江南的广大地区严重亢旱，史载"苏、松大旱，震泽（太湖）为平陆，浙江、湖广、江西大旱"[⑪]。江苏和安徽春夏秋连旱，如凤阳"正月至八月不雨，淮河竭，井泉枯，野无青草"[⑫]、盐城"自二月入夏不雨，二麦枯槁"[⑬]、高淳"五月至八月不雨"[⑭]、宜兴"河流俱涸，舆马竟由水道往来"[⑮]。然太湖流域主要是夏秋旱，如常熟"自五月不雨至七月不雨"[⑯]、吴县"夏大旱，赤地无青。太湖、石湖皆涸，行人竞趋，足至扬尘"[⑰]、嘉兴"自五月初六雨，直至立秋日（8 月 8 日）方雨"[⑱]、上虞"湖河溪浍最深者亦尽涸，其底可履如平陆，田圻禾焦"[⑲]。安徽含山、望江、怀远、霍邱等多地都

---

① 咸丰《凤阳县志》卷十五

② 万历《归州志》卷三

③ 康熙《邵阳县志》卷六

④ 康熙《广信府宁州志》卷一

⑤ 顺治《新修望江县志》卷九

⑥ 崇祯《靖江县志》卷十一

⑦ 康熙《昌化县志》卷九

⑧ 万历《秀水县志》卷一

⑨ 康熙《福安县志》卷九

⑩ 康熙《沙县志》卷十一

⑪ 《明史·五行志》

⑫ 天启《凤阳新书》卷四

⑬ 乾隆《盐城县志》卷二

⑭ 顺治《高淳县志》卷一

⑮ 万历《宜兴县志》卷十

⑯ 万历《常熟县私志》卷四

⑰ 崇祯《吴县志》卷十一

⑱ 康熙《嘉兴县志》卷八

⑲ 万历《上虞县志》卷二十

出现"井泉干枯"[5]，干旱区延展至福建，"闽中六月大旱至七月不雨"①，建阳"自四月至秋七月不雨，永安门外溪中岩石刻字云：永乐间旱至此处，是年溪干复至刻字处"②。夏秋的严重干旱也发生在湖北、湖南、江西，各地多见"五六月大旱""四月至九月不雨""四至七月不雨"的记述。这旱区还扩展到广东，如英德"夏六月不雨至于秋七月，亢旱四十日"③。四川仍有局地旱，如广安"初春至秋皆不雨"④。

1590 年河北再现春夏干旱，如香河"春夏旱至六月中方雨"⑤、武邑"春大旱，六月二十五日乃雨"⑥等。河南北部的干旱期则延长至夏秋，如原阳"秋复旱至十九年夏"⑦等。安徽、湖北有夏旱，江西、湖南夏旱尤重，长沙府"合郡复大旱"⑧，苏北及长江流域是主要旱区，苏北等地先旱后雨，淮安府"是年旱复水。桃、清、安东五月以前亢旸不雨，五月十三以后大风雨，淮涨漂没，禾麦沤烂"⑨。而浙江、福建主要是夏秋旱然后多雨，如天台县"五月六日不雨至九月十日大雨，次年二月方霁"⑩，闽侯县"正月不雨至秋八月"⑪等。1590 年以后长江流域转为多雨，"楚地无岁不罹水灾"⑫，持续多年的大范围干旱结束。

值得注意的是 1585～1590 年间，各地出现的一些河湖井泉干涸记录是最近 70 年所未见的。

1.4.2 干旱特征值的推断

（1）受旱县数

据史料所记的 1585～1590 年逐年干旱地域按现今行政区划来统计受旱县数（表 1—4—1），凡史料中记为"××府属大旱的"，按府境所辖县的总数计入，所以

---

① 康熙《沙县志》卷一
② 万历《建阳县志》卷八
③ 康熙《重修英德县志》卷三
④ 光绪《广安州新志》卷三十五
⑤ 万历《香河县志》卷十
⑥ 康熙《武邑县志》卷一
⑦ 万历《原武县志》卷上
⑧ 崇祯《长沙府志》卷七
⑨ 天启《淮安府志》卷二十三
⑩ 光绪《台州府志》卷二十九
⑪ 万历《福州府志》卷七十五
⑫ 康熙《孝感县志》卷十六

表中的数字只是粗略估算。由表 1—4—1 可见,连旱事件的前半段(1585～1587 年)受灾最多的是河北、山西,后半段(1588～1590 年)则是江苏、浙江、安徽、江西和湖北、湖南,显示出在这次干旱事件中主干旱区由北方移向南方的特点。

表 1—4—1 1585～1590 年各省受旱县数统计

(表中河北*含北京、天津,甘肃*含宁夏,江苏*含上海,广东*含海南)

年份	河北*	山西	河南	山东	陕西	甘肃*	江苏*	浙江	安徽	湖北	湖南	江西	福建	广东*	广西	四川	贵州	云南
1585	64	42	39	12	2	1	2	1	4		2	2		15	8			
1586	46	55	35	23	30	28	1	1	1	1			1					
1587	24	18	28	35	18	17	5	10	15	8	1	2	1				1	1
1588	5	2	12	10	1		39	35	27	28	21	19	2			5	1	10
1589	6	1	11	4			56	27	30	30	36	32	4	2	1	2		
1590	27	2	8	6			13	9	5	9	18	14	5					1

表 1—4—2 1585～1590 年各地连续"无透雨"天数的估计

年份	地点	估计连续"无透雨"天数	史料记载(摘自参考文献[5])
1585	北京	>240 天	自去年八月至四月戊子不雨,五月丙戌雨
	河南开封	>120 天	自春徂夏五月不雨
1586	山西平遥	>170 天	正月旱至七月,秋后方雨
1587	山西平遥	>150 天	一冬无雪,又旱至五月
	山东郓城	>160 天	自春至六月不雨,地皆赤
	河南原阳	>160 天	自正月不雨至六月麦尽槁
1588	河南修武	>200 天	春夏旱至立秋后三日始雨
	安徽凤阳	>170 天	春正月至六月乃雨
	浙江杭州	>90 天	自夏及秋三月无雨
1589	安徽凤阳	>210 天	正月至八月不雨
	浙江嘉兴	61 天	自五月初六日雨,直至立秋日方雨
	湖南长沙	>140 天	四月至九月不雨
	广东英德	40 天	夏六月不雨至于秋七月亢旱四十日
	四川广安	>170 天	初春至秋皆不雨
1590	浙江天台	123 天	五月六日不雨至九月十日大雨
	福建闽侯	>210 天	正月不雨至秋八月

（2）连续无（透）雨日数

史料中常见的"×月至×月无雨"记载，可能是指"无透雨"，而不是雨量为 0，"无透雨"一词至今仍在使用，设若将记载的"大旱无雨"理解为无"透雨"的情形，可估算连续"无透雨"日数，见表 1—4—2。

（3）降水量和降水距平百分率

试由历史记载估算这次干旱事件的前、后两段最旱年份 1586 年、1589 年主旱区的代表地点临汾、苏州的降水量和降水量距平值。

连旱事件前半段的最旱年份是 1586 年，以山西临汾为主旱区的代表地点来作推断。当年太原府、平阳府各地所记旱情相似且多述"大旱赤地千里"，故综合平阳府所属及周边地方的记载，用作推算的依据主要有"自十三年冬至六月不雨"[①]、"自春抵秋燠旱不雨"[②]、"正月旱至七月，五谷未种，秋后方雨"[③]、夏县"七月初一（8 月 15 日）东山大雨暴作"[④]等，将这些"不雨"干旱月份（农历）的降水量设为常年降水量的 5%～10%，其他无降水记载的月份设为常年降水量，按本章开头所述步骤作阳历月份换算后，由现代各月降水量资料估算得：临汾 1586 年的年降水量约 186 mm、距平百分率–62 %，即年降水量仅为正常年份的三成多（表 1—4—3a）。

连旱事件后半段旱情最重的是 1589 年，以江苏苏州为主旱区代表地点来作推断。当地出现"自五月至七月不雨"[⑤]、"自五月初六（6 月 18 日）雨，直至立秋日（8 月 8 日）方雨"[⑥]和"赤地无青，太湖、石湖皆涸，行人竞趋足至扬尘"[⑦]的极度干旱景象。将所记的无雨月份（农历）的降水量估计为平常降水量的 1%～5%，其他并无降雨记述的月份视作雨量近于常年。按前述推算步骤作阳历换算后，由苏州的现代各月降水量资料可估算得苏州 1589 年的年降水量为 795.1 mm，为正常年份降水量的七成，夏季 6～8 月雨量为 150.7 mm（表 1—4—3b）。

不过对照现代苏州降水资料可见，最近 50 年的年降水量最少的 1978 年为 719.9 mm，夏季降水最少的 1963 年夏季雨量为 65.3 mm，然而 1978 年和 1963 年皆未出现如 1589

---

① 乾隆《翼城县志》卷二十六
② 天启《潞城县志》卷八
③ 康熙十二年《重修英德县志》卷上
④ 乾隆《解州夏县志》卷十一
⑤ 万历《常熟县私志》卷四
⑥ 康熙《嘉兴县志》卷八
⑦ 崇祯《吴县志》卷十一

年"赤地无青，太湖、石湖皆涸，行人竞趋足至扬尘"[①]，"湖河溪浍最深者亦尽涸，其底可履如平陆，田坼禾焦"[②]那样的景象。所以，倘若用 1963 年的极端最少夏季雨量值 65.3 mm 去置换年降水量最少的 1978 年的夏季雨量值，将得到一个新的年降水量估计值 618.6 mm，见表 1—4—3（b）第 3 行括号内的数字，这低于 1978 年的年降水量。不过这估计值 618.6 mm 可能还是偏多了一些，因为它未必会造成太湖"湖底生尘"。虽如此，权且将 1589 年苏州年降水量估计为 619 mm，这样算来，1589 年的年降水量仅为现代常年降水量的 54%，即五成许，年降水量距平百分率约–46%。

表 1—4—3　1586 年和 1589 年临汾（a）、苏州（b）各月、年降水量及其距平百分率的估算，以及与现代降水记录的对比

（a）

临汾		1月	2月	3月	4月	5月	6月	7月	8月	9月	10月	11月	12月	年
1586 年估值	降水距平百分率 r_i	–90%	–90%	–90%	–95%	–95%	–95%	–95%	–52%	0	0	0	0	–62%
	降水量（mm）	0.3	0.5	1.6	1.5	1.9	2.6	6.2	42.2	69.1	38.9	16.9	4.0	185.7
现代 1961～2000 年	平均降水量 $\bar{R}$（mm）	3.1	5.1	16.0	30.2	38.7	52.2	123.0	88.0	69.1	38.9	16.9	4.0	485.1

（b）

苏州		1月	2月	3月	4月	5月	6月	7月	8月	9月	10月	11月	12月	年
1589 年估值	降水距平百分率 r_i	0	0	0	0	0	–66%	–100%	–33%	0	0	0	0	–29.1%
	降水量（mm）	51.7	61.6	100.7	98.2	110.2	60.1（58.7）	0.1（0.1）	90.5（6.5）	106.8	66.6	49.6	49.6	795.1（618.6）
现代 1961～2000 年	平均降水量 $\bar{R}$（mm）	51.7	61.6	100.7	98.2	110.2	176.8	141.6	135.0	106.8	66.6	49.6	49.6	1 134.3
1978 年		65.9	26.4	74.1	48.4	132.1	36.6	63.2	66.8	77.1	70.8	30.3	28.2	719.9
1963 年							58.7	0.1	6.5					

注：1978 年是现代年降水量最少的年份；

1963 年是现代夏季（6~8 月）降水量最少的年份。

---

① 崇祯《吴县志》卷十一

② 万历《上虞县志》卷二十

1.4.3　伴生灾害

（1）饥荒

早在 1581～1584 年间，甘肃、陕西和山西、河北及至河南、山东各地已先后呈现干旱和荒歉失收，粮食匮乏、饥荒毕现。及至 1586 年北方大范围严重干旱时，山西、陕西等地已呈"赤地千里，民食树皮尽，饿莩载道，死者枕藉"[①]景况。连年久旱和时有发生的"恶霜杀稼""蝗蝻食禾"等更加剧了饥荒。北方饥荒地域以 1586～1587 年最广，之后南方出现大片饥荒区，至 1588 年南、北方饥荒灾情已达到极点，各省都频有"人相食"的记载。各年饥荒发生之地域如图 1—4—2 所示。在连年的干旱、饥荒中也间或有局部地区获得丰稔，但却又有不幸发生。如 1588 年夏，山西南部"临晋、荣河、平陆、稷山禾登时民多疫死甚，此二麦甫登至无人收刈。饥民偶获饱食，死者复十三四"[②]，可谓惨烈。史载饥饿至极的种种惨状，如 1588 年上海南汇县"有易子而食者，有以妻易数饼者，有饥不可忍牵手就溺者，有潜身义冢食新死赘者，有烹子罐中为逻卒擒报者。及有司设法赈济，无及于事"[③]，如此记述不忍卒读。1589 年北方各省饥荒解除，仅个别地方有局地春饥，饥荒地域主要在长江中下游和江南地区，如素称鱼米之乡、富庶的浙江上虞竟然"田坼禾焦，升斗无入，至剥草根树皮以食，饿殍载道，惨目伤心有难以状者"[④]。不过，饥荒并非全由旱灾所致，有些地方的饥荒是水灾的后果。到 1590 年饥荒地域已大为缩小了，随后即解除了。

（2）蝗灾和瘟疫

①蝗灾　连旱期间，各年份均有蝗灾发生，只是规模并不很大，在持续亢旱的河北、山西未有蝗虫大发生，而在水、旱交替的地域尚有蝗灾，如 1585 年安徽"泗州有水，夏旱，生蝗蝻盖地厚数寸"[⑤]，1587 年淮安府"合属蝗蝻遍地"[⑥]，1588 年江苏泰州"七月飞蝗蔽天"[⑦]等（图 1—4—2）。

②瘟疫　早在 1582 年北方干旱地区即有疫病流行，俗称"大头瘟"，"人有肿脖者

---

① 光绪《山西通志》卷八十六
② 万历《平阳府志》卷十
③ 雍正《分建南汇县志》卷十四
④ 万历《上虞县志》卷二十
⑤ 万历《帝乡纪略》卷六
⑥ 天启《淮安府志》卷二十三
⑦ 崇祯《泰州志》卷七

三日即死，亲友不敢吊，遂传染甚至有死绝其门者"①。疫区广布于北京、河北、山西、
山东、河南等地，之后逐年渐次平息。1586年河北、山西、河南、山东亢旱，先前的
疫区邢台、运城、固始、商河等地再度"瘟疫盛行，面项肿，朝得夜亡，传染死者枕
籍"②。至1587年，瘟疫更传播到陕西、甘肃、湖北各地，1588年疫区已遍布于河北、
山西、河南、山东、江苏、浙江、安徽、江西、陕西。其状甚为惨酷，如先前曾为疫
区的河南原阳县"瘟疫大作，十亡八九，尸骸盈野，臭不可闻"③，山西"临晋、荣河、
平陆、稷山禾登时民多疫死，二麦登至无人收割"④。新疫区如南京"夏旱疫死者无算，
聚宝门军以豆记棺，日以升计"⑤，浙江平湖亦称"频旱不雨疫疠大作，僵尸载道"⑥。
不过，这场瘟疫在山西省竟然"至冬乃息"⑦。至1589年，疫区南移，主要发生在江
苏、浙江、安徽、江西、湖北、贵州等省，湖北麻城新疫区"旱疫，人民死伤大半"⑧、
罗田"春大疫，禾萎于地不能获"⑨，其萧条竟至如此。至1590年、1591年瘟疫渐至
平息。值得注意的是瘟疫伴旱灾而发生，疫区随大旱地区而转移（图1—4—2）。

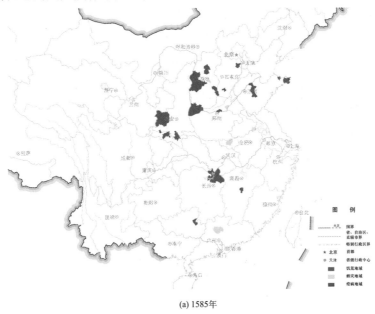

(a) 1585年

① 康熙《重修武强县志》卷二

② 康熙《解州志》卷九

③ 康熙《阳武县志》卷八

④ 万历《平阳府志》卷十

⑤ 康熙《江宁府志》卷二十九

⑥ 天启《平湖县志》卷十三

⑦ 万历《沃史》卷二

⑧ 康熙《麻城县志》卷三

⑨ 康熙《罗田县志》卷一

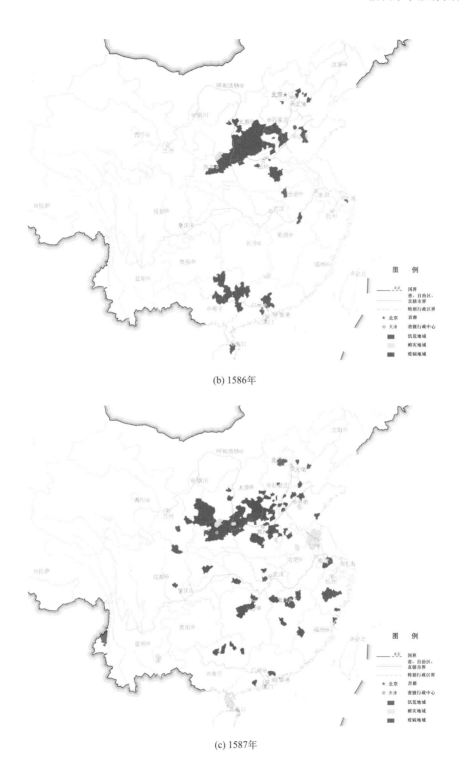

(b) 1586年

(c) 1587年

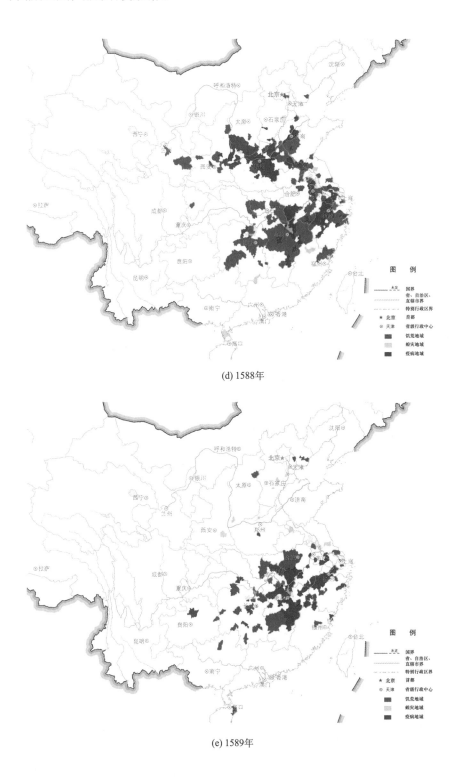

(d) 1588年

(e) 1589年

(f) 1590 年

图 1—4—2　1585～1590 年饥荒（紫色）、蝗灾（土黄色）和疫病（红色）地域分布

1.4.4　气候概况

这次连旱事件发生在小冰期的相对温暖气候结束、第 2 个寒冷阶段到来之前，有一些异常寒冷现象，如异常的秋霜冻（终霜日期提前）、寒冬和夏寒出现。如 1586 年河北抚宁七月二十一日（9 月 3 日）降霜、山西长治到山东茌平一带八月十七日（9 月 29 日）恶霜为害等，这些霜日的记录比现代的最早初霜日期提前；又如 1586/87 年冬季十分寒冷，长江中下游大雪 16 天，且有严重雨凇、冻雨为害，是这连旱期中最严酷的寒冬；又如 1588 年的气温反常，河南"夏四月寒甚冬燠"[①]，浙江象山"四月二十日（5 月 14 日）雨雪连旬"[②]，5 月中、下旬在 29.5°N 的地方出现十来天的降雪，足见初夏时的低温；再如 1589 年甘肃靖远夏六月初六日（7 月 17 日）入伏降雪，山东西南部"八月陨霜，秋禾尽伤"[③]等，也是冷空气异常活跃的表现。

---

① 万历《杞乘》卷二
② 同治《象山县志稿》卷二十二
③ 顺治《定陶县志》卷七

在这多年干旱期，有一些年份沙尘暴较为严重，如 1586 年、1589 年和 1590 年。在北方干旱最盛的 1586 年，一场途经山西、河北的沙尘暴于 4 月 18 日南抵杭州湾，上海、松江、海宁等地"天雨黄沙"[①]，海盐"天雨土，即密室内无不飓入"[②]。在 1590 年南方旱情极重时，一场起自内蒙古的沙尘暴于三月初三日（4 月 6 日）午时起，河北南部及至山东、河南全境全都笼罩于尘沙迷蒙之中，"黑风自西北来，扬沙拔树，天日昼昏"[③]。然而，1587 年、1588 年虽也是干旱年份，却未见大范围沙尘暴的记载。

在这连续 5 年干旱期沿海台风活动不多，仅有少量记载，如 1588 年 8 月 24 日台风登陆珠江口，1589 年 7 月 20 日登陆浙江宁波、农历七月台风肆虐广东沿海，1590 年 7 月 22 日登陆福建漳州等[5]。

1.4.5 可能的影响因子简况

（1）太阳活动

1585～1590 年连续干旱事件跨 1578～1587 年和 1587～1599 年两个太阳活动周。1587 年是太阳活动周的极小年（m），北方干旱极盛的 1586 年处于极小年的前 1 年，记为 m–1；1591 年是该活动周的峰年 M，其年平均太阳黑子相对数估计为 70，强度为中弱（WM）。南方干旱极盛的 1589 年是这峰年的前 2 年，记为 M–2。

（2）火山活动

这次连旱事件的先期和同期皆有一些重大的火山活动。1584 年爪哇 Merapi 火山喷发，喷发级别为 3 级，喷发指数 VEI=3↑。1585 年墨西哥 Colima 火山喷发，喷发级别为 4 级，喷发指数 VEI=4，1585 年 12 月日本 Yake-Dake 火山喷发，其喷发级别为 3级，喷发指数 VEI=3↑。1586 年有爪哇 Kelut 火山强烈喷发，喷发级别为 5 级，喷发指数 VEI=5，即喷出的火山灰能达到平流层，加之喷发量很大，估计喷发物达 10^9 m^3，这意味着能在平流层形成环绕地球的火山尘幕并长时间停留，另外还有如爪哇 Merapi 火山喷发（VEI=3↑）等。1587 年有爪哇 Raung 火山和班达海的 Banda Api 火山喷发，喷发指数 VEI=3↑，以及 1588 年日本 Oshima 火山的 3 级喷发。

---

① 万历《上海县志》卷十
② 康熙《海盐县志补遗》
③ 万历《汝南志》卷二十四

（3）海温特征

在这次连旱事件期，赤道东太平洋有海温异常。1585 年和 1589～1591 年都有厄尔尼诺事件发生，其强度分别为中和中/强（M+ 和 M/S）。所以 1585 年、1589 年、1590 年是"厄尔尼诺年"，1588 年是厄尔尼诺事件的前 1 年，而现有研究，无论是对现代的 10 例厄尔尼诺事件前后各年的降水量距平场合成分析[27]，或是对最近 500 年 101 例厄尔尼诺事件的降水量距平场合成分析[28]，皆指出在厄尔尼诺事件的当年和前一年，中国东部地区都呈现大范围干旱少雨的特点。不过，1586 年是厄尔尼诺事件的次年（非厄尔尼诺年），按现有的研究结果这样的年份多对应于中国大范围多雨[27]。 然而 1586 年却呈现为大范围干旱，这与上述的普遍的对应关系不同。显然这样的情形是一种例外，而这一例外正是值得深究的。

1.5　1637～1643 年连续干旱

1637～1643 年（明崇祯十年—十六年）南北方连续 7 年大范围干旱，其持续时间之长、受旱范围之大，为近百年所未见。连年酷旱引起严重饥荒并伴有蝗灾和瘟疫流行，加剧社会动荡。此事件正值小冰期最寒冷的第 2 个寒冷阶段，是寒冷气候背景下的持续干旱的典型案例。

1.5.1　干旱实况和干旱发展过程

1637～1643 年中国南北方 23 个省（区）相继遭受严重旱灾。主要的干旱区域在北方，初始于西北、华北，以后逐年向东、向南扩大，及至长江中下游地区，旱区范围和旱情在 1640 年前后达到顶峰，河北、河南、山西、陕西、山东许多地方连旱 5 年以上。

1637 年，甘肃、宁夏、陕西、山西、河北、河南及山东等地夏旱严重。河北中部"旱，至六月二十三日方雨"[①]。

1638 年陕西、山西、河北、河南、山东仍大旱，河南兰考"十一年（1638）秋七月旱至十三年（1640）六月十二日方雨"[②]，山西稷山"五月河水干七日，亢旱

---

① 康熙《交河县志》卷七
② 康熙《兰阳县志》卷十

日甚"①。黄河中游河段出现"黄河清"现象，如陕西绥德"河清，旱"②、山西大宁"马斗关黄河清凡三十里"③、河南灵宝"秋黄河清澄澈可鉴"④等，这是流域范围内少雨和无强降水的反映。干旱范围东到山东，阳谷、郓城等地"井泉多竭"⑤，南到江苏，江浦至南通一带多记有"水竭民饥"⑥，如仪征"井泉涸"⑦、溧阳"湖圻见底"⑧、金坛"秋大旱，湖荡水竭，洮湖为五湖之一，弥亘数县，至是见底，行人径其中，尽成陆路"⑨、东台"井竭"⑩等。

1639年河北南部仍大旱，山西南部运城"自九月不雨，至十三年七月"⑪，长治、平陆、潞城"冬无雪"⑫。干旱中心地带的河南"沁水竭"⑬，沁阳"自去年六月雨至今十一月不雨"⑭，陕西铜川"大旱，自正月不雨至于秋七月"⑮，山东诸城"六月旱，潍水断流"⑯。华南有局地干旱，广东吴川"大旱，自正月不雨至于五月"⑰，海南临高"正月至七月不雨，田禾枯槁"⑱。

至1640年，受旱区域已广及河北、山西、河南、山东、陕西、宁夏、甘肃、青海、新疆、江苏、浙江、安徽、湖北、湖南、江西、广东、贵州、云南等18省，唯苏南、皖南和浙北一带夏初有雨灾。北方旱情加重，南方长江中下游旱区扩大。河北中部、南部旱，深州"自正月至六月二十日始雨，秋复大旱"⑲、鸡泽"自前秋七月至夏六月

---

① 康熙《稷山县志》卷一
② 顺治《绥德州志》卷一
③ 雍正《大宁县志》卷七
④ 顺治《灵宝县志》卷四
⑤ 康熙《郓城县志》卷七
⑥ 弘光《州乘资》卷一
⑦ 康熙《仪征县志》卷七
⑧ 康熙《溧阳县志》卷三
⑨ 《镇江府金坛县采访册》
⑩ 嘉庆《东台县志》卷七
⑪ 乾隆《解州安邑县志》卷十一
⑫ 雍正《陕西通志》卷一百六十三
⑬ 康熙《河内县志》卷一
⑭ 康熙《河内县志》卷四
⑮ 乾隆《同官县志》卷一
⑯ 乾隆《诸城县志》卷二
⑰ 光绪《高州府志》卷四十八
⑱ 康熙《临高县志》卷一
⑲ 康熙《深州志》卷六

不雨"①、内丘"八月、九月不雨不播麦"②，山西中部、南部"春不雨，四月不雨、六月不雨"③，宁夏"不雨自四月至秋八月"④，甘肃"春夏无雨，夏苗尽枯，秋禾未种"⑤，山东旱，济阳"自五月至秋无雨"⑥、临朐"自三月至于五月不雨，六月不雨至于八月"⑦，江苏夏秋大旱，泰州"四月至七月不雨，河流竭，无禾"⑧。旱区中心的河南沁阳"自去年七月至本年八月始雨，五谷种不入土"⑨、兰考"三月不雨，六月小雨仅播豆种，又不雨，禾尽槁"⑩、鄢陵"自正月不雨至于五、六月，禾尽槁"⑪，至此旱情达到顶峰。

1641年北方仍干旱，河北南部春夏旱但有秋雨，内丘"自去年八月至今年六月不雨，六月二十九日始雨，七月荞麦种踊贵"⑫，山西和陕西春旱、夏秋雨，山东、河南春夏旱[5]。重旱区向南扩展至江苏、安徽、浙江一带，上海嘉定"自三月不雨，至七月河底迸裂，赤地千里"⑬；江苏高淳"四月至十一月不雨"⑭，苏州"自四月不雨至于七月，水涸河底凿井不得泉"⑮，吴江"五月大旱，至七、八月旱如故，湖地水不盈尺"⑯；安徽南部大旱，望江"自三月十八日雨至六月初八日乃雨，地赤土焦，河湖亦枯坼"⑰；浙江北部海盐"二月至六月不雨，河涸禾尽槁。六月廿二日大雨二日河尽满"⑱。

1642年河北春夏旱，雄县"河水竭，水淀数百里尽涸"⑲、肥乡"春夏旱，七月

---

① 顺治《鸡泽县志》卷十

② 崇祯《内邱县志》变纪

③ 康熙《潞城县志》卷八

④ 康熙《隆德县志》卷下

⑤ 万历《临洮府志》卷二十二

⑥ 顺治《济阳县志》灾异

⑦ 康熙《临朐县志书》卷二

⑧ 崇祯《泰州志》卷七

⑨ 康熙《河内县志》卷一

⑩ 顺治《仪封县志》卷七

⑪ 顺治《鄢陵县志》卷九

⑫ 崇祯《内邱县志》变纪

⑬ 崇祯《外冈志》卷二

⑭ 顺治《高淳县志》卷一

⑮ 崇祯《太仓州志》卷十五

⑯ 顺治《庉村志》异记

⑰ 顺治《新修望江县志》卷九

⑱ 康熙《海盐县志补遗》

⑲ 康熙《雄乘》卷中

二十六日立秋乃雨"①, 山西榆社"春不雨, 至六月初二雨"②。黄河流域旱情缓和, 甚至夏秋多雨, 河南睢县"自六月至八月霪雨, 凡八九十日"③。干旱地带主要在长江中下游, 长沙"三月至六月不雨"④。

1643年北方旱区缩小、旱情减轻, 主要是局地干旱, 河北北部有夏旱, 河南新郑"大旱自三月至七月始雨"⑤。长江中下游仍有严重干旱, 如湖南汉寿"自四月不雨, 抵秋九月烈暴如炽"⑥, 江西湖口"大旱溪涧皆枯"⑦、宜春"自四月至七月不雨, 苗焦卷无复苏者, 民相向泣曰:旱魃"⑧, 上海"松江自五月至七月不雨, 河水尽枯"⑨。此外, 粤北、川东、贵州、云南皆有局地干旱。

至1644年华北大部分地区转为多雨, 干旱区域缩小或割裂呈岛状分布。至此, 这连续多年的干旱终告结束。历年干旱区域演变的动态过程示于图1—5—1。

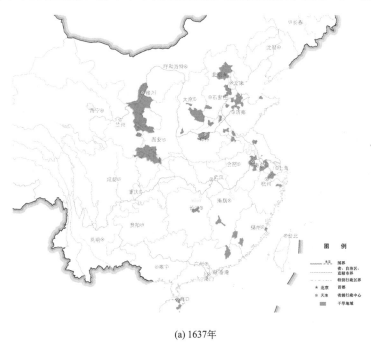

(a) 1637年

---

① 雍正《肥乡县志》卷二
② 康熙《榆社县志》卷十
③ 康熙《睢州志》卷六
④ 乾隆《长沙府志》卷三十七
⑤ 顺治《新郑县志》卷五
⑥ 康熙《龙阳县志》卷一
⑦ 康熙《湖口县志》卷八
⑧ 同治《宜春县志》卷十
⑨ 《明史·五行志》一

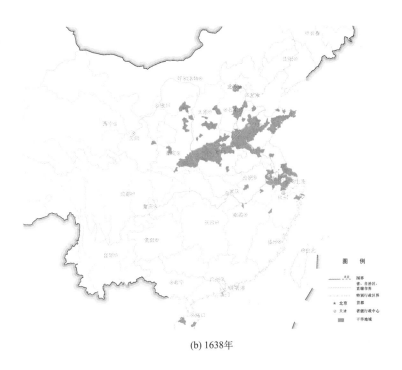

(b) 1638年

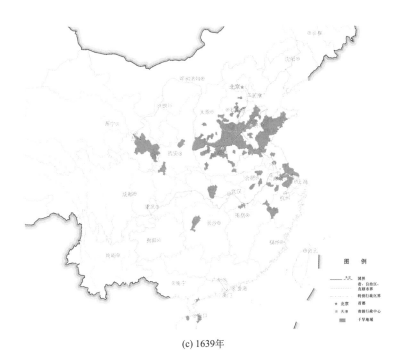

(c) 1639年

(d) 1640年

(e) 1641年

(f) 1642年

(g) 1643年

(h) 1644年

图1—5—1　1637～1644年逐年干旱地域分布

在1637～1643年的大范围连续干旱事件中，各地出现一些罕见的江河断流、湖泊干涸情形，许多是近百年所未见的。今选择若干记录列示于表1—5—1，以作酷旱情形之佐证。

表1—5—1　1637～1643年各地河湖井泉干涸的记录举例

年份	地点	河湖干涸情景记述（摘自参考文献[5]）
1638	山东阳谷	井泉多竭
	河南汝南	城内井干
	江苏金坛	洮湖见底，行人径其中，尽成陆路
	江苏溧阳	湖圩见底
	江苏南通	水竭
	江苏仪征	井泉竭
	江苏东台	井泉涸
	河南嵩县	川竭井涸
1639	山东诸城	潍水断流
	河南沁阳	沁水竭
1640	河北安新	白洋淀竭，九河俱干

年份	地点	河湖干涸情景记述（摘自参考文献[5]）
1640	河北高阳	高河竭
	河北宁晋	川泽竭，井涸
	河北清河	六月清河涸
	山西长子	漳河竭
	山西汾阳	汾水竭
	山西新绛	五月十三日汾水竭
	山西临猗	五姓湖水尽涸
	山西河津	五月汾河干八日，水如线流
	山西曲沃	汾、浍竭
	山东菏泽	井泉涸
	山东金乡	湖尽涸
	山东济宁	汶、泗断流
	河南安阳	井或浅涸，带泥汲饮，长河有断流者
	河南偃师	洛水深不盈尺
	江苏睢宁	黄河水涸
	江苏昆山	六月娄江断流
	江苏宜兴	洮湖竭
	湖北汉阳	冬月湖水尽涸坼如龟文，人行其上
1641	山西河津	五月汾河干
	陕西华县	白岩湖竭
	山东博山	龙泉、范泉尽涸，孝妇河十里下亦绝流
	山东临清	七月运河涸
	河南郏县	县西北水泉皆竭
	上海嘉定	河底迸裂，河底凿井不得水
	江苏太仓	水涸，河底凿井不得泉
	江苏昆山	致和塘、吴淞江皆涸
	江苏南通	溪河涸竭
	江苏宜兴	溪河竭
	江苏泰县	河竭
	江苏泰兴	自春不雨至冬溪河涸竭
	江苏东台	河竭
	安徽巢县	巢湖水涸
	安徽望江	河湖枯坼
	浙江桐乡	河流尽竭

续表

年份	地点	河湖干涸情景记述（摘自参考文献[5]）
1641	浙江海盐	河涸
1642	河北雄县	河水竭，水淀数百里尽枯
	河北蔚县	城河竭
	河南兰考	十一月黄河水干，人可徒步
	江苏淮阴	正月黄河清浅如小渠，人有徒涉者
	江苏沛县	春，昭阳湖水涸
	江苏武进	河流涸
1643	河南虞城	黄河绝流夏旱
	山东德州	河水浅可涉
	上海松江	河水尽涸
	江西湖口	江湖不涨，溪涧皆枯
	安徽贵池	六月贵池川竭
	湖南醴陵	大旱，家井尽竭

1.5.2　干旱特征值的推断

（1）历年受旱县数

将逐年干旱区的范围用受旱县数表示，依据史料[5]的记载粗略统计各省历年受旱成灾的县数如表1—5—2所示。从中可见以河北、河南和山东受旱县数为最多。自1637

表1—5—2　1637～1643年各省受旱县数统计

（表中河北*含北京和天津，江苏*含上海，甘肃*含宁夏，广东*含海南）

年份	河北*	山西	河南	山东	陕西	甘肃*	江苏*	浙江	安徽	湖北	湖南	江西	福建	广东*	广西	贵州	云南
1637	19	15	10	14	11	8	15	7	1			3	2	4			
1638	18	12	61	63	15	1	38	5	5					2			
1639	28	19	55	63	6	15	29	6	7	2	2	1		3			
1640	88	40	78	80	41	29	62	27	38	9	4	13		1		1	1
1641	49	9	20	25	5		59	26	33	15	2	5	1		2		2
1642	25	3	3	1			16	22	5	9	13	2		1			
1643	8		4	4			9	16	2	2	26	30	2	3		2	3

年受旱范围逐年扩大，至 1640 年干旱区范围达最大，受旱县数最多的仍是河北、河南和山东，1641 年以后主要旱区南移、北方受旱县数减少而南方有增，此后逐年减少。

（2）连续无（透）雨日数

连续无降水日数常用于表示干旱气候特征，现代气候资料分析中也有"最长连续无降雨日数"的统计值。早期史料中并无准确的、符合现代气象观测定义的"无降水日数"记录，通常史料记载的"大旱无雨"应当是指"无透雨"的情形，诸如河南沁阳 1639 年"自去年六月雨，至今十一月不雨"[①]，1640 年"自去年七月至本年八月始雨"等记载，显然应理解为在此期间未下"透雨"，而并非"滴雨未下"，降水量为 0 的情形。不过，即使这样的"无透雨"时段的长短（天数），也可用作干旱程度的量值，或可和现代气象记录作适度的比照。

谨由史料所记的 1637～1643 年间若干代表地点的"连续大旱无雨"记载的起止日期，粗略估算出相当于"连续无（透）雨天数"，并列示于表 1—5—3。其中"不雨"月份按农历天数计，"不雨至于某月"可能相当于"至于某月方雨"，故"某月"按 5 天计。

表 1—5—3　1637～1640 年各地连续无（透）雨天数的估计

年份	地　点	连续无（透）雨天数	史料记载（引自参考文献[5]）
1637	河北泊头	171 天	旱，至六月二十三日方雨
1638～1639	河南沁阳	320 天	自去年六月雨，至今十一月不雨
1639	广东吴川	>120 天	自正月不雨至于五月
1639～1640	河北鸡泽	>350 天	自前秋七月至夏六月不雨
	河南沁阳	>380 天	自去年七月至本年八月始雨
1640	山东临朐	90 天	自三月至于五月不雨
		90 天	六月不雨至于八月
	河南扶沟	>180 天	自六月不雨至十二月
	河南禹县	>180 天	二月不雨至于八月
	江苏东台	>120 天	四至七月不雨
	湖南安化	>60 天	三至五月不雨

另有记载河南兰考"十一年（1638 年）秋七月旱至十三年（1640 年）六月十二日方雨"，这干旱在 1640 年五、六月间的一度中断，正好和山东临朐的记录相印合。再如山西运城"九年（1638 年）不雨至十三年（1642 年）七月"，显然应理解为此间未

---

① 康熙《河内县志》卷一

下"透雨",并非这三年"滴雨未下"。

　　笔者认为这类"无透雨"时段的降水量很少但并非全无,拟估计为正常降水量的5%或稍多,但不应多于10%,即降水量距平百分率约为–95%～–90%之谱。这估计有一定合理性,如史料记载中常见的某地因长日酷旱而设坛求雨结果灵验,仪式后即有降雨,但雨量仍然不足农作所需、旱情未除等,即属此例。

(3)降水量和降水距平百分率

　　在主要降水季节都出现亢旱以致作物枯槁的状况,按农业气象的研究结论,在出现这种作物枯槁的情况下,降水量只能是正常降水量的5%～10%,仅以干旱核心地带的河南北部(沁阳)为例,对该地1638～1640年各年的降水量和降水量距平百分率试作推算。此间的干旱记载主要有:1638年夏旱、1639年"自去年六月雨,至今十一月不雨……旱太盛,民不得种麦"、1640年"自去年七月至本年八月始雨,五谷种不入土"[5]。按本章开头所述的由史料记载估算降水量和降水距平百分率的方法和步骤操作。即:1)由史料所记的旱情、雨情评定各月份(农历)的降水减少程度,将持续"亢旱""不雨"(指未下透雨)时段的降水距平百分率估计为–95%～–90%,即为平均降水量的5%～10%,"禾苗枯槁"的估计为–95%以下;将既无旱情又无降水记载的时段估计为0,即降水量接近平均值;将有降水的时段酌情估计为10%～40%或更高。2)将历史记载的日期改用公历表示,将农历各月的降水距平百分率转换为公历月的降水距平百分率,跨公历月份的按日数比例进行折算,如1638年8月、1639年9月等即如此。3)由现代的月降水量平均值(1961～2000年)和历史上各月降水距平百分率,推算得沁阳1638～1640年间各月、年降水量值和年降水距平百分率(表1—5—4)。

　　沁阳气象观测记录(1961～2000年)年降水量最少值为263 mm(1965年),最多值为877 mm(1964年);现代干旱最严重的1965年年降水量263 mm,夏季仅97 mm。且现代还有1、2、3、11、12月降水为0 mm的记录,不过在本例的评估中却没有月降水量为0 mm的设定,故本例估算的历史上各月降水量值基本上高于现代极端最小值,仅1639年6月、8月和1640年7月、8月除外,然而历史上这些月份的旱情却是超过现代这四个记录降水量最少的月份的,这些皆表明笔者对各月降水距平百分率的估值并非偏低。笔者推算河南沁阳1638年、1639年和1640年的年降水量分别为246 mm、96 mm和148 mm,年降水距平百分率分别为–56%、–83%和–74%。估计这次连续干旱事件中心地带的沁阳,在旱情最严重的1639年的年降水量尚不足正常年份的两成,连续3年的年降水量均少于现代极端最低记录,河南北部地区连续3年的年降水量约减少六成以上。

表 1—5—4　1638～1640 年河南沁阳各月降水量、距平百分率和年降水量的推断及现代降水量

沁阳		1月	2月	3月	4月	5月	6月	7月	8月	9月	10月	11月	12月	年
1638 年估值	降水距平百分率 r_i	0	0	−20%	−40%	−70%	−80%	−40%	−30%	−90%	−90%	−90%	−90%	−56.2%
	降水量（mm）	7.6	11.4	18.4	17.7	12.8	13.4	82.4	67.4	7.3	4.1	2.2	0.8	245.5
1639 年估值	降水距平百分率 r_i	−90%	90%	90%	95%	−90%	−90%	−60%	−90%	−90%	−90%	−90%	−90%	−82.9%
	降水量（mm）	0.8	1.4	2.3	1.6	4.3	6.7	55.0	9.6	7.3	4.1	2.2	0.8	96.1
1640 年估值	降水距平百分率 r_i	−90%	−95%	−90%	−95%	−90%	−95%	−90%	−95%	−20%	−30%	0	0	−73.7%
	降水量（mm）	0.8	0.7	2.3	1.6	4.3	3.3	13.7	4.8	58.5	28.4	21.7	7.6	147.7
现代 1961～2000 年	平均降水量 $\bar{R}$（mm）	7.6	11.4	23.0	32.8	42.7	66.9	137.4	96.3	73.1	40.5	21.7	7.6	561.0

1.5.3　伴生灾害

（1）饥荒

干旱少雨使得"禾稼枯槁"或"谷不入种"，致使减产甚至绝收，造成饥荒。早在 1633～1635 年，河北、山西、陕西等地即已有旱灾发生，人民缺食，以致 1637 年以后的连年饥荒就更严重，诸如"饥民逃离、饿殍载道""粟价腾涌十倍其值，绝粜罢市""人掘草根、剥树皮殆尽"之类的记述不绝于书。饥饿严重的地方还出现挖观音土拌树叶蒸食充饥。所谓观音土有多种，如定海"南乡有一洞，忽出白土，色如粉，红软腻而甘，人竟取之亦能饱"[①]，如婺源"掘石脂为食，石脂土似粉，和羹作饵"[②]，其他地方还有"色青白类茯苓""土赤黄，状如猪肝"，以及"挖土中白泥为食，名曰'佛粉'"，

---

① 康熙《定海县志》卷十二
② 康熙《婺源县志》卷二

等等[5]，然而悲惨的却是食者往往腹胀而亡。山西、河南、山东、江苏等地因饥饿至极还出现食尸肉，如 1640 年山西永济县"四门外掘深坑以瘗死者，人就坑剐食其肉"①，江苏"三吴皆饥，树皮食尽，至发瘗胔以食"②，其状令人发指。山西稷山记有："十一年至十三年（1638～1640 年）频旱，野无青草，斗米千文，男女鬻者成市，草根树皮采食殆尽，甚至人相食。有幼孺独行被人攫食者，有殡未旋踵剖冢盗食者，有同室共寝暮夜剐食者，有子死而父母食之者，父母死而子食之者，种种惨凄不胜枚举。"③史载"崇祯庚辰（1640 年）秋，山东、河南、山西、畿南人食木皮，至冬人相食。辛巳（1641 年）江南北皆竞弃子女、售器具，流殍塞路。少妇不值千钱"④。史籍所载的 1640 年、1641 年饥荒地域示于图 1—5—2，"人相食"的记载地点见于图 1—5—2。

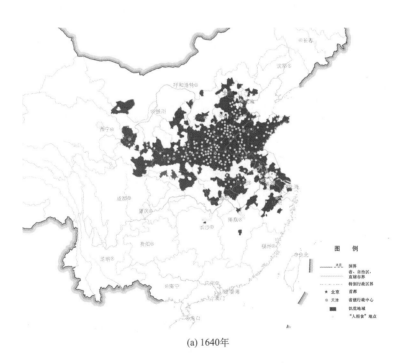

(a) 1640年

① 光绪《永济县志》卷二十三
② 嘉庆《丹徒县志》卷四十六
③ 康熙《稷山县志》卷一
④ 清·谈迁《枣林杂俎》

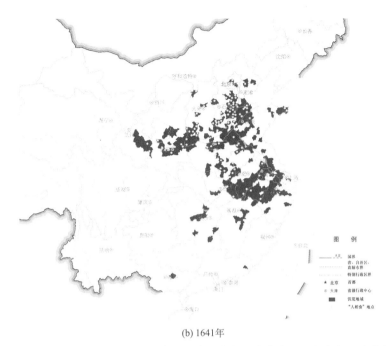

(b) 1641年

图 1—5—2　1640 年、1641 年历史记载的饥荒（紫色）地域和"人相食"记录地点（　）

　　1641 年北方各地仍有春饥，之后由于旱情减轻或禾稼有收，如山西长治、潞城"秋霪雨，是岁丰稔"，饥荒解除，饥荒地域减少，但南方仍有饥荒，有些是由水患而致的，如江西南昌、丰城，湖南宁乡等地的。1642 年以后大范围的连片饥荒已不复见，且有些局地饥荒是低温、多雨所致，如湖南邵阳等地。

　　（2）蝗灾

　　在大范围连年旱灾时，蝗虫也十分猖獗。1639～1640 年蝗灾达到极盛，蝗区遍及甘肃、宁夏、山西、陕西、河北、河南、山东、江苏、安徽、湖北、湖南。"飞蝗蔽天，食禾稼皆尽"已成文献中常见的记述，河南记载有"万历四十年以后飞蝗岁见，至崇祯十二年盈野蔽天，其势更甚。生子入土，十八日成蠓，稠密如蚁，稍长，无翅不能高飞，禾稼瞬息一空。焚之以火，堑之以坑，终不能制。嗟呼，天灾至此，亦无可何如也"[①]，"始则飞蝗如雨，既而蟓结块数十里并排而进，自北而南，山河城垣无阻，逢井则自井口至底而上，草木无遗，人家室中箱笼衣服尽蚀"[②]。山东临沂"蝗遍野盈尺，百树无叶[③]、兖州"蝗飞蔽日，集树则枝为之

　　① 康熙《兰阳县志》卷十

　　② 康熙《南阳县志》卷一

　　③ 康熙《沂州志》卷一

折"①，安徽霍山"蝗盈尺，飞扑人面，堆砌交衢践之有声，至秋田禾尽蚀"②，江苏宝应"八月旱蝗，东西二乡周匝数百余里堆积五六尺，禾苗一扫罄尽，草根树皮无遗种"③、徐州"夏秋蝗蝻遍野，人争捕杀积道旁成丘，臭秽闻数十里"④，甘肃庆阳"蝗飞蔽天，落地如岗阜"⑤等皆是蝗蝻炽盛的景状。甚至有蔽天之群蝗抱团渡过江河的奇观见于河南孟县、沁阳、武陟等地，如"蝗食秋禾，缘墙壁入人家，遇物皆啮，结块渡河"⑥，安徽六安"蝗蝻所至草无遗根，过河结球而渡，过垣引绳而登"⑦，还有湖北钟祥"五月蝝渡河入民居"等。民间捕杀灭蝗有"煮蝗而食"，河北文安有"一人日捕数石"，官府也有"示乡民捕蝗送官，论斗斛易钱"之举，此外还有诸多蝗虫群为群鸟食灭、为大雨浇灭的趣闻[5]。蝗灾发生地域见于图1—5—3。

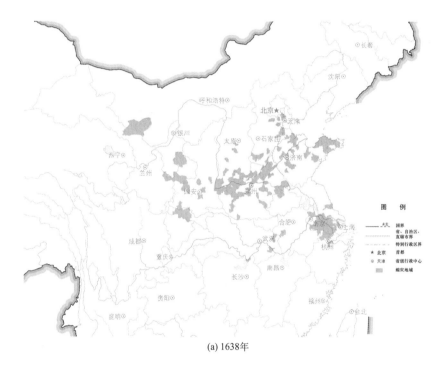

(a) 1638年

---

① 康熙《滋阳县志》卷二

② 顺治《霍山县志》卷二

③ 康熙《宝应县志》卷三

④ 康熙《徐州志》卷二

⑤ 乾隆《新修庆阳府志》卷三十七

⑥ 康熙《武陟县志》卷一

⑦ 康熙《重修六安州志》卷十

(b) 1639年

(c) 1640年

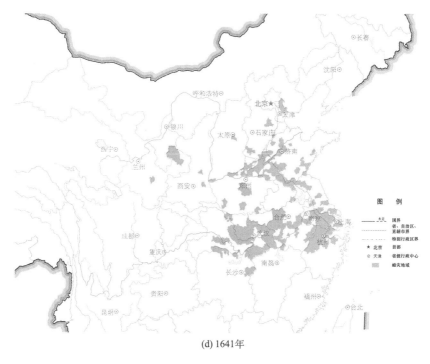

(d) 1641年

图1—5—3　1638～1641年历史记载的蝗灾地域分布

（3）瘟疫

在连旱事件之先期，自1633年以来山西、河南已有瘟疫流行。1637年疫区扩大至陕西。1638年安徽当涂等地"大疫，又患羊毛疹，医经所不载"[1]。1639年瘟疫虽限于山东和河南，但疫情十分严重，历城、齐河、禹城等地"大疫，十死八九"[2]。随着饥荒的迅速扩展和加剧，1640年瘟疫已遍及河北、河南、山西、陕西、山东、安徽、江苏、浙江、福建、湖北等省。至1641年更增加甘肃和江西新疫区。1642、1643年疫情仍在蔓延，"瘟疫大行，病者吐血如西瓜水，立死"[3]"南北数千里，北至塞外南踰黄河，十室鲜一脱者。"[4]史籍中多见"疾疫流染甚至灭门"[5]，河北清河记载"奇荒之从疫疬流行，沿门遍户，至有一室之内积尸枕藉，殷盛之家，孑遗靡留者"[6]。1642、1643年疫区又扩展至湖南。

---

① 康熙《太平府志》卷三
② 嘉庆《禹城县志》卷十二
③ 康熙《景州志》卷四
④ 民国《青县志》卷十三
⑤ 康熙《湖口县志》卷八
⑥ 同治《青河县志》卷五

瘟疫致劳力剧减，以致 1641 年在一些局地旱情缓解有所收成的地方竟无力收割，如河南扶沟便出现"至麦秋时，无主之麦凋黄遍野，无处无之"[①]，山东曹县"四月大瘟疫、麦熟无主村绝人烟"[②]的景况。死亡人数虽无准确数字，但由江西抚州府的记载 1642 年"郡大疫，春夏疫死数万人"[③]亦可见一斑，何况抚州尚不是中心疫区。

瘟疫可能和饥荒有关联，如记载有"苏杭大饥成疫，遍处成瘟"[④]，又如山东莘县记"大饥之余，瘟疫盛行，相染者十室而九，甚至阖门俱殁，收殓无主者"[⑤]。值得注意的是，在这饥荒、瘟疫、蝗灾炽盛的年份，还多有鼠患猖獗，如 1641 年山东高唐"有鼠千百成群，食禾立尽"[⑥]，安徽安庆"群鼠衔尾自江南牵渡江北，数日毙"[⑦]，河南淮阳"是年鼠千百成群，渡河南去"[⑧]。

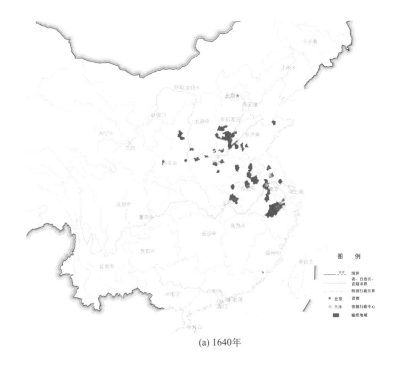

(a) 1640年

① 乾隆《陈州府志》卷三十
② 光绪《曹县志》卷十八
③ 康熙《抚州府志》卷一
④ 康熙《新修东阳县志》卷四
⑤ 康熙《朝城县志》卷十
⑥ 康熙《高唐州志》卷九
⑦ 乾隆《无为州志》卷二
⑧ 乾隆《陈州府志》卷三十

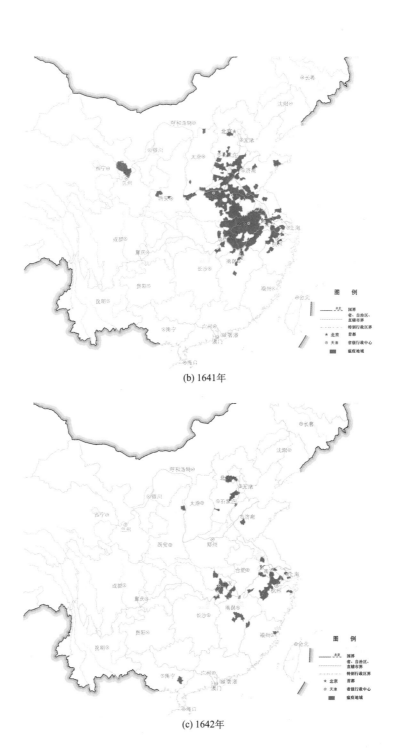

(b) 1641年

(c) 1642年

(d) 1643年

图 1—5—4　1640～1643 年历史记载的逐年瘟疫地域分布演变

1637～1643 年大范围饥荒、蝗灾、瘟疫迭次发生，为了显示各年蒙受灾害的总体情形，特地又按年将各种伴生灾害的发生地域示于同一幅图中（图 1—5—5）。尽管图中当有疫、蝗、饥在同一地区存在时，由于相应的色块上下相叠，位于下层者的会被掩盖，但被掩的细节总是可以从图 1—5—2、图 1—5—3 读到的。

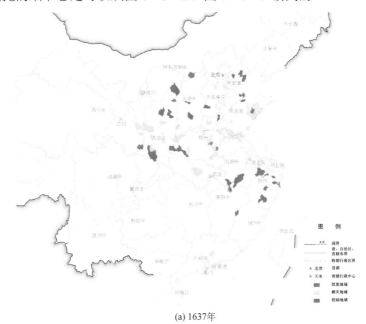

(a) 1637年

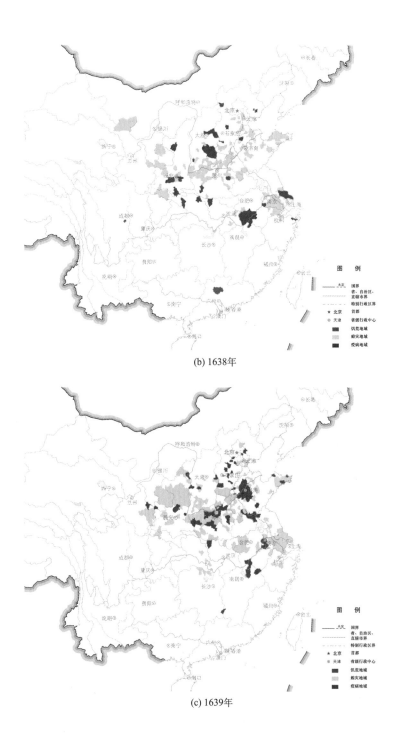

(b) 1638年

(c) 1639年

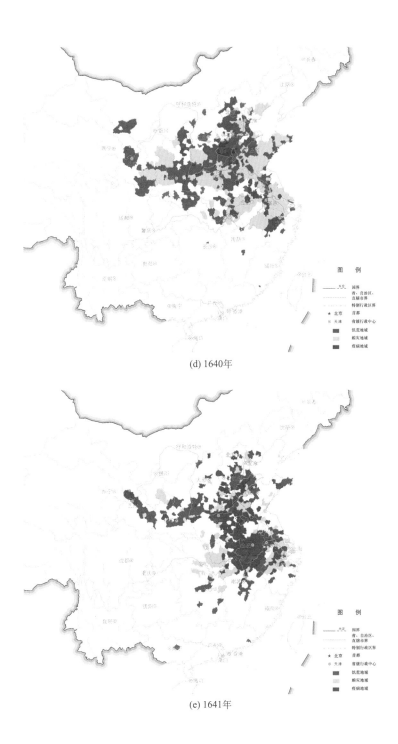

(d) 1640年

(e) 1641年

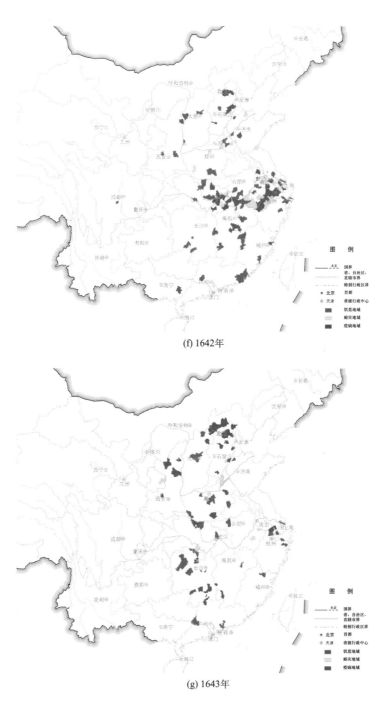

(f) 1642年

(g) 1643年

图1—5—5 1637～1643年逐年饥荒（紫色）、蝗灾（土黄色）和疫病（红色）地域分布

1.5.4 气候概况

（1）旱涝分布

1637～1643 年的大范围旱涝分布格局，以 1640 年为界前后有变化，前期呈北旱南涝的格局且旱区逐年向东、向南扩展，多雨地带则逐年缩小且分散；后期北方降雨增多，北涝南旱的格局显现。

1637 年多雨地区在长江中游和福建沿海。1638 年长江中游湖南、江西仍多雨。1639 年长江流域夏季梅雨略少，梅雨期略短于现代的平均长度，由湖南浏阳"五月初七日（6 月 7 日）大霪雨，至十九日止"[①]的记录，和太湖流域嘉兴府"五月六日（6 月 6 日）大雨连夜十有三日，平地水溢数尺，舟行于陆"[②]的记录相印合，可推断出当年的梅雨期约为 14 天。至 1640 年，即大范围干旱最盛时，夏季的多雨地带仅限于安徽南部、浙江、福建等地，如安徽休宁"自四月至五月雨弥数旬"[③]，浙江杭嘉湖地区（四月初八至五月十九日）"积雨弥月"[④]，福建南平、大田等地"五月霪雨不止"[⑤]等。

1641 年北方转为多雨，山西长治"秋霪雨凡十七日"[⑥]、平陆"七月望后霪雨连绵至九月终方止"[⑦]，山东青州"七月恒雨至十月"[⑧]，陕北榆林"大水"[⑨]。到 1642 年，华北又回复到干旱少雨状况，黄淮和华南多雨。夏、秋雨带长时间在黄淮地区停留，以致河南睢县"自六月至八月霪雨八九十日"[⑩]、沈丘"夏六月大雨连绵不已，七、八月俱大雨"[⑪]，江苏宝应"六月初旬迄七月大雨不止，泗水暴发，淮堤横冲"[⑫]，开封"九月望夜半二口并决，天大雨连旬，黄流骤涨，声闻百里"[⑬]等。1642 年夏季另

[①] 康熙《浏阳县志》卷九
[②] 嘉庆《嘉兴府志》卷五十三
[③] 康熙《休宁县志》卷八
[④] 清·《濮镇纪闻》卷四
[⑤] 康熙《延平府志》卷二十一
[⑥] 乾隆《长治县志》卷二十一
[⑦] 康熙《平陆县志》卷八
[⑧] 康熙《益都县志》卷十
[⑨] 康熙《稷山县志》卷一
[⑩] 康熙《睢州志》卷六
[⑪] 顺治《沈丘县志》卷十三
[⑫] 康熙《宝应县志》卷三
[⑬] 《明史·高各衡传》

一个多雨地带在华南，如湖南邵阳、新宁、新化及至广东澄海等地"霪雨弥旬，五月犹寒""五月大水"[5]。

（2）初霜、终霜日期

这次连年干旱事件期间，冷空气活跃。各年春、秋异常的霜冻记录多，终霜日期和初霜日期都分别比现代气候记录推迟和提前。表 1—5—5 列出各地记录的霜冻日期与现代记录的对比，虽然仅由这些霜冻日期记录尚不足以推断出春、秋季的温度值来，但它至少反映了冷空气春季迟退、秋季早到的活动特点。

表 1—5—5　1637～1643 年异常初、终霜日期及其与现代气象记录（1951～1980 年）的对比

（a）初霜日期

地点	历史初霜日期记录 （年.月.日）	早于现代 平均初霜日（天）
甘肃合水	1639.9.13	25
山西永和	1639.9.12	22
河北赤城	1640.8.16	40
山东金乡	1640.9.16	38
河南淇县	1640.10.5	20
河南兰考	1640.10.10	18
河南新郑	1640.10.9	24
河南扶沟	1640.10.8	22

（b）终霜日期

地点	历史终霜日期记录 （年.月.日）	晚于现代 平均终霜日（天）
山东临朐	1638.5.14	45
河南淮阳	1639.4.19	17
江苏涟水	1642.5.5	34
河南临颍	1643.4.1	20

（3）冬季寒潮

在连旱事件期间，冬季寒潮出现早而且强盛，许多冬季极端严寒的记录也为 20 世纪后半叶所未见，诸如 1641 年 2 月 10 日的强寒潮自河南、安徽、江苏直接南下，自江西新干、丰城、南昌、安徽休宁至浙江萧山一带频见大雪、冻雨和树木冻死；再如 1640 年河南临颍等地 10 月 5 日即早降大雪、江苏金坛等地 11 月 5 日即"大寒河渠

冰封"①等。寒冬天气如此提前，也为现代所未见[5]。

（4）沙尘暴

1637~1643 年间沙尘暴活动十分频繁，每年都有数次大范围强沙尘暴发生，1640 年河南"自闰正月后，或三日一风，或五日一风，午后红云从西北起，申酉间飞沙扬尘声如雷震，至亥子方息"②。3 月 16 日的强沙尘暴席卷长江下游，浙江嘉兴"闰正月念四日丙午，风霾，昏晓莫辨，阴风怒吼，屋木俱移"③。1640 年另一次强沙尘暴曾直达至长江中游地区，"蕲州、武昌、汉阳、九江远近皆雨土，于时黄雾四塞，不雨不风，百步内外不见物，气温臭焦，扑人口鼻，着物皆黄尘，旬日始霁。"④1641 年的大范围强沙尘暴有 10 次以上，其中席卷山西、河北直达长江下游地区的沙尘暴天气过程至少有 4 次，它们出现在长江三角洲的日期分别是 3 月 1 日、3 月 8 日—11 日、3 月 30 日和 4 月 12 日—13 日，其中 3 月 8 日—11 日的沙尘暴在南通、常熟、松江、上海等地竟肆虐 3 天，且高空的浮尘还远达福建，以致 3 月 9 日（正月二十八日）福州"雨水如黄泥"⑤、罗源"二十八日夜雨黄水"⑥。另有经山东东移出海的沙尘暴天气过程至少 2 次，即 4 月 15 日（三月辛巳）和 12 月 3 日（十一月初一日）。这些沙尘暴的强度也多为现代少见，如河北唐县"二月尘四塞，密室内飞尘厚寸许"⑦。1637~1643 年沙尘暴的频繁程度为现代气象记录所未有，即使与过去的 1 000 年间的记录相比，也属于极频繁的发生时段，这显然与干旱、寒冷的气候背景有关。

（5）近海台风

1637~1642 年间台风活动少，记录不多。1639 年影响广东的仅有吴川六月台风 1 条记录，1640 年有新会"四月飓风作"⑧，和 9 月 2 日（开平）、9 月 17 日、9 月 29 日（海丰）的记录，以及浙江台州的飓风记载等，1641 年仅有福建连江在 8 月 20 日、9 月 18 日 2 次遭台风的记录。1642 年则有广东惠来迟至 11 月 22 日台风来袭，这在当地视为异常，谓"十一月初一日飓风，夏秋之交飓风常发，至冬月尤其异也"⑨。

---

① 明《镇江府金坛县采访册》政事
② 康熙《兰阳县志》卷十
③ 崇祯《嘉兴县纂修启祯两朝实录》
④ 康熙《蕲州志》卷十二
⑤ 乾隆《福州府志》卷七十四
⑥ 道光《新修罗源县志》卷九
⑦ 康熙《唐县新志》卷二
⑧ 康熙《新会县志》卷三
⑨ 雍正《惠来县志》卷十二

（6）异常大气光象

1637～1643 年间有异常的大气光象，即日月变色和异常的曙暮光等，频繁出现，在 25°N～38°N、105°E～120°E 范围内的众多地点被观察到，其记述如"赤氛""天色如血""日出如血""日入有赤气如血""日光如血者数日""西方红气亘天者数日""每晨天红如赤者"。有的记述详细生动，如 1637 年江苏六合"八月后每日落时，红光从东南县下映照半天，如火对照，人面尽赤，约三月余"[①]，再如靖江、江阴"中秋后至次年春杪，旦晚赤气弥天，月色亦赤"[②]等。1639 年开封"十二、三年，春冬每辰晡，东望赤光蔽天"[③]，1640 年陕西关中长安、淳化、临潼"五月至七月每晨天红如赭"[④]，及至 1643 年还在江西九江、湖北蕲春、黄陂、武昌等地观察到"五月每日将西即见青气二撑日脚，广各二丈长至地，七月始散"[⑤]的现象，且记有"夏秋间蕲州尝有黄气，非云非雾，高数丈，远望则有，即之则无"[⑥]。对这类现象有多种解释，如认为可能与高层大气中的微尘含量有关，或与火山喷发物形成的高空尘幕有关，或与酷旱条件下空气中水汽含量的极度减少致使大气的光学特性改变有关等。

1.5.5   可能的外界影响因子简况

（1）太阳活动

1637～1643 年的连旱事件发生在太阳活动极弱的背景之下，位于 1634～1645 年的太阳活动周内，1639 年是太阳活动峰年 M，太阳黑子相对数估计为 70，强度为中弱（WM）。在这活动周之后，即是太阳活动异常的蒙德尔极小期（Maunder，1640～1715 年）。

（2）火山活动

1637～1643 年间，全球火山的喷发次数和喷发强度呈现相对高值。重大的火山活动记录有 1638 年爪哇 Raung 火山的喷发，喷发级别为 4 级（VEI=4），且喷出的火山尘体量很大，达 10^8 m³；1640 年 2 月有智利 Llaima 火山爆发，强度为 4 级（VEI=4），7 月有日本 Haku san 火山 3 级喷发，以及 7 月 31 日日本北海道 Komaga-Take 火山喷

---

① 康熙《六合县志》卷八
② 康熙《江阴县志》卷二
③ 顺治《陈留县志》卷一
④ 康熙《陕西通志》卷三十
⑤ 康熙《蕲州县志》卷十二
⑥ 康熙《蕲州县志》卷十二

发级别为 5 级（VEI=5），即其喷发高度达到平流层，而且喷发的火山尘的体量极大，竟达 $10^9 m^3$，足以在平流层形成环绕地球的、长时间维持的火山尘幕；1641 年印尼 Kelut 火山喷发，级别为 4 级（VEI=4）。喷出的火山尘的体量极大，达 $10^8 m^3$；而 1641 年 1 月 3 日的印尼 Awu 火山喷发，级别为 5 级（VEI=5），喷出物体量极大，达 $10^9 m^3$，也足以在平流层形成可长时间维持的环绕地球的火山尘幕。

（3）海温特征

在 1637～1643 年干旱事件期间，赤道太平洋海温有明显的异常。干旱事件之前有 1634～1635 年的强厄尔尼诺事件，干旱事件的后半期则有 1640～1641 年的强厄尔尼诺事件，这两次强度很大的厄尔尼诺事件相隔 5 年。次干旱事件的前期对应于赤道东太平洋海温由最冷升温至最暖的过程中，干旱极盛的 1640～1641 年相应的赤道东太平洋海温最暖，然后在干旱区缩小、南移、部分地区转为多雨的后期阶段，则对应于海温下降、变冷。干旱极盛阶段正是强厄尔尼诺事件的当年和前一年，这与关于现代的和近 500 年厄尔尼诺事件的研究结论[27][28]一致。

1.6 1784～1787 年连续干旱

1784～1787 年（清乾隆四十九年—五十二年）中国出现大范围持续 4 年的严重干旱，并伴生严重的蝗灾和瘟疫。其持续少雨的时间长度和旱情为最近 50 年所未见，这是在相对温暖气候背景下的持续干旱事件。

1.6.1 干旱实况和干旱发展过程

1784～1787 年，中国长江以北的晋、冀、鲁、豫、陕、鄂、皖、苏等省持续干旱，后期干旱区域扩展至赣、闽、湘、粤、桂以及川、甘、辽宁等地。严重干旱的核心地带为黄河下游地区，持续干旱达 4 年多，直到 1788 年秋方得解除。

1784 年春，自闰三月起，河南境内原阳等县干旱不雨致使"二麦枯槁"①，郾城等县因缺雨"迟至六月始种禾"②，这段旱情迄至"五月初旬大雨"③即告解除。春夏

---

① 乾隆《新修怀庆府志》卷三十
② 民国《郾城县记》卷五
③ 乾隆《新修怀庆府志》卷三十

的干旱区自陕西迤至山东，陕西大荔"春不雨，二麦萎黄"[①]，山东费县"春旱无麦"[②]，"济南府属大旱岁大歉"[③]。秋季干旱继续，德州"秋旱麦未种"[④]，河南开封"秋不雨至五十年春，大旱禾尽槁"[⑤]、济源"秋九月至次年（1785年）夏五月乃雨"[⑥]。长江流域的江苏、安徽和湖北、江西皆有旱象呈现。

　　1785年旱情持续发展至极盛。主要旱区在河南、山东，河北南部有春旱，"大（名）、顺（德）、广（宗）三府州县被旱较重"[⑦]，山西南部"夏雨愆期"[⑧]，黄淮、江淮地区自春末干旱直到秋后。干旱核心地区的山东、河南各地春夏皆旱，如山东掖县等地"自春徂夏不雨"[⑨]、菏泽"春无雨至于六月始雨"[⑩]，河南开封等地自1784年秋至1785年春皆"持续少雨"[⑪]、杞县"春大旱，夏无麦，秋无禾"[⑫]，还有部分地区春季干旱持续到秋季，如河南许昌"自春正月不雨至秋七月雨"[⑬]、光山"自春及夏无雨，田间不能下种，六月晦日始大雨"[⑭]、正阳"五至九月不雨"[⑮]，更有山东潍坊、安丘"春夏大旱，自去年秋九月不雨至于秋七月"[⑯]等。入夏以后，干旱少雨区扩展到黄淮、江淮地区和长江中、下游广大地区，安徽六安等地"自三月至八月不雨"[⑰]、宣城"自夏初至冬不雨"[⑱]，江苏江阴"五至八月不雨"[⑲]，太湖水涸、江南河道舟楫不通。湖北"江夏、武昌、咸宁、嘉鱼、蒲圻、崇阳、兴国、大冶、通山、汉阳、汉川、黄陂、

---

① 乾隆《大荔县志》卷二十二
② 光绪《费县志》卷十六
③ 民国《齐河县志》卷首
④ 民国《德县志》卷二
⑤ 光绪《祥符县志》卷二十三
⑥ 嘉庆《续济源县志》卷二
⑦ 同治《畿辅通志》卷一百八十九
⑧ 乾隆《续修曲沃县志》
⑨ 道光《再续掖县志》卷三
⑩ 光绪《新修菏泽县志》卷十八
⑪ 光绪《祥符县志》卷二十三
⑫ 乾隆《杞县志》卷二
⑬ 道光《许州志》卷十一
⑭ 乾隆《光山县志》卷三十二
⑮ 嘉庆《正阳县志》卷九
⑯ 道光《安丘新志乘韦》
⑰ 嘉庆《六安直隶州志》卷三十二
⑱ 嘉庆《宣城县志》卷十八
⑲ 道光《江阴县志》卷八

孝感、沔阳、黄冈、蕲水、麻城、黄安、罗田、蕲州、黄梅、广济、钟祥、京山、潜江、天门、荆门、当阳、安陆、云梦、应城、随州、应山、江陵、公安、石首、监利、松滋、宜都、襄阳、枣阳、宜城、均州、光化、谷城、郧县等四十六州县，并武昌、武左、沔阳、黄州、蕲州、德安、荆州、荆左、荆右、襄阳等十卫所旱"①，湖南长沙"四月至七月不雨"②，广东潮阳等地"春旱"③，川东和滇北局地干旱[5]。

1786 年春夏黄河中下游地区仍干旱，山东淄博"大旱泉水涸"④。长江下游旱，江苏如皋等地"春旱至六月始雨"⑤，清人笔记有"丙午（1786 年）江南大旱，余乡（常州阳湖）河港皆赤裂百余日，居民多赴烟城濠中掘黑泥，数百里内河港俱掘得，滆湖大数十里，湖底亦有之"⑥。入夏后江西、湖北、湖南以至福建等地相继干旱，如江西于都"自四月不雨至七月"⑦，福建清流"六月大旱"⑧。夏秋广东、广西再现另

(a) 1784年

① 嘉庆《湖北通志》卷四十七
② 嘉庆《长沙县志》卷二十六
③ 嘉庆《潮阳县志》卷十二
④ 民国《续修博山县志》卷一
⑤ 嘉庆《如皋县志》卷二十三
⑥ 清·赵翼《檐曝杂记》卷四
⑦ 道光《雩都县志》卷二十七
⑧ 道光《清流县志》卷十

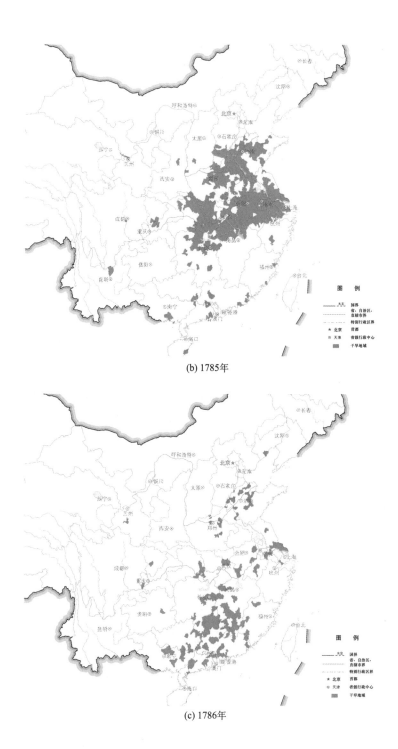

(b) 1785年

(c) 1786年

(d) 1787年

图 1—6—1　1784～1787 年逐年干旱地域分布

一片旱区，广东高明"大旱自三月至八月不雨"①、英德"自五月不雨，至次年丁未夏五月乃雨"②，广西宾阳、上林、武鸣等地"六月不雨岁旱"③。

　　1787 年北方干旱区域明显缩小，呈零散分布，河北北部、山西北部复现夏大旱，山东西部夏旱严重以致大运河水涸④、微山湖涸⑤。长江流域、淮河流域的河南、安徽、江苏、浙江、四川均无旱情。华南有春、夏干旱，旱区分散在广东、广西、湖南、江西、福建各地[5]。

　　在这次连旱事件中，以 1785 年的旱情最为严重，谨将 1785 年若干有代表性的溪河断流、湖泊干涸的记录列举于表 1—6—1，可见某些河湖干涸的酷旱记录为近 60 年（1951～2010 年）所未见。

① 光绪《高明县志》卷十五
② 道光《英德县志》卷十五
③ 道光《宾州志》卷二十三
④ 光绪《新修菏泽县志》卷十八
⑤ 道光《滕县志》卷五

表1—6—1　1785年长江中下游、淮河、太湖流域的溪河断流和湖泊干涸记录举例

地　名	河、湖名	情景记述（摘自参考文献[5]）
江苏	宝应	高、宝诸河	俱经干涸
	高邮	七里湖	湖涸见底
	东台	运盐河	河竭，井涸。
	泰县		河港尽涸
	江都	北湖	湖水涸竭
	六合	龙津桥河	秋后龙津桥上五里断流，下十五里河水亦断流。
	高淳	固城湖	湖中可推车
	无锡	蠡塘河西溪	涸流五月
	宜兴	长广溪	夏秋点滴无水
	宜兴	太湖	湖水涸百余里，湖底掘得独木舟。
	武进		河涸
	江阴		河流涸绝
	苏州		河港涸
	太仓		河尽涸
	常熟		河港尽涸
	吴江		港底俱涸。黎里市湖水不盈尺
浙江	杭州	西湖	浅涸
	嘉善		支河汊港皆涸
	平湖		河港皆涸
	海盐		河皆涸
	桐乡	支河港汊	皆涸
	湖州	溪港	尽涸
安徽	霍山		川竭
湖北	黄冈	鲍湖	湖涸
	大冶		湖涸可通行人
	郧阳		溪流皆断
	房县		河流皆断，有数里汲水不得者。
	竹溪		溪水皆断

1.6.2　干旱特征值的推断

（1）受旱县数

这次连年大旱各省受旱致灾的县数统计如表 1—6—2。从中可见，受旱最重的省份是河南和山东。

表 1—6—2　1784～1787 年各省受旱县数统计

（表中河北*含北京和天津，江苏*含上海，甘肃*含宁夏，广东*含海南）

年	河北*	山西	河南	山东	陕西	甘肃*	江苏*	浙江	安徽	湖北	湖南	江西	福建	广东*	广西	四川
1784	1		21	20	2		8		7	5		3				
1785	20	3	56	68	1	1	64	14	57	52	24	11	2	4		4
1786			8	22		1	12	2	8	5	26	19	4	24	8	2
1787	8	6		8		4					8	1	2	23	2	

（2）持续干旱时段长度

该干旱事件以 1785 年的旱情最重，其夏季无雨日数超过现代气象记录。

1785 年长江下游各地所记的持续干旱无雨时段大体一致，如上海松江县记"自五月二十五日雨后，至八月初一日始雨"[①]，其间 7 月 1 日—9 月 3 日连续无降水日数达 64 天，这和清代宫廷文档苏州《晴雨录》所载一致。据《晴雨录》统计苏州夏季 6～8 月的无降雨日数也为 64 天，而现代上海附近地区的夏季无降水日数的极端记录是：昆山为 40 天、太仓为 41 天、吴县为 39 天（均出现在 1967 年），1785 年长江下游的连续无降雨日数比现代极端记录约多 25 天。

黄淮地区各地所记"无雨"的起讫时间较一致，多始于春正月[5]，按河南光山 8 月 4 日"始大雨"[②]来看，其间"无雨"时段比长江下游地区更长，可能达百余日，远多于 64 天。现代黄淮地区的最长无雨日数大约比长江下游地区多 30～40 天，所以 1785 年黄淮地区的无雨日数也超过现代极端气象记录。

---

① 嘉庆《寒圩小志》
② 乾隆《光山县志》卷三十二

（3）降水量和降水距平百分率

以河南开封为连年干旱地区的代表地点，对其在干旱最严重的 1785 年的降水量和降水距平百分率试作推算。

据历史记录开封自 1784 年秋至 1785 年春连续不雨"大旱禾尽槁"[①]，和杞县"春大旱，夏无麦，秋无禾"[②]，参考其西南侧的许昌"自春正月不雨至秋七月雨"[③]，可将 1785 年（农历）正月至五月的降水距平百分率设为-95%～-90%，六月（初一日为 7 月 10 日）及其以后月设为降水正常，即为常年降水量。经农历和公历换算得到 1785 年各月的降水距平百分率估计值如表 1—6—3 所示，然后由开封现代多年平均降水量资料（1951～2000 年）算得 1785 年各月降水量，最后得到 1785 年开封的年降水量约为 392 mm，年降水量距平百分率约-62%，表明 1785 年的降水约为现代常年的四成。

表 1—6—3　1785 年河南开封各月降水量距平百分率和年降水量的推断及现代降水量

开封		1月	2月	3月	4月	5月	6月	7月	8月	9月	10月	11月	12月	年
1785 年估值	降水距平百分率 r_i	-90%	-90%	-90%	-95%	-95%	-90%	-30%	0	0	0	0	0	-62.2%
	降水量（mm）	0.7	2.7	1.1	3.8	2.6	7.4	114.9	121.0	66.0	38.4	24.5	9.1	392.2
现代 1951～2000 年	平均降水量 $\bar{R}$（mm）	7.2	27.1	10.6	38.2	51.1	74.0	164.2	121.0	66.0	38.4	24.5	9.1	631.3

至于长江流域的主要旱区，由 1785 年江淮及太湖地区"自三月至八月不雨"[④]"五至八月不雨"[⑤]知，太湖地区旱情主要发生在夏、秋季，笔者曾由清代宫廷档案的苏州《晴雨录》逐日天气记录推算苏州 1785 年夏季 6～8 月降水量为 174 mm，是苏州 18 世纪夏季（6～8 月）雨量的次低值[29]，仅次于现代（1951～2000 年）降水量最低记录 103 mm（1963 年）和 167 mm（1978 年）。按现代苏州 6～8 月平均雨量 461 mm 计算，1785 年夏季（6～8 月）苏州的降水量距平百分率低达-63.3%，即夏季雨量尚不足常年

---

① 光绪《祥符县志》卷二十三
② 乾隆《杞县志》卷二
③ 道光《许州志》卷十一
④ 嘉庆《六安直隶州志》卷三十二
⑤ 道光《江阴县志》卷八

的四成。

1.6.3　伴生灾害

1784～1786 年因严重干旱许多地方作物歉收甚至绝收，以致严重饥荒，同时伴有蝗虫大爆发和疫病流行（图 1—6—2）。

（1）饥荒

在大范围连旱事件发生之初，1784 年河南北部原阳等地即有地"二麦枯槁、秋禾未播，民亡赢饿以死者相继"[①]。至 1785 年山东、安徽、江苏、湖南、广东，河南等地自春至秋干旱少雨，致使"麦收不能十二，秋大无禾、无蔬"[②]，大范围农作物绝收，呈现"岁不登"或"草根树皮皆为饥民食尽"[③]的景况。到 1786 年饥荒地域更扩大，尤以黄淮地区的河南、山东、苏北、淮北饥荒最重，河南有些地方饿死人数几乎过半，如密县"饿死者十五六"[④]，甚至出现"饿殍相枕籍，人食人"[⑤]。"人相食"不止河南柘城、鄢城，还见于山东成武、肥城、沂水、兖州、泗水、滕县、宁阳、东阿，安徽六安，苏北盐城、淮安、阜宁、丰城等 23 县[5]。饥荒致"流亡载道"，陕西即记有"豫省荒逃来甚众，多路毙"[⑥]。江南和华南多有如"大饥、粮价腾贵、饿殍满野"的记载[5]。

（2）蝗灾和疫疾

①蝗灾　1784～1786 年的持续旱灾期间，黄河下游及黄淮、江淮地区飞蝗大爆发。

这次蝗虫发生的高峰出现在 1785 年，这与气候条件适宜蝗虫发生密切有关。从温度条件来看，1784～1785 年华东一带的暖冬有利于蝗卵越冬，春季的少雨、亢阳有利于蝗卵的孵化，而 1784 年江淮地区发生过的局地雨洪灾害，使土地充分浸泡，接着 1784 年秋至 1785 年夏的持续亢旱，构成了"先涝后旱，蚂蚱成片"的典型环境条件，酿成蝗虫大发生。蝗虫的猖獗程度令人惊异，如河南淮阳"秋飞蝗蔽日，坠地深尺余，禾

---

① 乾隆《新修怀庆府志》卷三十
② 嘉庆《正阳县志》卷九
③ 道光《辉县志》
④ 嘉庆《密县志》卷十三
⑤ 光绪《柘城县志》卷十
⑥ 嘉庆《山阳县志》卷十一

尽伤"[1]，山东安丘"蝗飞蔽天日，每落地辄数尺，大树多压折，人有不辨路径陷入沟渠不能自出，遂为蝗所食者"[2]。更有蝗害叠加旱灾，如河南郾城"自正月不雨至七月始雨，苗草又咸为蝗所食"[3]。蝗虫大发生的地域如图1—6—2所示。

②疫疾　在1784~1787年间伴随严重旱灾和饥荒的发生，还出现疫病大流行。1785年长江中下游地区开始有零散发生，至1786年疫情范围已遍及山东、河南、江苏、浙江、安徽、湖北、陕西各地。历史文献记述如河南开封、鄢陵等地"夏秋之交瘟疫遍行死者无数"[4]，固始"死者十之二三"[5]，山东费县"秋大疫人死十分之七"[6]，山东菏泽与江苏盐城、淮安等地"夏大疫途死者相枕籍"[7][8]，安徽霍邱"大疫民死十之六，甚至有合家尽毙无人收敛者"[9]，陕西山阳"瘟疫死者十之有三"[10]。

(a) 1785年

---

① 道光《淮宁县志》卷十二
② 道光《安丘新志乘韦》
③ 民国《郾城县记》卷五
④ 嘉庆《鄢陵县志》卷十二
⑤ 乾隆《重修固始县志》卷十五
⑥ 光绪《费县志》卷十六
⑦ 光绪《新修菏泽县志》卷十八
⑧ 光绪《淮安府志》卷四十
⑨ 道光《霍邱县志》卷十二
⑩ 嘉庆《山阳县志》卷十一

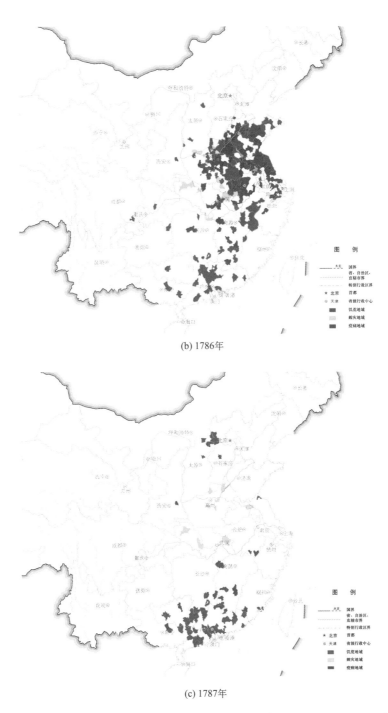

(b) 1786年

(c) 1787年

图 1—6—2 1785～1787 年逐年饥荒（紫色）、蝗灾（土黄色）和疫病（红色）地域分布

1.6.4　气候概况

在 1784~1787 年连续干旱期间，各年的降水空间分布格局有些变化。1784 年旱区位于北方，而长江中下游地区和华南多雨，随后干旱区扩大并向南移动，1785 年呈现南北方大范围干旱，1786 年仍维持大范围干旱，但江淮地区有局地多雨，1787 年长江中下游地区转为多雨，旱情解除。连旱期间各年的降水空间分布型依次是：1784 年—北旱南涝型，1785 年—全国干旱型，1786 年—全国干旱型，1787 年—南北旱、长江流域多雨型。

在最近 500 年的温度变化过程中，1784~1786 年处于相对温暖的位相，或称为处于小冰期中的第 2 个、第 3 个寒冷阶段之间的一个回暖时段。由历史文献记载可见，在这连旱事件之前的 1778 年、1779 年曾连续 2 年为暖冬，干旱事件期间 1784 年、1785 年、1786 年的冬季也较为温暖，尤其是 1784/85 年冬季，就连一向多雪的苏、皖等地也多有"冬暖无雪"的记载，1785 年山东掖县、滕县、邹平等地夏季异常高温[5]。值得注意的是暖冬之后 1786 年春季有异常的强冷空气活动，清明日前后两次强寒潮致使河南、江苏、浙江、江西、湖北、湖南各地大雪寒冻。如河南唐河"三月雪"①，湖北房县"春三月大雪"②，湖南岳阳"清明后大雪积深二尺许"③，江苏常熟"三月三日（4 月 1 日）大雪"④，浙江金华"寒食大雪伤苗"⑤、海宁"适值清明节，大雪厚尺许"⑥，江西星子"清明前日大雨雪平地深二尺许"⑦、高安"三月六日（4 月 4 日）大雨雪水冻，竹木摧折"⑧、武宁"清明后六日大雪深三尺"⑨等。这是小冰期中相对温暖时段的异常春寒事例。

在这连旱事件期间沙尘暴发生频繁，多有严重的沙尘暴事例，又以 1785 年发生最多，重大的如发生于 1785 年 3 月 25 日、4 月 16 日、5 月 18 日的沙尘暴事件等。

---

① 乾隆《唐县志》卷一
② 同治《房县志》卷六
③ 嘉庆《巴陵县志》卷二十九
④ 光绪《常昭合志稿》卷四十七
⑤ 道光《金华县志》卷十二
⑥ 清·管庭芬《海昌丛载》卷四
⑦ 同治《星子县志》卷十四
⑧ 道光《高安县志》卷二十二
⑨ 道光《武宁县志》卷二

1.6.5　可能的影响因子简况

（1）太阳活动

1784～1787 年的干旱事件对应于 1784～1798 年的第 4 个太阳活动周，该周太阳活动峰年 1788 年的太阳黑子相对数 130，强度为强（S）。1784 年为该活动周极小年 m；1785 年为极小年之后 1 年，记为 m+1；1786 年则为峰年的前 2 年，记为 M–2。1784～1786 年正处于太阳活动周的低值阶段，又处于相对温暖的气候背景下，对应的大气环流特点应是副热带高压加强、对流层中部纬向环流发展的情形，而通常副热带高压加强时中国大范围降水偏少。

（2）火山活动

干旱事件期间及其前几年皆有中等以上规模的火山活动，且喷发量大。

连旱事件之前的几年曾有一些规模中等但火山灰喷发量却很大的火山活动，如日本 Sakura-Jima 火山 1780 年 9 月的喷发和 1781 年 4 月的喷发，虽然级别只有 2 级，但火山灰喷出量很大，达 10^8 m^3，而日本 Aoga-Shima 火山 1780 年 7 月 27 日的喷发和 1781 年、1782 年的继续喷发以及 1783 年 4 月 10 日的喷发，也虽只有 2 级，但火山灰喷出量也达 10^7 m^3，1783 年 6 月 8 日冰岛 Grimsvotn 火山和 8 月 3 日本 Asama 火山爆发，这两次重大喷发的级别皆为 4 级（VEI=4）、且喷出的火山尘体量也达 10^8 m^3，如此巨量的火山灰可达对流层上层甚至平流层。

连旱事件期间有多处火山活动的喷发量很大，如日本 Aoga-Shima 火山 1784 年的继续喷发和 1785 年 4 月 18 日的 2 级喷发，喷出的火山尘体量皆为 10^7 m^3。类似规模的火山活动还有意大利 Vesuvius 火山 1785 年 7 月 1 日和 1786 年的喷发，其火山灰喷出量高达 10^8 m^3，还有 1786 年阿留申的 Amukta 火山（VEI=3↑）和阿拉斯加的 Pavlof Sister 火山（VEI=4），喷出物体量都高达 10^8 m^3。

（3）海温特征

1783 年和 1786 年皆为厄尔尼诺年，其强度分别为 S 级（强）和 M 级（中）。因此，干旱极盛的 1785 年既可视为 1783 年强厄尔尼诺事件后的第 2 年，又可以视为 1786 年事件的前一年。已有的关于厄尔尼诺事件与中国降水关系的分析[27][28]曾指出，在厄尔尼诺事件的前 1 年中国大部分地区以少雨为主，在黄河中下游、海河、淮河流域和长江下游地区均有较高的少雨的概率。本例的实况正好与这些特点一致。

1.7　1876～1878 年连续干旱

1876～1878 年（清光绪二年—四年）华北、西北和长江流域连续三年干旱，引起大范围严重饥荒并伴有蝗虫灾害和疫病流行。这是在北半球许多地方气候开始转暖、中国仍然寒冷的背景下出现的连续严重干旱的事例。

1.7.1　干旱实况和干旱发展过程

1876～1878 年中国持续三年大范围干旱，极盛时旱区广布于辽、蒙、冀、晋、陕、豫、鲁、甘、宁、川、鄂、皖、苏等 13 个省份，直到 1878 年 8 月中旬旱情方告解除。

在这次大范围持续干旱事件之前，1875 年河北、山西、山东的部分地区已有旱象呈现。

1876 年中国北方春夏连旱，河北、山西、河南、山东等省和辽宁、内蒙古的部分地区自 2 月起即干旱少雨，直到 7 月中旬以后各地旱情方得缓解。其中华北地区的干旱始于上年（1875 年）的七月，如河北沧州、藁城等地"自元年七月不雨，至是年闰五月十七日（7 月 4 日）始雨"[①]，山西太原等地"春夏又复亢旱"[②]。山东各地多有"春自正月至五月不雨，闰五月初三日始雨"[③]，或有记为"旱至闰五月十七日（7 月 8 日），二十七日（7 月 18 日）复大雨"[④]，临朐、寿光、单县等地干旱持续到 8 月下旬，"大旱自正月不雨至七月始雨"[⑤]，博兴"自去秋至六月无雨"[⑥]，还有冠县秋旱持续至次年，"亢旱自八月至次年（1877 年）五月始雨"[⑦]。黄淮地区的干旱出现稍迟，各地多见"四月至六月旱"[5]，雨期始于"小暑后十日（7 月 17 日）"[⑧]。而江淮和长江中下游地区的干旱则发生于夏、秋，如江苏泰兴"自夏徂秋恒阳缺雨"[⑨]、湖北英山"大

---

① 光绪《藁城县志续补》卷四
② 光绪《山西通志》卷八十二
③ 光绪《三续掖县志》卷三
④ 宣统《茌平县志》卷二十六
⑤ 光绪《临朐县志》卷十
⑥ 民国《重修博兴县志》卷十五
⑦ 光绪《冠县志》卷十
⑧ 宣统《四续汶上县志稿》
⑨ 宣统《泰兴县志续补》卷十二

旱四月不雨至九月"①。四川和甘肃有夏旱,如四川南充等地"自正月至于六月不雨"②,兰州"闰五月旱"③(图1—7—1a)。

1877年旱区范围扩大,干旱的持续时间更长。河北、山西两省夏、秋两季皆亢旱无雨,其无雨时段之长实属罕见,如河北晋县"大旱自三月底至十二月,惟六月十三日夜得雨一寸"④,光绪三年十月上谕称"山西春麦歉收,自夏徂秋未得透雨,禾苗枯槁,杂粮亦复黄萎"⑤、平陆"自春徂冬二百余日无雨"⑥。陕西干旱极重,陕北横山等地"自春徂夏无滴雨"⑦、关中"夏大旱无麦,至四年(1878年)春三月乃雨"⑧,而陕南的夏秋旱持续至1878年,如白河"自四月微雨至四年二月二十五日始雨"⑨、紫阳"自五月至次年三月初二始雨"⑩等。甘肃多有"大旱,五月不雨至年终"⑪的记载。河南盛夏高温加剧旱情,南乐"五月酷暑焦大木皮若介,果实如之"⑫,夏秋冬连旱一直延续到次年春末,如豫东之开封"六月旱,至四年三月十四日始雨"⑬,豫南方城"是年五月不雨,至次年三月始雨"⑭,豫西渑池"春不雨至四年三月始雨,无禾无麦"⑮,直到1878年4月上、中旬的一次自西南向东北推移的雨带才中断了晋、陕、豫这一带的跨年干旱。山东各地"春夏旱甚"⑯。安徽、苏北、湖北仍有部分地方夏旱,湖南北部的夏旱严重,慈利等地"自四月至七月不雨"⑰、石门等地"大旱七十日,六

---

① 民国《英山县志》卷十四
② 民国《南充县志》卷七
③ 光绪《重修皋兰县志》卷十四
④ 民国《晋县志》卷五
⑤ 光绪《山西通志》卷八十二
⑥ 光绪《平陆县志》卷下
⑦ 民国《横山县志》卷二
⑧ 民国《咸宁长安两县续志》卷十八
⑨ 光绪《白河县志》卷十三
⑩ 民国《重修紫阳县志》卷五
⑪ 光绪《重纂秦州直隶州新志》卷三
⑫ 光绪《南乐县志》卷七
⑬ 宣统《陈留县志》卷三十八
⑭ 民国《方城县志》卷五
⑮ 民国《渑池县志》卷十九
⑯ 民国《济宁直隶州续志》卷一
⑰ 民国《慈利县志》卷十八

月杪乃雨"[1]。四川仍有夏秋大旱,"四至八月无雨"[2],川北巴中、南江、通江尤甚,"初夏之末旱,越五月不雨,六月又不雨"[3]。贵州仍"大旱,自上年十月不雨至于四月"[4](图1—7—1b)。

1878年河北、山西、内蒙古、河南,山东的旱区范围缩小,主要旱区西移至陕西、甘肃、四川。春季河北、山西、陕西、河南、山东等地仍然少雨,但三月初五、十一、十五、十八等日各地先后有了降水使旱情一度缓解,只是随后陕西关中又"五、六月复旱"[5],以至于岐山"润德泉复涸"[6]。之后8月12日开始的降雨过程使得大范围的旱情得以初步解除,山西壶关"七月十四日(8月12日)大雨滂沱四野均霑,而且连朝迭沛"[7]。继后,黄河中游地区降水渐多,陕西大荔、华阴"八月杪始雨"[8],山西永济"八月阴雨连绵四十日"[9],10月上、中旬雨带停留在山西、河南、山东,大雨持续了十多天,记载如山西武乡"秋九月霪雨十余日"[10]、沁源"九月初五日至初九日(10月4日)大雨昼夜不止,十五六日始霁"[11],河南修武、获嘉"九月初五日至十七日(9月30日—10月11日)大雨连绵十二日"[12],山东"九月霪雨浃月"[13]。至此旱情不仅得以彻底解除,山西榆社、昔阳、寿阳、平定等地还因这秋季连续大雨酿成谷禾霉烂[5]。至此,肆虐中国南、北方广大地区达3年之久的大范围旱灾终告结束。只是偏西部的四川、云南境内仍夏旱,连素来以多雨著称,俗称"天漏"的雅安,竟然"五月大旱,七十日不雨"[14],甘肃也有干旱区残留,武都、天水、永登等地的秋、冬干旱一直持续到1879年初夏[5](图1—7—1c)。

---

① 光绪《石门县志》卷六
② 民国《大竹县志》卷十五
③ 民国《南江县志》第二篇
④ 光绪《普安直隶厅志》卷一
⑤ 光绪《大荔县续志》卷一
⑥ 光绪《岐山县志》卷一
⑦ 光绪《壶关县续志》卷上
⑧ 民国《华阴县志》卷八
⑨ 光绪《虞乡县志》卷一
⑩ 光绪《武乡县续志》卷二
⑪ 光绪《沁源县续志》卷三
⑫ 民国《修武县志》卷十六
⑬ 光绪《平阴县志》卷六
⑭ 光绪《雅安县志稿》卷四

(a) 1876年

(b) 1877年

(c) 1878年

图1—7—1　1876～1878年逐年干旱地域分布

注：图（b）的蓝色等值线代表连续无透雨日数（天）

这次连旱期间一些地方出现江河断流、湖井干涸现象。由于现今的水文条件已受到水利工程和农业生产用水量剧增的影响，故不便直接将这些记载与现代的河湖水位实况对比。不过，这些干涸现象在历史的记录中是罕见的，而如汾河枯竭、汉水可徒步而行等景况更是现代未曾出现的。谨将这些记录列于表1—7—1，作为干旱少雨程度之佐证。

表1—7—1　1876～1878年河湖井泉干涸的记录举例

年份	地点	河湖名	史料记述（摘自参考文献[5]）
1876	山东寿光	弥水	春，弥水涸
1876	山东莱芜	汶河	河竭
1877	山西新绛	浍水	六、七月浍水竭两次，各旬余
1877	山西曲沃	汾水、浍水	六月汾、浍几竭
1877	陕西华县	白崖湖	湖竭
1877	陕西洋县		井水多涸
1877	陕西旬阳	金河	河竭
1877	四川合川	渠江	冬涸，舟上下不起，江水枯极

续表

年份	地点	河湖名	史料记述（摘自参考文献[5]）
1878	湖北老河口	汉水	夏，河水涸
1878	湖北京山	汉水	汉水可徒步而过
1878	陕西岐山	润德泉	润德泉复涸

1.7.2　干旱特征值的推断

（1）受旱县数

由历史文献记载[5]统计的各省受旱县数（表 1—7—2）可见，1877 年受旱范围最大，以山西省最为严重。

表 1—7—2　1876～1878 年各省受旱县数统计

（表中河北*含北京和天津，江苏*含上海，甘肃*含宁夏）

年	河北*	山西	陕西	甘肃*	河南	山东	江苏*	安徽	湖北	四川
1876	38	19	4	1	23	65	14	6	3	5
1877	53	65	49	15	49	32	13	7	11	20
1878	24	44	18	13	6	11	0	0	2	8

（2）连续无降水日数的估算

依据史料中 1876～1878 年逐年"不雨"和"始雨"日期的记载，试估算各地"无透雨"的持续时间。如干旱最严重的山西南部，由 1877 年平陆县"自春徂冬二百余日无雨"[①]，可估计当地连续无透雨日数大于 200 天，由高平"自六月不雨至次年五月方雨"[②]的记载而估计其当年的连续无透雨日数为 160 天、跨年度的连续无透雨日数大于 330 天。兹将依据历史记载估算的主要干旱区各地连续无透雨日数列于表 1—7—3，可见，干旱最严重的 1877 年其连续无透雨日数超过 200 天的地域位于黄河中游和陕西南部，1877～1878 年跨年度的持续无透雨日数长达 300 天以上，最长的记录是陕西华阴，达 340 天（图 1—7—1b、表 1—7—3）。

---

① 民国《晋县志》卷十
② 同治《高平县志》卷十二

北京位于干旱区北部边沿地带，据清代宫廷文档北京《晴雨录》的逐日降雨统计，1876 年、1877 年这相邻两年的无降水日数之和，在北京《晴雨录》所记资料中位居第二，其 1875 年 11 月至 1876 年 4 月的 192 天中，无降水记录日数即达 182 天，1877 年全年无降水记录日数（不含微量降水）总计 294 天。若按现代气象观测标准以≥0.1mm/日为降水日计，由北京气象观测记录知 1877 年的降水日数为 49 天、全年无降水日数为 316 天，是 1951 年以来所未见的（最多无降雨日数 314 天出现在 2018 年）。

表 1—7—3　1877～1878 年各地连续无透雨时段长度的估算

地　点	1877 年连续无透雨时段	1877～1878 年跨年度的连续无透雨时段	历史文献记载（摘自参考文献[5]）
河北晋县	130 天	133 天	大旱自三月底至十二月，惟六月十三日（7 月 23 日）夜得雨一寸。
山西平陆	>200 天		自春徂冬二百余日无雨
山西高平	约 160 天	>330 天	自六月不雨至四年五月方雨
山西汾西	>200 天		春至九月不雨
山西临猗	>250 天		三月后全无雨
河南开封	170 天	285 天	（自三年）六月旱至四年三月十四日始雨
河南方城	>200 天	>300 天	五月不雨，至次年三月始雨
河南渑池	240 天	>300 天	春不雨至四年三月始雨
陕西华阴	250 天	340 天	光绪四年三月十一日大雨，自去年四月至此始见雨
陕西白河	220 天	320 天	自四月微雨至四年二月二十五日始雨
陕西横山	约 160 天		自春徂夏旱无滴雨
陕西府谷	>180 天		自春徂秋无雨
甘肃天水	约 200 天	>230 天	五月不雨至年终

将上述 1876～1878 年北方地区持续无透雨日数记录与近 100 年的重大干旱事件进行对比。20 世纪最严重的大范围持续干旱事件出现于 1928～1930 年，其中关于无透雨时段的记载主要有：1928 年陕西"自春徂秋滴雨未沾"、山西"晋南自春徂秋无雨"、甘肃"自春至夏未降透雨"，和 1929 年河南"洛阳自春徂夏数月不雨"[25]等。这些 20 世纪的最长干旱记录皆不如表 1—7—3 所示的 1877～1878 年陕西华阴持续干旱时间之长，也未达到山西平陆、高平史料所载的"自春徂冬二百余日无雨"①的情形。所以，

---

① 光绪《平陆县志》卷下

仅从无"透雨"的持续时段长度来看，可认为 1876～1878 年干旱的严重程度超过 20 世纪最严重的干旱事件。

（3）降水量和降水距平百分率

1876～1878 年连旱时间最长的地区在晋、豫、陕一带（图 1—7—1、表 1—7—3），含平陆、汾西、渑池、华阴等地。今以河南三门峡作为这干旱中心地区的代表点，推算其最旱年份的降水减少程度。历史记载渑池"春不雨至四年三月始雨""自五月至次年三月初二始雨"[①]，平陆"自春徂冬二百余日无雨"[②]，关中"夏大旱至四年（1878年）春三月乃雨"[③]。周边还有白河"自四月微雨至四年二月二十五日始雨"[④]，紫阳"自五月至次年三月初二日（4 月 4 日）始雨"[⑤]，开封"旱至四年三月十四日（4 月16 日）始雨"[⑥]等。综合渑池和平陆的记载，将干旱中心地带"无雨"月份的降水量设为常年降水量的 10%，而雨、旱记述皆无的月份设为常年降水量，即距平百分率为 0，春季月份设为 10%～30%，按前述推算方法和步骤试对三门峡 1877 年降水作定量估算见表 1—7—4。表中显示现代气象观测的各月降水量的极端低值基本上都更低于 1877 年各月降水量的估算值，其距平百分率也如此（仅 7 月除外）。而且现代三门峡 1、2、3、

表 1—7—4　1877 年河南三门峡各月降水量距平百分率和年降水量的推算及现代降水量

三门峡		1月	2月	3月	4月	5月	6月	7月	8月	9月	10月	11月	12月	年
1877 年估值	降水距平百分率 r_i	0	−70%	−78%	−86%	−90%	−90%	−90%	−90%	−90%	−90%	−90%	−90%	−88%
	降水量（mm）	5.2	2.2	4.7	6.7	5.4	6.4	11.0	8.7	8.5	5.1	2.2	0.5	66.6
现代 1961～2000 年	平均降水量 $\bar{R}$（mm）	5.2	7.2	21.2	42.1	54.1	63.5	109.8	87.2	84.8	51.4	22.0	4.8	553.1
现代各月极端低值	降水量（mm）	0	0	0	0.3	2.9	4.4	20.6	4.2	6.6	3.6	0	0	332.6

---

① 民国《渑池县志》卷十九
② 光绪《平陆县志》卷下
③ 民国《咸宁长安两县续志》卷十八
④ 光绪《白河县志》卷十三
⑤ 民国《重修紫阳县志》卷五
⑥ 宣统《陈留县志》卷三十八

11、12 月份降水量还多次出现皆为 0 的记录，而本估算却无此情形。这表明，即使从现代各月降水距平百分率来考量，1877 年的降水量估算也有其合理性，未尝偏低。1877 年那样的约 10 个月未下透雨、跨年度酷旱的情形是现代所未见的。不过，笔者所作的定量估算毕竟有些令人吃惊：干旱中心地带的三门峡在极旱的 1877 年的年降水量仅 67 mm，为现代常年降水量的一成许，即年降水量减少了八成多！

北京位于连续干旱区的北部边沿地带，据北京《晴雨录》推算 1877 年的年降水量为 491 mm，是 250 年（1724～1973 年）平均降水量 609 mm[*]的 81%，距平百分率为 –19%，减少近两成。与现代年平均降水量（1951～2000 年）616 mm 相比，仅为 79.7%，即减少约两成。

1.7.3　伴生灾害

连年大范围持续干旱造成了谷物歉收、绝收，引起严重饥荒，伴有疫病流行和蝗灾发生，国力损伤、民众灾难深重。

（1）饥荒

大范围持续 3 年的干旱引发饥荒，以山西、河南两省最严重。

1876 年"夏无麦""赤地无禾"，饥荒很快遍及河北、山西、陕西、河南、内蒙古、辽宁、山东等省。饥荒初起时尚记载"粮米昂贵""人食树皮、草根、泥土"，继而"就食他乡""流民载道"[5]，如山东莒县等地"户口流离十居四五"[①]。1877 年饥荒地域扩大，已呈现"饿莩载道，路人相食"，如山西绛县"剥遗尸、刨掩骸、残骨肉、食生人，饥死十之四五"[②]，稷山"村落有尽数饿毙或十之八九"[③]。据山西官员光绪三年（1877 年）十一月初八日奏报"晋省被旱成灾已有七十六厅州县……因日久无雨而禾苗日就枯槁，又令改种荞麦杂粮，补种出土后仍复黄萎，收成触望"[④]，由此可见灾情之一斑。陕西"自道光二十六年以来，最重者莫如光绪三年，雨泽稀少，禾苗枯萎，平原之地与南北山相同，而渭北各州县苦旱尤甚，树皮草根掘食殆尽，卖妻鬻子时有

---

* 中央气象局研究所. 《北京 250 年降水（1724—1973）》，1975 年。
① 民国《重修莒志》卷二
② 光绪《绛县志》卷十二
③ 光绪《续修稷山县志》卷一
④ 光绪《武乡县续志》卷二

所闻"①，靖边"继食树皮草叶俱尽，又济之以斑白土，老稚毙于胀，壮者苟免，甚有屠生人以供餐者"②，高陵"自七月不雨至于明年六月，冬无宿麦，春夏赤地百里斗麦二千有奇，瘐毙男妇三千余人"③，华阴"饿毙人民无数，秋禾初登，人民因食而死者又居十之四五，迄今五十余载，人口犹未复原"④。旱情严重之河南更称"赤地千里，倒毙沟壑者十之七八，所余孑遗赖赈济以活"⑤，"豫西一带，河、陕、汝等人民饿死过半，就食信阳一带数逾百万"⑥。直到1878年春，饥荒至极，如陕西蒲城"夏，饿毙者三之二"⑦，直到夏季各地先后降雨，北方五省秋禾有收，大范围饥荒方告终止（图1—7—2）。

最为惨烈的是，在这次连续干旱期间许多地方都发生了"人相食"。据文献[5]的史料统计，1877年记载"人相食"的地点有：太谷、平定、介休、文水、高平、临汾、古县、安泽、曲沃、隰县、洪洞、浮山、襄汾、乡宁、新绛、垣曲、稷山、平陆、永济、万荣、清水、兴平、户县、渭南、富平、蓝田、合阳、澄城、华县、华阴、蒲城、铜川、榆林、佳县、绥德、安塞、洛川、黄陵、西乡、旬阳、紫阳、郑州、密县、巩县、新乡、封丘、获嘉、武陟、修武、林县、禹县、方城、嵩县、渑池、卢氏、新安，计约八十多处。1878年记载"人相食"的地点有：盂县、文水、孝义、襄垣、壶关、高平、阳城、屯留、临汾、汾西、翼城、大宁、洪洞、新绛、临猗、泾阳、礼泉、乾县、永寿、富平、柞水、府谷、蒙城、原阳、安阳、扶沟、宜阳、洛宁、三门峡等。

清政府对这次大饥荒的赈灾举措甚多，详见《清实录·德宗实录》，如由户部拨银采办粮食以资赈济、蠲缓被灾地方新旧粮赋有差、缓征银钱漕米有差和以工代赈、布设粥厂等，各地的"奉委赈济""设局平粜"等多见于地方志和民间记述，如河北"难民逃荒至直隶保定府及天津府，道台粥厂放粥，设厂十余处"⑧等。

（2）蝗灾和疫疾

①蝗灾　1876～1878年间蝗虫大发生，尤以1877年最盛。

1876年蝗虫主要发生在淮河流域各地，以江苏淮阴、安徽宿县为重。1877年蝗虫

---

① 民国《续修陕西通志稿》卷一百二十七
② 光绪《靖边县志稿》卷四
③ 光绪《高陵县续志》卷八
④ 民国《华阴县续志》卷八
⑤ 民国《新修阌乡县志》卷一
⑥ 民国《重修信阳县志》卷三十一
⑦ 光绪《蒲城县新志》卷十三
⑧ 清·储仁逊《闻见录》

发生区增多，西北内陆甘肃庆阳、民勤和宁夏灵武等地"飞蝗蔽天"，东部地区则北有天津及其周边蝗虫猖獗发生，南有黄淮、江淮和太湖流域大片蝗区（图1—7—2）。蝗虫猖獗之河南"先是河、洛荒旱赤地千里，蝗蝻怒生，无所得食群向南飞，过信阳者三日夜不绝，最大一群宽长数十里，天为之黑"[①]，"江苏、安徽两省飞蝗害稼，其麇集地方竟至堆积盈尺"[②]，天津、武清、静海等地"六月遍地叭蜡（蝗），抱团过河。城内关外、大小街巷、房上房下及至房中皆是蝗虫"[③]。政府采纳"捕蝗不如除蝻，除蝻不如收子。分饬各州县购挖蝗子，定价招来，以绝根除"[④]的办法，江苏、安徽地方多有举措，如江苏吴江县"飞蝗入境令乡民捕捉，里人设局集资价买，每斤给钱五文计收十日。嗣又收买蝻子，每斤给钱十文计收二十日"[⑤]。1878年蝗虫发生地点减少，仅见于山东、江苏、安徽，且间有"蝗蝻复生经捕始尽""飞蝗为鸟食尽""蝗有遗孽经雨自灭""蝗不为灾"[5]的记述。

②疫疾　伴随饥馑各地有疫疾迅速发生并蔓延。1877年北方疫区主要在河北、山西、河南，山东，辽宁也有发生。山西临猗记有"民苦无食又多疾疫，传染几于全家"[⑥]，河南信阳"瘟疫大作，三年（1877年）春间死亡相望，幸存者又疫气传染，办赈务诸绅日与周旋，间有死者，自六月后渐消"[⑦]。至1878年河北、山西疫区扩展，发生的州、县数增加了1倍多。疫疾的传染性强，史载山西绛县"六月瘟疫大作，染者多毙"[⑧]、稷山"自夏徂秋瘟疫流行，死者复相枕籍"[⑨]（图1—7—2）。至1879年大范围旱灾和饥荒结束，瘟疫也平复。

① 民国《重修信阳县志》卷三十一
② 宣统《泰兴县志续补》卷十二
③ 清·储仁逊《闻见录》
④ 《清实录·德宗实录》卷五十七
⑤ 光绪《黎里续志》卷十二
⑥ 光绪《续修临晋县志》
⑦ 民国《重修信阳县志》卷三十一
⑧ 光绪《绛县志》卷十二
⑨ 光绪《续修稷山县志》卷一

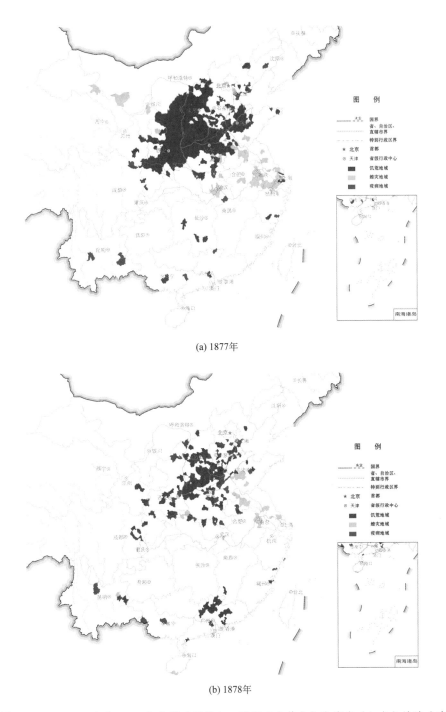

(a) 1877年

(b) 1878年

图 1—7—2　1877 年和 1878 年饥荒（紫色）、蝗灾（土黄色）和疫病（红色）地域分布

1.7.4 气候概况

1876～1878 年大范围持续干旱事件发生在小冰期寒冷气候将要结束、欧洲和北美部分地区已开始转暖、而东亚地区仍为寒冷[18]的气候时段。

1876～1878 年中国降水的空间分布呈典型的北旱南涝格局，干旱区南面前沿达长江流域，雨季推迟，气温有异常表现，台风活动不多。

（1）雨季异常

这三年中国东部雨季开始迟，雨量少。据历史记载推断，1876 年黄淮地区的雨季开始于 7 月 19 日，开始日期比现代平均日期推迟；1877 年梅雨异常，是"空梅"年份，长江中下游多有"自三月至五月不雨""四月不雨""五月至六月不雨四十日"的记载[5]；1878 年华北地区的雨季迟于 8 月 12 日才开始，这比现代平均开始日期推迟许多，但是雨量大，旱情也由此得以解除。

（2）气温异常

①夏季高温 干旱事件之前，1875 年河北、山东夏秋异常高温，北京"大暑人暍死"①，天津"六月伏中大热太甚，中暑之人无数，热死者一日有十余名"②，唐县"秋热如熏灼"③，山东掖县、平度、莒县等地"夏暑热，民或渴死"④。其后各年，夏季干旱或有高温相伴，如 1877 年南乐"五月酷暑"⑤，1878 年沧州"四月热风如火，麦尽死"⑥。

②秋季初霜日期异常提前 1876 的初霜出现早。"八月初十日（9 月 27 日）"⑦的初霜广及山西太谷，河北滦县、迁安、巨鹿、泊头和山东宁津的大片地域，霜冻区南界在隰县、景县、惠民一线[5]。与现代气象记录对照，这次隰县、景县、惠民等三地的初霜日期比现代平均日期（分别为 10 月 13 日、10 月 27 日、10 月 15 日）提前 16 天以上，比现代隰县等三地的最早初霜日期（分别为 9 月 29 日、10 月 9 日、10 月 2 日）也有提前。

---

① 光绪《顺天府志》卷六十九
② 清·储仁逊《闻见录》
③ 光绪《唐县志》卷十一
④ 光绪《三续掖县志》卷三
⑤ 光绪《南乐县志》卷七
⑥ 民国《沧县志》卷三
⑦ 光绪《滦州志》卷九

1877 年山西中部早霜危害严重，且初霜日期异常提前。如山西和顺县早至 8 月 21 日便遭遇"严霜杀稼"[①]，这比现代平均初霜日期（9 月 22 日）提前 1 个月，比最早初霜日期（9 月 8 日）提前 19 天。至于山东和苏北地区夏季的霜害记载就有些奇特了，史料记有山东诸城"六月陨霜杀蔬"[②]，这有江苏阜宁"六月十六日（7 月 26 日）陨霜"[③]和浙江宁波、慈溪"六月十六日夜伏龙山见雪"[④]的记载与之相印证，表明确是一次罕见的东路强冷空气活动。而且这样的霜日记录，无论与现代最早初霜日期 10 月 17 日，或最晚终霜日期 4 月 18 日（阜宁）都无法比较，实乃现代未见、不可思议的夏季异常霜日记录。

1878 年秋冬冷空气活动早，早在 10 月 4 日山西忻州、定襄等地即降大雪，"杀禾折木"[⑤]，这初雪日期与现代忻州、定襄的最早初雪日期 11 月 2 日和平均初雪日期 11 月 16 日相比，提前了近 1 个月或更多。

③冬季严寒　1877/78 年冬季强寒潮活动频繁，自 12 月底持续 60 多天的大雪冰冻天气，危害遍及华北以至长江中下游各省和华南各地。沿 35°N 地带的山西平陆、山东诸城等地出现"奇冷井冻"[⑥⑦]，山东蓬莱"十二月海冻两月舟楫不通"[⑧]，上海宝山"严寒河冰彻底"[⑨]，江苏武进"冬暴寒树木冻死"[⑩]、吴江"河冻十日不开"[⑪]、湖州"十二月太湖冰坚，经月不解"[⑫]，以及湖北"汉水结冰甚厚"、鄂城"湖冰坚"、湖南湘阴洞庭湖"湖水皆冻、舟不能行"、宁乡"河冰可度"等[5]。强寒潮接连侵袭南岭以南地区，1878 年 1 月 3 日—4 日的强寒潮曾使韶关地区"连日大雪冰冻，牛羊冻毙"，珠江三角洲各处"雪霜并至，连月阴寒历六旬乃解"。霰雪冻害南至雷州半岛皆有发生[5]。这些寒冬记录是 20 世纪以来罕见的。

---

① 民国《和顺县志》卷九
② 光绪《增修诸城县续志》卷一
③ 光绪《阜宁县志》卷二十一
④ 光绪《慈谿县志》卷五十五
⑤ 光绪《忻州志》卷三十九
⑥ 光绪《平陆县志》卷下
⑦ 光绪《增修诸城县续志》卷一
⑧ 光绪《蓬莱县续志》卷一
⑨ 光绪《宝山县志》卷十四
⑩ 光绪《武阳志余》卷五
⑪ 光绪《黎里续志》卷十二
⑫ 光绪《乌程县志》卷二十七

（3）台风活动少见

1876～1878 年间的沿海台风记载并不多。1876 年仅有 5 月 8 日台湾澎湖洋面飓风和 7 月 28 日、8 月 2 日浙江台风记录；1877 年有五月广东潮州飓风、八月福建长乐和九月海南昌江的台风记录；1878 年仅有广东潮阳秋飓风拔木坏民庐的简略记载[5]。看来在这连年大范围干旱期间，沿海台风活动甚少。

1.7.5　可能的影响因子简况

（1）太阳活动

1876～1878 年的持续干旱事件发生于 1867～1878 年的第 11 个太阳活动周内，位于该活动周太阳黑子数下降阶段，该活动周的峰年是 1870 年，其太阳黑子相对数为 139，强度很强（SS）。1878 年是极小年。各年在太阳活动周的位相分别是：1876 年——m-2、1877 年——m-1，1878 年——m。1876～1878 年的干旱事件与 1784～1787 年持续干旱事件相比较，二者所在的太阳活动周的位相是不同的，1784～1787 年的干旱事件位于活动周的太阳黑子数上升段。

（2）火山活动

由世界火山活动记录[16]知，在 1876～1878 年干旱事件发生之前曾有过若干喷发量很大的火山活动：1872 年库页岛 Sinarka 火山连续喷发，喷发级别为 4 级（VEI=4），和 4 月爪哇 Merapi 火山的 4 级喷发，其火山灰喷出量皆达 10^8 m^3；1873 年 1 月 8 日冰岛 Grimsvotn 火山爆发，喷发级别为 4 级（VEI=4）且火山灰喷出量达 10^8 m^3；1874 年 2 月 16 日本 Shikotsu 火山的 3 级喷发，火山灰喷出量达 10^7 m^3；1875 年 3 月冰岛 Askja 火山强烈爆发，喷发级别为 4 级（VEI=4），火山灰喷出量很大，达 10^8 m^3。

在 1876～1878 年干旱事件期间的重要火山活动有：1876 年有阿拉斯加 Iliamna 火山和意大利 Vulcano 火山的 3 级喷发，而 1876 年 12 月日本 Oshima 火山和 1877 年意大利 Vesuvius 火山的喷发，虽然都只是 2 级，但火山灰喷出量分别达 10^6 m^3 和 10^8 m^3；1877 年日本 Suwanose-Jima 火山的 4 级喷发（VEI=4），以及南美厄瓜多尔 Cotopaxi 火山的三次喷发，级别有达 4 级的，这几次喷出的火山灰体量皆达 10^8 m^3；1878 年西南太平洋 Rabaul 火山和意大利 Vesuvius 火山喷发，喷出的火山灰量也达 10^8 m^3。至于这些火山喷发与东亚环流异常，以及与这次持续大范围干旱事件是否有关联等问题，尚无深入研究。

1876～1878 年干旱事件与发生在相对温暖的气候背景下的 1784～1787 年持续干

旱事件，二者都对应于有较多的、火山灰喷出量巨大的火山活动背景条件。

（3）海温特征

由 El Nino 历史年表[17]知，1876～1878 年干旱事件发生于一个海温异常、厄尔尼诺事件频繁发生的时段。此事件发生之前的 1871 年、1874 年分别是强度为 S+级（较强）和 M 级（中）的厄尔尼诺年，1877～1878 年有 S++级（极强）厄尔尼诺事件发生。此事件之后的 1880 年又为 M 级（中）的厄尔尼诺年，这几次厄尔尼诺事件之间的时间间隔仅为 2～3 年。这样的对应关系与已有的关于厄尔尼诺事件与中国降水相关联的研究结论一致。

这些研究[27][28]指出：厄尔尼诺事件发生前 1 年，中国大部分地区以少雨为主、华北干旱；厄尔尼诺当年中国大范围降水偏少，华北和陕、甘、川北一带严重干旱；而在厄尔尼诺结束后的第 1 年，全国大范围降水偏多。这次持续干旱事件过程中的 1876 年为厄尔尼诺事件的前 1 年，1877～1878 年为厄尔尼诺的盛行之年，而干旱结束后的 1879 年恰是厄尔尼诺事件结束后的第 1 年。1876～1878 年各年的干旱地域分布实况很好地印证了以前的研究结论。

2 历史持续多雨极端事件

本章讨论的历史持续多雨极端事件，专指中国主要江河的全流域或跨流域的大范围持续降水 3 个月以上，甚至连年多雨以致久雨害稼、河湖泛溢或滞涝的事件，史籍中记作"久雨""霖雨"。中国大部分地区属季风气候，降水变率大，久雨、豪雨及其引发水患的事件史不乏书，早期的持续多雨事件如公元前 161 年（西汉后元三年）"秋大雨，昼夜不绝三十五日。蓝田山水出，流九百余家。汉水出，坏民室八千余所，杀三百余人"①。又如公元前 30 年（西汉建始三年）"夏，三辅霖雨三十余日，郡国十九雨"，是关中地区大雨 30 多天、在 19 个郡国范围内大雨成灾的事实；再如 189 年（东汉中平六年）"夏霖雨八十余日"②"六月雨至于九月乃止"③等，不一而足。之后史料日渐增多，唐、宋时代可举的事例更多，著名的如 792 年（唐贞元八年）"江南、淮西大雨为灾"，徐州"自五月二十五日雨，至七月八日方止，平平地水深一丈二尺"④，幽州"七月大雨，水深一丈已上，郑、涿、蓟、檀、平等五州，平地水深一丈五尺"⑤。再如 817 年（唐元和十二年）"六月京师大雨，市中水深三尺"⑥，"六月河南、河北大水，洺、邢尤甚，平地二丈，河中、江陵、幽、泽、潞、晋、隰、苏、台、越州水害稼"⑦，"八月壬申雨至于九月戊子"⑧等，皆为华北至江南的大范围久雨事件。又如 1048 年（北宋庆历八年）"三月霖雨"⑨，"六月恒

---

① 《汉书·五行志》上
② 晋·司马彪《续汉书·五行志》
③ 晋·袁宏《后汉纪》卷二十五
④ 《旧唐书·五行志》
⑤ 《唐要会·水灾》下
⑥ 《旧唐书·宪宗纪》
⑦ 《新唐书·五行志》三
⑧ 《新唐书·五行志》一
⑨ 《宋史·仁宗纪》三

雨"[①],"七月十八日卫州频降大雨,并、怀州一带山河水入城"[②],"八月河北、京东西水灾"[③],该年甚至因为持续多雨而宣布将年号"庆历"改为"皇祐"。再如 1061 年(南宋嘉祐六年)"七月河北、京西、淮南、两浙、江南东西淫雨为灾,闰八月京师久雨,及冬方止"[④],显示夏、秋大范围久雨。元代有 1288 年夏秋河北、山西、山东、河南"久雨害稼"[⑤]和 1289 年河北、山东"霖雨害稼"[⑥]等连年久雨,以及 1324～1325 年北方久雨等事例。明、清两代记述的连年大范围久雨事例就更多了,如本章所述。

极端降水事件的认定,现今仅将之归于"发生概率很低的事件"。至于"低概率"事件的标准尚无定论,通常以发生率在 10% 以下的为"低概率"事件。降水极端事件不仅仅由罕见的年、季雨量来认定,还可由异常的降水强度、降水持续时间、发生季节和影响范围(多个省、跨流域)来认定。笔者基于极端气候事件是低概率事件这一认识,据历史气候记载和中国东部的区域千年干湿指数序列[30],选出流域性的和跨流域的酿成严重洪涝灾害重大久雨事件 7 例,它们有异乎寻常的长时间持续降水,如史籍所称的"霪雨数月不止",且其间含强降水天气过程,有"大雨如注"之类的记述,故其罕见程度符合"发生概率很低"的要求,可以归为极端气候事件之列,当然它还须拥有足够丰富的历史记载可供天气实况复原之研讨。这 7 例包含出现在海河、黄河、长江、珠江诸流域和东北地区的,或多流域同时多雨甚至连年多雨等情形,各事例简况如表 2—0—1 所示。其中有全国大范围多雨、多流域洪水的,如 1794 年、1823 年和 1840 年;有同一地域(海河流域、黄河下游和黄淮地区)连年多雨、造成历史上范围最广的大水灾的 1569～1570 年;也有连年多雨,但多雨地带逐年有移动变化的 1755～1757 年(先是江淮流域久雨,继而黄、淮地区连年多雨)。其中还可看到一些事例的天气、气候特点与现代某些极端事件十分类似,如 1823 年、1840 年大范围持续多雨事件与 1954 年的相似等。另外,笔者研究[31]曾指出的中国历史上北方多雨年呈阶段性集中出现的特点也在这些个例中得到反映,这在文中另有述及。

---

① 《宋史·五行志》一上
② 《宋会要辑稿·瑞异》
③ 《续资治通鉴·宋纪》五十
④ 《宋史·五行志》三
⑤ 《元史·世祖纪》十二
⑥ 《元史·世祖纪》十二

表 2—0—1　7 例历史持续多雨事件简况

序号	时　间	地　域	雨　情 / 冷暖背景	可能的影响因子简况		
				太阳活动周期位相/峰年强度	火山活动	是/非厄尔尼诺年
1	1324～1325 年 元泰定元年至二年	黄河流域、海河流域	1324 年夏季河北连雨 50 余天，连续 2 年北方多雨 / 中世纪温暖气候期结束后开始转寒	M / 中	少	—
2	1569～1570 年 明隆庆三年至四年	海河流域、黄河中下游及黄淮、江淮地区	夏秋多暴雨，河南主雨区大雨 70 天和 40 天以上，海河、黄河、淮河干流及诸多支流决溢，发生"冲黄入淮" / 小冰期的相对温暖时段	M–3 / 极强	少	非
3	1593 年 明万历二十一年	黄河下游和黄淮地区	夏秋河南大雨绵延 5 个月，山东大雨 50 余天 / 小冰期的相对温暖时段结束，开始转寒	M+2 / 中弱	有	非
4	1755～1757 年 清乾隆二十年至二十二年		小冰期的相对温暖时段			
	1755 年	黄河下游、长江中下游和淮河流域	自春至秋多雨，雨日绵延 5 个月，长江下游梅雨期 42 天、比现代均值长 23 天，是 18 世纪最长梅雨期	m / 中	有	是
	1756 年	海河流域、黄河中下游和黄淮地区	夏季山西、陕西连续大雨 40 余天	m+1 / 中	有	是
	1757 年	黄河中游和黄淮地区	春夏河南大雨，夏秋晋南、陕中久雨。黄淮地区已连续 3 年多雨	m+2 / 中	有	非
5	1794 年 清乾隆五十九年	东北、华北、黄河下游、长江中下游、华南地区	夏秋多雨。6 月华南、西南连续大雨，7～8 月华北大雨四十多天，东北大雨，长江中游和华南连旬雨，9 月长江流域和华南连续大雨 10 余天 / 小冰期的相对温暖时段结束，开始转寒	m–3 / 强	有	非
6	1823 年 清道光三年	海河、黄河、长江、珠江流域	夏季河北连续大雨 40 多天，北京雨期 53 天，降雨量比现代均值高 50%。自春至秋长江中下游和华南持续多雨 / 小冰期的寒冷阶段	m / 中弱	有	非
7	1840 年 清道光二十年	华北、黄河中下游、长江流域	夏季华北久雨，长江下游久雨，梅雨期长，7～8 月四川盆地连续暴雨，引发长江全流域的洪水灾害，夏秋陕南持续大雨 / 小冰期的寒冷阶段	M+3 / 很强	少	非

本章根据史料记载来复原这 7 例久雨事件的降雨实况，指出降雨过程的起止时段和雨区范围，推断天气系统的生消移动过程，绘图显示久雨和水患发生的地域，以及伴生的饥荒、疫疾等情形；指出各例的天气气候特征、冷暖气候背景，或与现代的久雨事例作些对比。

至于持续多雨事件的成因问题，因为早期科学记录的缺乏，又没有大气环流场、海温场的观测资料，不可能采用现代的成因分析手段来深入探讨各种内外驱动因子如太阳活动、火山活动、海温特征等与异常降水之间的关联，故本章只对一些可能的影响因子如太阳活动、火山活动、海温场特征等作简要说明，以增进对这些异常降水事件的认识。值得注意的是，现今的许多关于现代中国的大范围异常多雨与太阳活动、火山尘幕、厄尔尼诺事件之关联的研究结论，在这些历史个例中得到了印证，这些将在各节中专门论及。例如关于厄尔尼诺现象与现代中国降水之关联的研究[27]指出：1951～1985 年间厄尔尼诺盛行之年（以下简称"厄尔尼诺年"）的夏季，西太平洋副热带高压强度增强、位置偏南、季风雨带偏南，使长江中下游地区多雨以致发生洪涝，黄河及华北一带少雨并形成干旱。还指出，75%的厄尔尼诺年夏季主要雨带位置在江淮流域，其间 8 例厄尔尼诺年的降水量距平场的合成图显示夏季主要雨带在长江中下游到淮河流域及黄河中游一带，其余大部分地区以少雨为主，而在厄尔尼诺事件的次年夏季全国以多雨为主；而笔者对过去 500 年间的 101 例厄尔尼诺事件相关年份的降水距平合成图研究也表明，在厄尔尼诺事件的当年，多雨区位于东北、黄淮、长江中上游地区和广东沿海，而在厄尔尼诺事件次年全国大范围降水偏多[28]。

本章所述 7 例历史上持续多雨极端事件中的 6 例有厄尔尼诺记录，内中 5 例大范围久雨与厄尔尼诺事件的关联与上述研究结论[27][28]印合，唯 1755 年例外，该年正是厄尔尼诺年，然而黄河中下游地区却并非干旱而是呈现多雨，不过，此不一致正好表明厄尔尼诺现象只是影响中国气候的主要因素之一，并非唯一因子，中国降水还受到其他因素的制约。由本章一些个例之间及其与现代的极端多雨事件的对比，更可以看到多雨事件是受到多方面因子影响的综合作用。如 1823 年极端多雨年份的天气气候特点与现代极端多雨的 1954 年极为相似，它们都是厄尔尼诺结束后的"非厄尔尼诺年"，同是太阳活动周的极小年，也都有重大火山活动频繁发生。然而 1840 年极端多雨且次年仍多雨的气候特点虽与 1954 年相似，也都是厄尔尼诺结束后的 "非厄尔尼诺年"，可是其太阳活动、火山活动情况却不同，1840 年在太阳活动周峰年之后，火山活动不多。再如大范围久雨的 1569～1570 年和 1593 年虽都是非厄尔尼诺年，但这 2 例的太阳活动、火山活动情况却差异极大。这些对比表明，当研究时段延长到数百年、极端事例数量增多，就愈加凸显出极端多雨事件归因问题的复杂性。

历史上的持续多雨极端事件的冷暖气候背景问题值得关注，本章依据全球、北半球和中国的历史温度变化曲线[18][19]和小冰期、中世纪温暖期中的气候阶段划分[20][21][22]来表明干旱事件的冷暖气候背景。本章选取的 7 个久雨实例，其气候背景冷、暖皆有，不过总体上有可能以暖气候背景下出现的居多，仅据笔者对中国北方地区多雨年的研究[31]，在过去 538 年间，北方多雨年和北方东部多雨年均呈现阶段性集中出现的特点，各有 6 个长约 20～40 年的频繁发生时段。在北半球和东亚气候相对温暖的时段内，中国北方多雨年皆明显地多于冷时段。

2.1　1324～1325 年华北和黄河流域连年多雨

1324～1325 年（元泰定元年—二年）海河流域、黄河流域和西北地区连续 2 年多雨。这时期的历史记录虽数量不多，但综合各类记载仍可推见连年大范围多雨情形。1324 年夏季黄河流域和海河流域多雨，河北连雨 50 余天；1325 年东北、西北地区多雨、华北和黄河中下游、长江中下游地区皆多雨并酿成严重水患。这是在中世纪温暖气候期结束、开始转寒时的极端多雨事例。

2.1.1　雨情实况

1324 年自春至秋，各地由南而北递次多雨，夏季多雨区全覆盖了黄河流域和海河流域。

春季，雨带在华南停留过久，云南中庆路昆明等地多雨以致水灾①。

夏初五月雨带季节性北移至江南地区，吉安、杭州多雨以致水灾②，紧接着河北、陕西、甘肃很快进入雨季且雨量大，河北北部漷州、固安已见大雨为患，甘肃"陇西县大雨水，漂死者五百余家"③。

盛夏六月，北方的大雨区覆盖北京、河北、河南、山东、陕西和甘肃东部，史载

---

① 《元史·泰定帝纪》一
② 《元史·泰定帝纪》一
③ 《元史·五行志》一

"六月大都、真定、晋州、深州，奉元诸路及甘肃河渠营田等处雨伤稼"[1]，"大司农屯田、诸卫屯田、彰德、汴梁等路雨伤稼"[2]，"益都、济南、般阳、东昌、东平、济宁等郡二十有二县，曹、濮、高唐、德州等处十县淫雨，陈、汾、顺、晋、恩、深六州雨水害稼。陕西大雨"[3]。七月雨区扩大南至安徽庐州路，"真定、广平、庐州等十一郡雨伤稼"[4]。至此，大雨中心地区已连续大雨50多天，河北"真定、河间、保定、广平等郡三十有七县大雨水五十余日"[5]。

秋季随雨带的季节性南移，雨区再次回到河南、山东一带，八月"汴梁考城、仪封，济南沾化、利津等县霖雨"[6]，甘肃"秦州成纪县大雨，山崩水溢"[7]，关中再度秋雨，"九月奉元路长安县大雨"[8]（图2—1—1a）。

(a) 1324年

---

① 《元史·泰定帝纪》一
② 《元史·泰定帝纪》一
③ 《元史·五行志》一
④ 《元史·泰定帝纪》一
⑤ 《元史·五行志》一
⑥ 《元史·五行志》一
⑦ 《元史·泰定帝纪》一
⑧ 《元史·泰定帝纪》一

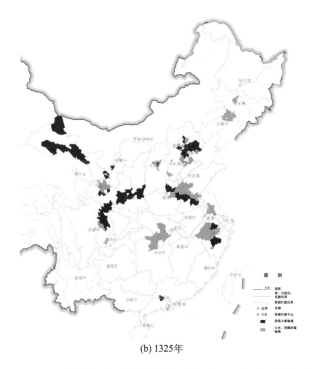

(b) 1325年

图2—1—1　1324～1325年持续大雨（墨蓝色）和大水、河湖决溢（浅蓝色）地域分布

1325年持续多雨。西北地区雨季开始早，"二月甘州路大雨水"①，四月甘肃"岷、洮、文、阶四州雨水"②和"巩昌路伏羌县大雨山崩"③。春末夏初河北北部多雨以致水灾，"四月涿州房山、范阳二县水"④"五月大都路檀州大水，平地深丈有五尺"⑤。初夏雨带在长江中下游停留，"五月浙西诸郡霖雨，江湖水溢，江陵路江溢"⑥"高邮兴化、江陵公安二县水"⑦。盛夏雨带北移至陕西—黄淮地带，六月"奉元、卫辉路及永平屯田丰赡、昌国、济民等署雨伤稼"⑧，"卫辉汲县、归德宿州雨水"⑨。同时，河北北部仍维持大雨，"六月通州三河县大雨"⑩，辽宁地方亦多雨。秋季，西北地区仍多雨，不仅有九

① 《元史·五行志》一
② 《元史·五行志》一
③ 《元史·泰定帝纪》一
④ 《元史·五行志》一
⑤ 《元史·泰定帝纪》一
⑥ 《元史·泰定帝纪》一
⑦ 《元史·五行志》一
⑧ 《元史·泰定帝纪》一
⑨ 《元史·五行志》一
⑩ 《元史·泰定帝纪》一

月甘肃"汉中道文州霖雨山崩"①，还有"十月宁夏鸣沙州大雨水"②（图2—1—1b）。

2.1.2 水患和伴生灾害

1324～1325年的连年大范围多雨引起多地水灾，有蝗虫为害和饥荒发生。

（1）水患

1324～1325年各地普遍发生水患，河湖涨溢、禾稼冲毁，甚至大水淹城。

1324年华北、黄河下游地区和甘、陕的持续大雨引起大范围的水患。盛夏，黄河中、下游地区水患严重，六月陕西"渭水及黑水河溢，损民庐舍"③，山东"益都、济南、般阳、东昌、东平、济宁等郡二十有二县，曹、濮、高唐、德州等处十县水深丈余，漂没田庐"④。七月黄河多处发生泛溢，如陕西朝邑、河南濮阳等处，海河的支流清河、唐河、沙河、洺水等也发生泛溢⑤。九月陕西和山东有"沣水溢，延安路洛水溢，濮州馆陶县及诸卫屯田水"⑥（图2—1—1a）。

1325年水患严重的地区之一是华北，自初夏河北平原即发生水灾，四月"涿州房山、范阳二县水"⑦，五月"大都路檀州大水，平地深丈有五尺"⑧。盛夏河北、山西皆水患，六月"通州三河县大雨，水丈余，冀宁路汾河溢"⑨，八月河北的持续多雨造成"霸州、涿州、永清、香河大水，伤稼九千五十余顷"⑩。同时黄河中下游和黄淮地区遍生水患：五月"河溢汴梁，被灾者十有五县"⑪，六月"济宁路虞城、砀山、单父、丰、沛五县水"⑫，七月"睢州河决"⑬，八月河南"卫辉路汲县河溢"⑭。当年东北地区有"辽东大水"⑮，"开元路三河溢，没民田，坏

① 《元史·泰定帝纪》一
② 《元史·五行志》一
③ 《元史·五行志》一
④ 《元史·五行志》一
⑤ 《续资治通鉴·元纪二十》
⑥ 《元史·泰定帝纪》一
⑦ 《元史·五行志》一
⑧ 《元史·泰定帝纪》一
⑨ 《元史·泰定帝纪》一
⑩ 《元史·五行志》一
⑪ 《元史·五行志》一
⑫ 《元史·五行志》一
⑬ 《元史·泰定帝纪》一
⑭ 《元史·泰定帝纪》一
⑮ 《元史·王结传》

庐舍"①。此外，夏季长江流域多水灾，五月"高邮兴化、江陵公安二县水"②，"浙西诸郡江湖水溢，江陵路江溢"③，六月四川盆地"潼川府绵江、中江水溢入城，深丈余"④。通常西北地区的春季和秋季的水患情形比较少见，但1325年春季即有"甘州路大雨水，漂没行帐孳畜"⑤，且深秋还有"宁夏路属县水"⑥（图2—1—1b）。

（2）蝗灾

1324年河北、河南和山东西部有夏蝗发生，"六月大都、顺德、东昌、卫辉、保定、益都、济宁、彰德、真定、般阳、广平、大名、河间、东平等二十一郡蝗"⑦。

1325年同样在河北和山东地方，夏蝗、秋蝗都有发生，如"五月彰德路蝗"⑧，六月"济南、河间、东昌等九郡蝗"⑨"德、濮、曹、景等州，历城、章丘、淄川、聊城、茌平等县蝗"⑩，七月"般阳新城县蝗"⑪，九月"济南、归德等郡蝗"⑫（图2—1—2）。

（3）饥荒

1324年下半年饥荒显现，如八月"延安、冀宁、杭州、潭州、（江州、安陆、建昌、常德、全州、桂阳、辰州、南安）等十二郡及诸王哈伯等部饥，赈粮有差"⑬，十月"延安路饥"⑭，十一月"大都、上都、兴和等路十三驿饥"⑮。

1325年雨涝灾伤继续，加之蝗虫、冰雹和局地干旱为害，饥荒日重。《元史·泰定帝纪》载各地饥荒之奏报：正月"河间、真定、保定、瑞州四路饥"，闰正月"河间、真定、保定、瑞州四路饥，禁酿酒"，二月"大都、凤翔、宝庆、衡州、潭州、全州诸路

---

① 《元史·泰定帝纪》一
② 《元史·五行志》一
③ 《元史·泰定帝纪》一
④ 《元史·五行志》一
⑤ 《元史·五行志》一
⑥ 《元史·泰定帝纪》一
⑦ 《元史·五行志》一
⑧ 《元史·泰定帝纪》一
⑨ 《元史·泰定帝纪》一
⑩ 《元史·五行志》一
⑪ 《元史·泰定帝纪》一
⑫ 《元史·五行志》一
⑬ 《元史·泰定帝纪》一
⑭ 《元史·泰定帝纪》一
⑮ 《元史·泰定帝纪》一

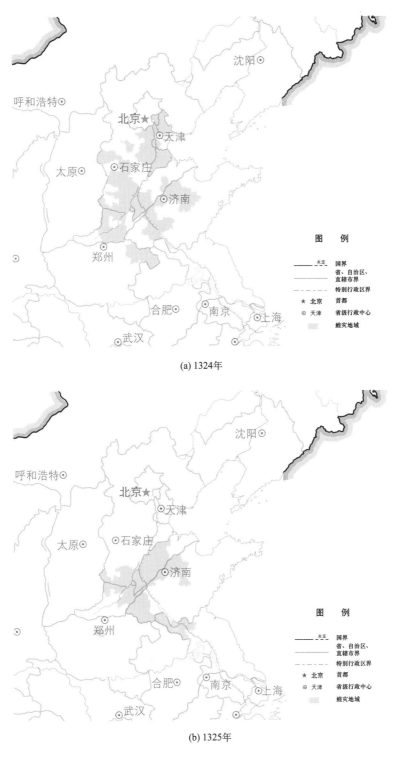

(a) 1324年

(b) 1325年

图2—1—2 1324～1325年蝗灾（土黄色）地域分布

饥，通、漷二州饥，蓟州宝坻县、庆元路象山诸县饥，甘州蒙古驿户饥"，三月"漷州、蓟州、凤州、延安、归德等处民及山东蒙古军饥，肇庆、富州、惠州、袁州、江州诸路及南恩州、梅州饥，大都、凤翔、宝庆、衡州、潭州、全州诸路饥"等。夏初饥荒已遍及山东、陕西、宁夏、江西、湖北及东北各地，如四月"镇江、宁国、瑞州、桂州、南安、宁海、南丰、潭州、涿州等处饥，赈粮五万余石。陇西、汉中、秦州饥，赈钞三万锭"[①]，五月"广德、袁州、抚州饥"[②]，六月"济宁、兴元、宁夏、南康、归州等十二郡饥赈粜米七万余石，镇西武靖王部及辽阳水达达路饥赈粮一月"[③]。饥荒也见于广东、江西、江苏和陕西、湖南等地，如七月"梅州、饶州、镇江、邠州诸路饥"[④]，八月"南恩州、琼州饥赈粮一月，临江路、归德府饥赈粮两月，衡州、建昌、岳州饥赈粜米一万三千石"[⑤]。秋后，饥荒和赈济的地方更多，包括京师、河间诸郡和常德路、大宁路、凤翔府、济南、杭州等处，东北"辽东大水，谷价翔涌，请于朝发粟数万石，以赈饥民"[⑥]。饥荒发生地域如图 2—1—3 所示，从中可见 1325 年的饥荒地域大多与上一年的大雨、水灾地区相对应。

2.1.3 气候概况

1324 年大范围持续多雨，尤以北方各省为重，仅春季甘肃、山西有局地干旱，如"临洮狄道县，冀宁石州、离石、宁乡县旱"[⑦]，夏初当雨带北移时在长江流域停留的时间短，以致长江中、下游地区一度少雨，"六月扬州、寿春等路、湖广诸屯田皆旱"[⑧]（图 2—1—4 a）。秋季冷空气活跃，有早霜为害，如山西"忻州、定襄县陨霜杀禾"[⑨]，河北沧州地区"河间等路陨霜害稼"[⑩]、景县"陨霜害稼"[⑪]。

---

① 《元史·泰定帝纪》一
② 《元史·五行志》一
③ 《元史·泰定帝纪》一
④ 《元史·泰定帝纪》一
⑤ 《元史·泰定帝纪》一
⑥ 《续资治通鉴·元纪二十》
⑦ 《元史·泰定帝纪》一
⑧ 《元史·泰定帝纪》一
⑨ 乾隆《忻州志》卷四
⑩ 康熙《河间府志》卷十一
⑪ 雍正《阜城县志》卷二十一

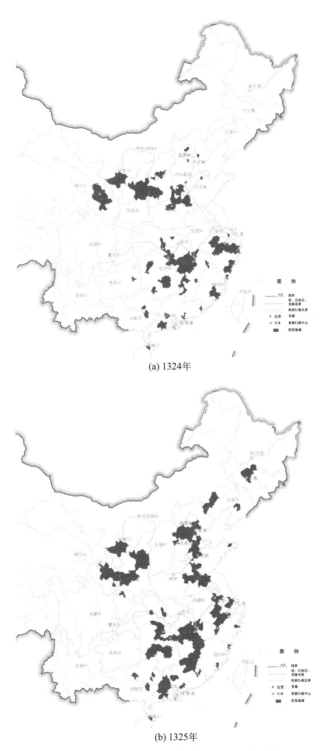

(a) 1324年

(b) 1325年

图 2—1—3 1324～1325 年饥荒（紫色）地域分布

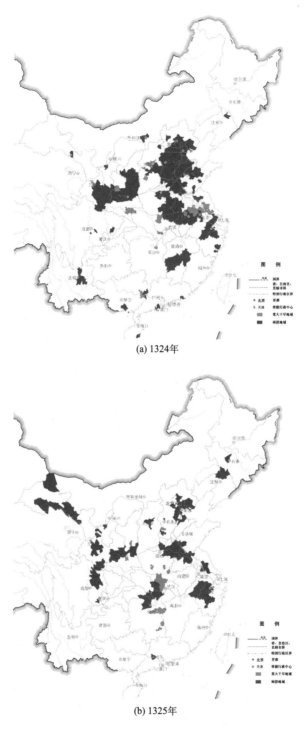

(a) 1324年

(b) 1325年

图2—1—4   1324～1325年历史记载的重大干旱（橙色）、雨涝（深蓝色）地域分布

1325 年仍呈大范围多雨的降水分布格局，与上年相似，但长江中游和陕西关中地区出现一些局地夏旱，如五月"潭州、茶陵州、兴国永兴县旱"[①]，六月"新州路旱"[②]，而秋初随着雨带的季节性南移，一些原先久雨的地方也出现局地干旱，如七月"顺德、汴梁、德安、汝宁诸路旱""随州、息州旱"[③]（图 2—1—4 b）等。当年气温无异常变化。

2.1.4　可能的影响因子简况

（1）太阳活动

1324～1325 年位于 1319～1331 年的太阳活动周内。1324 年是该周的太阳活动峰年，强度为中等（M）。1325 年是峰年后的 1 年，记为 M+1。

（2）火山活动

1324 年全球火山活动记录不多，仅有 9 月 7 日日本 Aso 火山喷发，级别为 2 级（VEI=2）。1325 年有堪察加半岛的 Gorely 火山喷发，级别也为 2 级（VEI=2），还有南美洲哥伦比亚 Bravo 火山的强烈喷发，级别为 4 级，而且喷发的火山尘体量巨大，达 10^8 m³。这表明喷发的火山尘可到达平流层，甚至平流层中层，如此巨量的火山喷发物有可能形成环绕地球的尘幕，影响到大气透明度和地面辐射收支。

2.2　1569～1570 年华北和黄淮地区连年多雨

1569 年和 1570 年（明隆庆三年、四年）夏秋，华北及黄河中游、淮河上游地区连年多雨。雨期有的长逾 70 天，黄河和淮河的干流及诸多支流决溢，酿成跨冀、鲁、豫、皖、苏五省的连年水灾。西北地区也多雨。这是在小冰期相对温暖时段气候背景下的连年大范围多雨的事例。

2.2.1　雨情实况

1569 年夏秋河北南部和河南、山东持续多雨，尤以 7 月底前后和 8 月下旬的两段

---

① 《元史·五行志》一
② 《元史·泰定帝纪》一
③ 《元史·五行志》一

连朝大雨强度最大。主雨区位于河南省的沿黄河地带，且雨期持续时间长，连续降雨70 多天。如河南长垣"入夏五月霖雨，六月复霖雨，七月复雨至十月乃止"①，原阳等地"六月霪雨至九月始止"②，巩县"六月大雨连旬"③，兰考等地"秋，积雨浃七旬"④等。河北的主要降水时段在 7 月底至 8 月初，"河北自闰六月十六大雨至二十日（7 月 29 日—8 月 4 日）方止"⑤，大名、肥乡、内丘等地"闰六月大雨浃旬"⑥。这 7 月底前后的连朝大雨引发洛水、滹沱河、北滋河、卫河、漳河水溢⑦⑧⑨，继后河北临城等地又有"秋雨连旬"⑩。山东境内广饶、诸城、潍坊等地自 8 月 23 日（七月十二日）起连日大雨 3～5 天，强降雨过程引发河水泛涨⑪⑫⑬。另外，华东地区还有台风暴雨，上海、宁波、南通先后于 6 月 14 日（六月初一）⑭、7 月 27 日—29 日（闰六月十四日—十六日）⑮和 8 月 26 日（七月十五日）⑯3 次受到台风袭击，豪雨遍及浙北、江苏、安徽各地，宁波"秋淫雨飓风大作"⑰、南通"七月风雨暴至"⑱、霍山"天雨如注"⑲（图 2—2—1a）。

1570 年夏，黄河中、下游山西、陕西、河南皆多雨，且多暴雨，引发黄河诸支流

---

① 康熙《长垣县志》卷二
② 康熙《阳武县志》卷八
③ 民国《巩县志》卷六
④ 万历《仪封县志》卷四
⑤ 万历《重修磁州志》卷八
⑥ 康熙《大名县志》卷十六
⑦ 万历《重修磁州志》卷八
⑧ 万历《饶阳县志》卷三
⑨ 康熙《清河县志》卷十七
⑩ 万历《临城县志》卷二
⑪ 万历《乐安县志》卷二十
⑫ 乾隆《诸城县志》卷二
⑬ 万历《潍县志》卷十
⑭ 万历《上海县志》卷十
⑮ 康熙《定海县志》卷十二
⑯ 万历《通州志》卷二
⑰ 康熙《定海县志》卷十二
⑱ 万历《通州志》卷二
⑲ 顺治《霍山县志》卷二

及干流的水位猛涨。大雨区主体位置仍在河南，温县"五月大雨月余"①，郾城、临颍等地"霪雨四十余日"②，汝南、上蔡"夏大雨无麦"③，雨势强大者如河南沁阳"雨浃旬，骤雨如注者五日"④。六月下旬陕北和山西南部的暴雨区，山洪暴发，发生堤溃和大水冲城，陕西清涧"六月二十一日（7月23日）子时大雨水涨，冲坏南瓮城并民居数百家"⑤，山西夏县"六月二十二日（7月24日）夜大雷雨，山水涨发，各河堤溃，水溢入城，南流冲破盐池禁墙"⑥。推想这可能是同一个暴雨天气过程自北向南推移所致，尽管在图2—2—1b上陕北和晋南的雨区之间有着大片的并无降雨记录的地带，这可以另外理解为史料缺失之故。同样，陕西关中和陕南多有大水、河溢发生却没见大雨的记载，而如此大范围的水患只能由暴雨引发，这也当属大雨史料缺失情形，图2—2—1b仅依据实有的历史记载绘制。秋季，河北持续多雨，安次"秋淫雨三十五日，苗稼尽伤"⑦（图2—2—1b）。

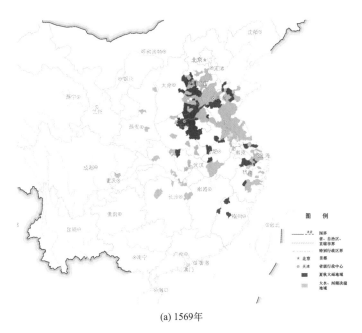

(a) 1569年

① 顺治《温县志》卷下
② 乾隆《临颍县续志》卷七
③ 万历《汝南志》卷二十四
④ 道光《河内县志》卷九
⑤ 道光《清涧县志》卷一
⑥ 乾隆《解州夏县志》卷十一
⑦ 天启《东安县志》卷一

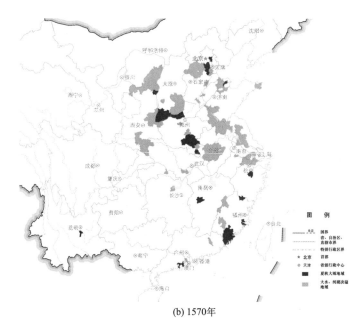

(b) 1570年

图2—2—1 1569～1570年夏秋大雨（墨蓝色）和大水、河湖决溢（浅蓝色）地域分布

2.2.2 水患和伴生灾害

（1）水患

1569年和1570年的大范围持续多雨，酿成跨冀、鲁、豫、皖、苏五省的连年水灾。

1569年7月下旬和8月下旬的两段连朝大雨，先后引起黄河干、支流和海河水系的滹沱河、北滋河、卫河、漳河以及山东潍河水位猛涨、决堤，造成河北、山东广大地区田禾庐舍淹没，曲阳、饶阳、武强、邢台、临城、德州、利津等府、县城均发生大水入城或遭水围困。河南境内偃师县伊水、洛水泛溢入城，巩县"洛水暴涨，城几倾覆"[1]。长垣、沈丘、鄢陵均遭大水淹城。黄河的决堤则危害最重，《明史》载："七月壬午（8月22日）河决沛县，自考城、虞城、曹、单、丰、沛至徐州，坏田庐无算。九月淮水溢，自清河至通济闸及淮安城西淤三十里，决二坝入海"[2]。受淮河水害最重的是苏北，宝应"秋，淮水北来，湖堤决十五处，父老相传，自有宝应以来，未有水

---

① 民国《巩县志》卷六
② 《明史·五行志》一

患若此"①，高邮"大水自淮北来，高二丈余，漂荡庐舍，溺死人畜不可胜纪"②。

1569 年夏，浙江北部和江苏沿岸三次遭受风暴潮袭击，除台风暴雨之外，海潮大溢也危害深重。其中 6 月 14 日（即六月初一日）的大海潮袭击自浙江海宁至苏北盐城沿海地带，冲击杭州钱塘江岸"塌坏数千余丈，漂没官民船千余只，溺死者无算"③，嘉兴府"五月晦（6 月 13 日）夜，飓风驾潮水出地二丈余，漂溺死者三千余人，石塘尽崩"④，7 月 27～29 日（闰六月十四—十六日）飓风海潮，嘉定府"傍海诸邑顷刻平地涌水数尽"⑤、崇明"闰六月十三日至十六日风潮继作，倾地丈余，民畜死者十存三四"⑥，苏南太仓"洪潮丈余，人溺死无算"⑦，苏北如皋"海水溢高二丈余，城市街衢皆以舟行"⑧，8 月 26 日的大潮更影响到镇江等地"江潮卒涌，平地水深丈余"⑨。

1570 年黄河中游地区强降雨引起的水灾区域较上一年西移。山西境内黄河泛涨，万荣"水溢入城门"⑩，永济"河徙而西，移大庆关于河东"⑪，陕西大荔"河溢，高数丈，流杀人民浮尸盈野，生者攀树而栖，数日不火食，自大庆关抵县治三十里不见水端"⑫，河南灵宝"黄河大溢"⑬。山东境内的大雨引发六月大清河、小清河、大运河水溢，沿河之利津县遭大水淹城"霪雨，河水溢城，不没者数版"⑭，博兴、滨县、平原、桓台等皆"田舍多没"⑮。河南汝南、郾城等地的大雨引发淮河水涨和泛溢[5]。而更严重的水害发生在鲁南、苏北，"（黄）河决崔镇，分决白洋河，而河势遂北，淮大溃高家堰，溢山阳、高邮、宝应、兴、盐诸州县"⑯。《明史·河渠志》载："（七月）

① 隆庆《宝应县志》卷十二
② 隆庆《高邮州志》卷十二
③ 万历《钱塘县志》
④ 康熙《嘉兴府志》卷九
⑤ 嘉庆《方泰志》卷三
⑥ 万历《新修崇明县志》卷八
⑦ 嘉庆《直隶太仓州志》卷十
⑧ 万历《如皋县志》卷二
⑨ 康熙《镇江府志》卷四
⑩ 康熙《荣河县志》卷八
⑪ 光绪《永济县志》卷二十三
⑫ 万历《续朝邑县志》卷八
⑬ 顺治《阌乡县志》卷一
⑭ 乾隆《武定府志》卷十四
⑮ 崇祯《新城县志》卷十一
⑯ 康熙《扬州府志》卷六

黄河暴至，茶城复淤，而山东沙、薛、汶、泗诸水骤溢，决仲家浅运道，由梁山出戚家港，合于黄河。是时，淮水亦大溢，自泰山庙至七里沟淤十余里，而水从诸家沟旁出，至清河县河南镇以合于黄河。九月河复决邳州，自睢宁白浪浅至宿迁小河口，淤百八十里，粮艘阻不进"①。还有"淮水东注，黄河尾其后入高邮湖，堤溃决，漕河大坏"②。

关于这场水灾有《淮安大水记略》记述为："淮安自嘉靖庚戌（1550 年）以来，比年大水至隆庆己巳（1569 年）岁为最大。其年六月，山东诸泉及凤、泗山水大发，合河与淮水，高丈五六尺，由通济闸建瓴入。故西桥、通津桥数处水亦涌起，高于街四五尺，悬注以入，凡所经沟渠皆淤为洲，所过街市房廊两傍堆沙三四尺，晚闭晓塞，乡聚屋低者水压其檐，高者门未没尺许，人皆穴屋栖梁上，或乘桴偃卧出入，稍不戒随浪旋没。后六月七日甲子立秋，大风雨不止，惊浪动天，覆舟倾屋，人畜流尸相枕。"③由此见黄淮地区灾民之艰辛。

（2）蝗灾和饥荒

1569 年河北和山东夏、秋蝗虫灾害严重。河北丰润"六月飞蝗蔽空，分越他境"④，山东汶上"春旱，秋蝗生"⑤，这些地区 1569 年春季干旱继后夏秋多雨，这种先旱后涝的气候条件利于蝗虫发生。当年水灾引起的饥荒以长江中下游地区为重，但安徽、浙江等省得到政府的大量蠲免（图 2—2—2）。

1570 年蝗虫为害仅见于山东诸城等地。饥荒主要发生在山东和陕南—淮河流域以及连年水患、积水难消的黄淮地区，如涟水"宿水不涸，民饥"⑥。史料记载的饥荒发生地域见图 2—2—2。

2.2.3　气候概况

1569 年中国东部大范围多雨，尤以夏、秋河南、河北、山东持续多雨为著，仅河北、山东、云南等地有些局地春旱。1569 年初春寒冷，寒潮势力强盛。春季 3 月 18

---

① 《明史·河渠志》一
② 嘉庆《高邮州志》卷二
③ 同治《重修山阳县志》卷二十一
④ 隆庆《丰润县志》卷二
⑤ 万历《汶上县志》卷七
⑥ 雍正《安东县志》卷十五

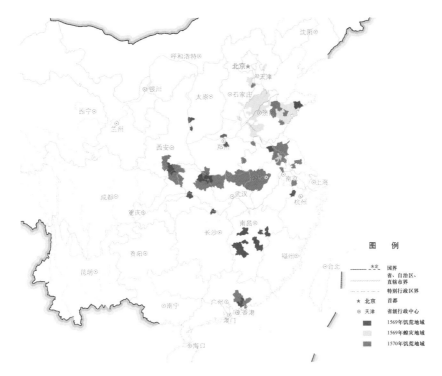

图 2—2—2 1569 年蝗灾（土黄色）、饥荒（深紫色）和 1570 年饥荒（淡紫色）地域分布

日（三月初一）的西路强寒潮至四川盆地，荣昌、綦江、重庆等地普降大雪，"积地三尺压坏作物，寒冷异常冻死人畜"[1]。冬季南方多见冰雪，如十二月广州大雪、林木皆冰，云南腾冲大雪五日，还有江苏仪征等地"大雪，檐冰长丈余"等 [5]。当年近海台风较活跃，引起苏浙沿海的海溢、海啸，这些台风活动也可能与北方的多雨有关联，如 6 月 14 日（六月初一）、7 月 27 日（闰六月十四日）在上海附近登陆的台风就可能为当时黄淮地区六月和河北闰六月中旬的强降水供应了丰富的水汽。广东直到深秋仍有台风活动，这被视为罕见，"秋九月广州大风拔木。九月无飓风，书之志异也"[2]。

1570 年仍呈大范围多雨格局，但河北有局地夏旱，长江中、下游有局地秋旱。此外，气温和近海台风活动无异常。

---

① 道光《重庆府志》卷九

② 万历《广东通志》卷六

2.2.4 可能的影响因子简况

（1）太阳活动

1569 年和 1570 年位于 1567～1578 年的太阳活动周的上升段，分别是该太阳活动周峰年的前 3 年和前 2 年，记为 M–3、M–2。该周峰年 1572 年的太阳黑子相对数估计为 150，强度等级为极强（SS）。

（2）火山活动

这次雨涝事件期间火山活动并不多，1569 年当年仅有三处弱火山活动记录，喷发级别为 1 级、2 级（VEI=1、2）。但在其之前 1568 年有西南太平洋所罗门群岛的 Savo 火山喷发，喷发级别为 3 级（VEI=3）。1570 年则有希腊的 Santorini 火山的喷发，达到 3 级。

（3）海温特征

这次雨涝事件之前，1567～1568 年有强厄尔尼诺事件（S+级）发生，1569 年是强厄尔尼诺年的次年，非厄尔尼诺年，又是多雨年，这正是研究结论"厄尔尼诺年结束后的第 1 年中国大范围多雨"[27][28]的例证。

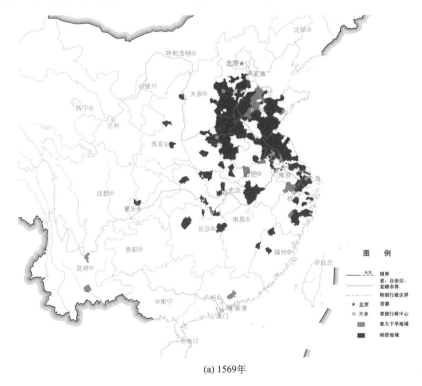

(a) 1569年

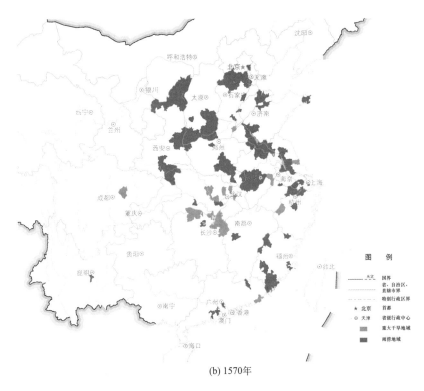

(b) 1570年

图 2—2—3 1569～1570年重大干旱（橙色）、雨涝（深蓝色）地域分布

2.3 1593年黄河下游和淮河流域持续多雨

1593年（明万历二十一年）夏秋黄河下游和黄淮地区雨期绵延5个月，造成大范围雨洪灾害，这是位于小冰期内相对温暖时段的中国北涝南旱的典型年份。

2.3.1 雨情实况

1593年自春至秋，河北南部、河南、山东及黄淮地区大范围持续多雨，史料"梁、宋、徐、郑、邓、襄之间大雨自正月及秋冬，昼夜澍下，宿麦无秋，粟菽尽死"[①]，记述了雨带长时间在黄淮地区停留的特点。各地的记载有很多，如河北枣强"春二月至

---

① 同治《中牟县志》卷十

秋七月霪雨大水"①、大名"四月大霖雨，连雨二月"②；河南沈丘，山东昌邑、菏泽、胶县"夏五月霪雨不止至八月"③④⑤；山东兖州"自孟夏至仲秋大淫雨五阅月"⑥，河南内乡与淅川"四月大雨至七月"⑦⑧、确山"霪雨起三月至八月"⑨等。各地尤以"大雨四至八月不止"⑩⑪⑫的记述为多，如山东城武、曹县、定陶、河南商水、项城、鲁山等地。持续时间有记为大雨"四十余日"，如山东费县、高密、平度等地。此外许多地方还有"淫雨连月""月余不止""霪雨五十余日""大雨两月"等相似的记述[5]。持续时间最长的是安徽蚌埠一带"春正月下旬霪雨，历夏至秋七月初方止"⑬（图2—3—1）。

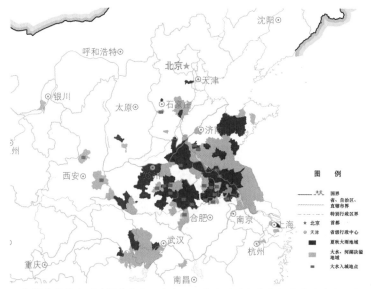

图2—3—1　1593年夏秋持续大雨（深蓝色）、水灾、河湖决溢（浅蓝色）地域分布和大水入城地点（■）

（图中大水入城地点有：河北临城，陕西铜川，洛南，河南淮阳、西华、项城、郾城、固始，山东兖州、曹县、汶上，安徽阜阳、颍上、灵璧、泗县、五河、怀远、凤阳，江苏宿迁、宿县、邳县、盱眙，湖北天门）

---

① 万历《枣强县志》卷一
② 民国《大名县志》卷二十六
③ 顺治《沈丘县志》卷十三
④ 康熙《昌邑县志》卷一
⑤ 道光《重修胶州志》卷三十五
⑥ 康熙《兖州志续编》卷四
⑦ 康熙《内乡县志》卷十一
⑧ 康熙《淅川县志》卷八
⑨ 乾隆《确山县志》卷四
⑩ 康熙《城武县志》卷十
⑪ 顺治《定陶县志》卷七
⑫ 顺治《商水县志》卷八
⑬ 雍正《怀远县志》卷八

2.3.2　水患和伴生灾害

（1）水患

1593 年长时间的大范围多雨，引起黄河、淮河、大运河干流及汝河、颍河、涉河等诸支流和湍水、汉水以及高邮湖、宝应湖等水涨、漫溢和堤决。洪水冲没村庄田庐、溺死人民无算，或围困城池，甚或大水入城。河北临城，陕西铜川、洛南，河南淮阳、西华、项城、郾城、固始，山东兖州、曹县、汶上，安徽阜阳、颍上、灵璧、泗县、五河、怀远、凤阳，江苏宿迁、宿县、邳县、盱眙，湖北天门等均遭大水入城。洪水往往突然到来，景状悲惨，如河南固始"七月二十七日雷雨大作，水漫山腰，山中人畜半夜徒冲随水而下，妇女尚卧匡床，呼救之声彻于两岸，流莩以数千。数十年之大变也"①，有记述淮北平原的颍州府（治今阜阳）的水害情景："八月八日大水至日颇晴。俄惊水自西北来，奔腾砰湃，顷刻百余里，陆地丈许，舟行树杪，城圮者半，迨十三日始渐退去。庐舍田禾漂没尽，男妇婴儿、牛畜雉兔累累挂树间"②。1593 年的水患特点是积涝长久不退，江苏泗州"自七月至闰十一月水未减半"③，山东曹县"城中洼处行船，次年春，知县开城东北隅凿渠放水"④。

（2）饥荒和疫病

1593 年黄淮地区持续多雨使各地农产歉收以致饥荒。各地"田禾尽没""麦粟淹没"，或因"大雨坏麦"，或因雨"麦熟未到，尽为腐烂"，或因"大水至，麦皆漂没"而"夏无收"[5]。更由于连续的降雨使得"秋种不能播"，或"霪雨淹禾"以致"秋无禾"而引发大范围饥荒，还有"比户嗷嗷，始则食鱼虾，继则食树皮草根，后乃同类相残，饥莩满沟壑"⑤等。江苏睢宁、徐州，安徽萧县和河南新郑、商水、扶沟、许昌、襄城、项城、临颍、西平、正阳、罗山、邓县、淅川、内乡、陕县等地竟出现"人相食"，扶沟、鲁山、郏县、宝丰等地最为惨烈还出现"骨肉相食""父子相食""易子而食"[5]。至次年 1594 年春饥荒更剧，山东费县、鱼台、潍坊、掖县和安徽阜阳、亳州、颍上、太和、霍山等地也继现"人相食"[5]。此外，当年还有严重饥荒发生在旱情严

① 顺治《固始县志》卷九
② 康熙《重修颍州志》卷十九
③ 万历《帝乡纪略》卷六
④ 光绪《曹县志》卷十八
⑤ 顺治《商水县志》卷八

重的江西、湖南、浙江等地[5]（图2—3—2）。

1593年黄淮地区有局地疫疾发生，如河南新蔡等地"人民疫"①，安徽萧县"大饥，瘟疫盛行死者载道"②，江苏徐州"病疫盛行，死者充道"③、丰县"次年春瘟疫大作"④。

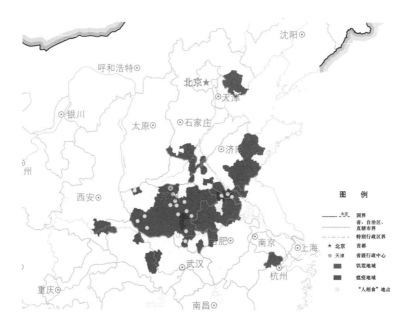

图2—3—2　1593年饥荒地域（紫色）、记载"人相食"地点（⊙）和瘟疫地域（红色）分布
（图中"人相食"地点：江苏睢宁、徐州，安徽萧县和河南新郑、商水、扶沟、许昌、襄城、项城、临颍、西平、正阳、罗山、邓县、淅川、内乡、陕县）

2.3.3　气候概况

1593年是典型的北涝南旱年份。华北入春便多雨，夏、秋华北及黄淮地区持续多雨。同时，长江以南地区却持续严重干旱。江西北部的上饶地区、抚州地区"（农历）

---

① 康熙《新蔡县志》卷七
② 顺治《萧县志》卷五
③ 顺治《徐州志》卷八
④ 顺治《新修丰县志》卷九

四月至六月不雨，田皆龟坼"[1]，万载等地"大旱复大疫，道馑相枕藉"[2]。湖南衡阳、邵阳等地大旱大饥[3]，而杭嘉湖平原更是"夏旱魃肆灾"[4]，温州等地"自六月至九月不雨"[5]。由此推断，1593年副热带高压强盛，且入夏后即长时间地停留在长江以南，造成江南广大地区的夏秋酷旱，而黄淮地区处于副热带高压北侧，正好是雨带的位置，故出现持续降雨。

1593年气温不大正常，早春、初夏和初秋皆有异常的强寒潮活动。冬末春初的2月份，西路寒潮袭击四川盆地，内江等地连降大雪7天[6]；初夏农历四月的强寒潮致使山东寿光、昌乐、安丘、昌邑、潍坊等地"大寒，民有冻死者"[7][8]；初秋冷空气强袭山东，"八月八日严霜酷杀三豆"[9]。1593年沿海地区台风活动的记载不多见。

1593年正值中国小冰期寒冷气候期中的一个相对温暖时段结束后，气候开始转寒。

图2—3—3　1593年重大干旱（橙色）、雨涝（深蓝色）地域分布

---

① 康熙《瑞昌县志》卷一
② 康熙《万载县志》卷十二
③ 康熙《衡州府志》卷二十二
④ 天启《平湖县志》卷三
⑤ 万历《温州府志》卷十八
⑥ 咸丰《内江县志》卷十四
⑦ 康熙《寿光县志》卷一
⑧ 康熙《续安丘县志》卷一
⑨ 顺治《泗水县志》卷十一

2.3.4　可能的影响因子简况

（1）太阳活动

1593 年位于 1587～1599 年的太阳活动周的下降段，是该活动周峰年 1591 年后的第 2 年，记为 M+2，该峰年的平均太阳黑子相对数估计为 70，强度为中弱（WM）。

（2）火山活动

1593 年有爪哇 Raung 火山的强烈喷发，其喷发级别为 5 级，（VEI=5），火山灰喷出量巨大，达 $10^9 m^3$。在此之前的 1592 年有五处仅为 1～2 级的火山活动，1591 年有两处级别为 3 级的喷发活动，分别是菲律宾的 Taal 火山（VEI=3↑）和 11 月 29 日日本 Asama 火山的喷发（VEI=3）。

（3）海温特征

1589～1591 年有厄尔尼诺事件发生，强度为中—强级（M/S）。1593 年是非厄尔尼诺年，位于这次厄尔尼诺事件结束之后的第 2 年。

2.4　1755～1757 年多流域大范围连年多雨

1755～1757 年（清乾隆二十年—二十二年）中国东部大范围、多流域严重雨涝。1755 年（清乾隆二十年）黄河下游、长江中下游和淮河流域持续多雨，其后 1756 年、1757 年多雨区移至海河和黄河流域，连续 2 年呈现北涝南旱这较为少见的降水分布格局，而在黄淮地区则出现连续 3 年的雨涝。这是在小冰期中相对温暖时段的气候背景下的大范围连年持续多雨事例。

2.4.1　雨情实况

1755 年黄河下游、长江中下游和淮河流域久雨。自春至夏乃至秋季，沿长江之湖北、湖南、江西、安徽、江苏各地一致呈现持续多雨的特点，春、夏季的降雨带维持在沿长江一线，如湖北江陵"霪雨三月至五月"[①]，湖南长沙"自正月至五月雨不止"[②]，

---

① 光绪《续修江陵县志》卷六十一
② 嘉庆《长沙县志》卷二十六

江西彭泽"春久雨，夏大水"[①]，安徽灵璧"霖雨自二月至于六月"[②]、无为"自正月至五月连绵雨水"[③]，江苏泰兴"自春二月雨至秋八月"[④]，上海松江"夏六月淫雨经月"[⑤]。江淮地区连续降雨日数达 40 天以上，记载如扬州、宝应"五六月连雨四十余日"[⑥]等。夏秋，多雨地带北移，河南、山东多持续强降水，如河南遂平"夏大雨十八昼夜"[⑦]、武陟"八月大雨连旬"[⑧]、山东即墨与文登"七月大风雨"[⑨]、惠民"八月风雨拔木，田禾尽淹"[⑩]。重大雨情发生地域见图 2—4—1a。上述地方志所载的异常多雨特点，在清代宫廷文档《晴雨录》中得以印证。有关苏州《晴雨录》和江宁《晴雨录》的研究[32]指出，1755 年长江下游地区夏季的雨期可划分为三段，即 5 月 1 日—6 月 6 日、6 月 22 日—8 月 4 日、8 月 12 日—31 日。由重建的 18 世纪梅雨序列[33]知，1755 年长江下游地区早梅雨始于 5 月 1 日，梅雨期为 6 月 22 日—8 月 4 日，比梅雨的平均结束日期晚 30 天，梅雨期长度为 43 天，比平均梅雨期长 23 天，居 18 世纪梅雨期长度之首。根据江宁《晴雨录》推算的 1755 年南京年降水量为 1 378 mm，是 18 世纪的最高值，且雨季（5～9 月）雨量 990 mm 和夏季（6～8 月）雨量 728 mm，皆居 18 世纪的雨季雨量和夏季雨量的第二位[32]。

1756 年大雨区位于黄河中游和黄淮地区。6 月中、下旬出现成片的大雨区，大雨中心在山西中、南部。自 7 月下旬开始山西雨区稳定维持约三四十天，和顺"阴雨二十八日"[⑪]，运城地区的雨区则持续到 11 月上旬"自七月初旬雨至九月中止，平地出泉"[⑫]，雨区中心的万荣、芮城持续大雨约四十天。8 月下旬以后，大雨区稳定在甘肃庆阳—陕西关中—山西南部—河南孟县一线，并延展至安徽北部亳县、泗县、灵璧一

---

① 乾隆《彭泽县志》卷十五
② 乾隆《灵璧县志略》卷四
③ 嘉庆《无为州志》卷三十四
④ 光绪《泰兴县志》卷末
⑤ 乾隆《华亭县志》卷十六
⑥ 嘉庆《重修扬州府志》卷七十
⑦ 乾隆《遂平县志》卷十四
⑧ 道光《武陟县志》卷十四
⑨ 乾隆《即墨县志》卷十一
⑩ 咸丰《武定府志》卷十一
⑪ 乾隆《重修和顺县志》卷七
⑫ 乾隆《解州安邑县运城志》卷十一

带[5]。甘肃庆阳"八月淫雨"①，山西曲沃"秋淫雨数十日"②，河南孟县"八月大雨连绵，黄流异涨"③（图2—4—1b）。同时期长江上中游干旱少雨，华南干旱，中国东部呈现北涝南旱格局。

1757年多雨地带位于黄河中游和淮河以北地区。春夏黄淮地区多雨，河南鄢陵"三月多雨"④，密县"夏四月大雨、五月逐次雨，越六月上旬雨盛"⑤，"归德府之夏邑、商丘、虞城、永城、考城，并陈、许两属各县五、六月间大雨连绵"⑥，通许、兰考、尉氏等地"六月至七月大雨伤禾"⑦。这期间的暴雨强度和持续时间都是少见的，如淮阳"六月大雨八昼夜，水与城平"⑧，封丘县"大雨毁城"⑨等。夏秋黄河中游多雨，如陕西澄城"秋霖三十余日"⑩，山西介休"七月淫雨"⑪，河南柘城"自夏徂秋阴雨屡月"⑫等。1757年仍呈北涝南旱格局（图2—4—1c）。

2.4.2 水患和伴生灾害

1755年大范围多雨引起严重水患以致歉收和饥荒，且伴有虫灾和局地疫病发生，1756年、1757年黄河中下游多雨又引发黄淮地区水患，加剧饥荒。各年份的灾害主要发生地域如图2—4—2所示，从中可见饥荒区往往与上一年的雨涝区对应，如1756年饥荒区与1755年的雨涝区对应，而虫灾区则与当年的多雨区相对应。

---

① 乾隆《新修庆阳府志》卷三十七
② 乾隆《新修曲沃县志》卷三十七
③ 乾隆《孟县志》卷三
④ 嘉庆《鄢陵县志》卷十二
⑤ 民国《密县志》卷十八
⑥ 民国《考城县志》卷三
⑦ 乾隆《通许县志》卷一
⑧ 道光《淮宁县志》卷十二
⑨ 民国《封丘县续志》卷一
⑩ 咸丰《澄城县志》卷五
⑪ 乾隆《介休县志》卷十
⑫ 乾隆《柘城县志》卷十

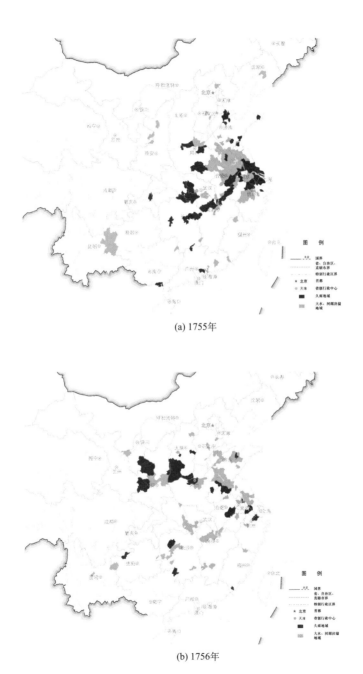

(a) 1755年

(b) 1756年

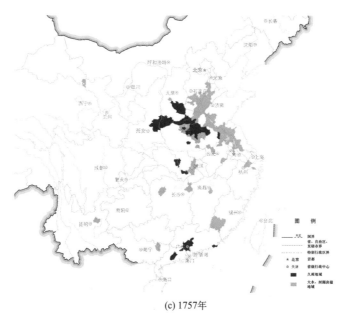

(c) 1757年

图 2—4—1   1755～1757 年逐年久雨（墨蓝色）和大水、河湖决溢（浅蓝色）地域分布

注：当同一地域有持续大雨和河湖泛滥淹没记录并存时，只显示大雨区。

（1）水患

1755 年暴雨和久雨引起各地山水暴发、河湖水涨堤溃，酿成水灾。"江南淮、徐、扬等属间有被水之处，大江以南之阳湖、江阴、靖江、金匮、溧阳等县，大江以北之江浦、六合二县及徐、淮、海三府州属均有续经被水之处"①，江苏高邮、宝应"五、六月连雨四十余日，湖河水暴涨，南关、车逻两坝水高出石脊三尺余，上下河田尽没"②，长江南京段"夏，水大发，江涨四十余日始退"③，浙江、安徽各地多见"湖塘堤溃决""没圩几尽"的记述。各地河流泛溢，如河南"沁河水溢"、济源"夏，泷水突冲堤二十余丈直走东北贯入济河，两水合流"、新安"沙水溢冲决慈涧镇，溺死居民行商无数"等[5]。有的地方久淹不退，积涝时间达半年以上，如安徽灵璧"霖雨自二月至于六月，九月以后田庐尚在水中"④。发生严重水灾的地域如图 2—4—1a 的浅蓝色区所示。

1756 年北方大雨区有严重水患，8 月下旬以后甘肃至河南的大雨带则引起黄河、渭河、洛河、泾河的暴涨和漫溢，如"渭水自渭南漫溢东下"，陕西华阴、华县"滨渭

---

① 乾隆《丰县志》卷首
② 嘉庆《高邮州志》卷十二
③ 光绪《六合县志》附录
④ 乾隆《灵璧县志略》卷四

秋禾被淹"、大荔"黄、渭、洛、金诸水俱发田禾被淹成灾"[5]，山西垣曲"黄河溢，水至南门"①、孟县"黄流异涨"②等。河北广平、冀县、青县等地受漳河、滹沱河等决溢之患。黄河下游则发生"河决徐州之孙家集，溃雨台堤，坏城郭。微山湖水深二丈三尺，泛滥六七州县"③，山东鱼台"至九月十三日堤溃入城，官署民舍俱圮"④、泗县"黄淮交漫，虹城水深三尺"⑤，苏北大运河堤决造成水灾。黄淮地区蒙受水灾最重（图2—4—1b）。

1757年华北及黄淮多雨引发多处河流泛溢为灾，尤以河南境内灾情最严重，"大河南北被淹州县凡六十有三，开（封）、归（德，今商丘）、陈（州、今淮阳）三属尤甚"⑥，鄢陵"夏大水平地水深丈余，麦禾俱坏"⑦，汲县"沁河决，城内水深数尺，田庐淹没"⑧，柘城"水漫堤流，陆地行舟"⑨。强降水还引起漳河、卫河、洺河的暴涨和决溢，致使河北、山东、苏北部分地方蒙受水患。"五月漳河溢，六月卫河溢"⑩，河北大名"漳、卫冲溢，浸城丈余许"⑪，"五月二十九日漳水决，入魏县城，室庐颓圮，城市为沼"⑫，永年"洺河决，自辛村南溃，东流入牛尾河"⑬，山东冠县"卫河决，自元城小滩镇漫入县境，城四门皆屯，秋禾淹没"⑭。由于七月"漳河暴涨，骤注卫河，馆陶、冠县猝被水灾，无从宣泄，致济宁、金乡等处既涸复淹"⑮，江苏北部徐州属邑大水、高邮等地秋水伤稼[5]。此外，还有山西介休"秋七月霪雨汾河溢"⑯，长子"夏秋多雨，平地出泉，道路成溪，车不得行"⑰，运城"姚暹渠决""八月雨溢硝

① 乾隆《垣曲县志》卷十四
② 乾隆《孟县志》卷三
③ 乾隆《济宁直隶州志》卷一
④ 乾隆《鱼台县志》卷三
⑤ 乾隆《泗州志》卷四
⑥ 民国《密县志》卷十八
⑦ 嘉庆《鄢陵县志》卷十二
⑧ 乾隆《卫辉府志》卷四
⑨ 乾隆《柘城县志》卷十
⑩ 同治《续修元城县志》卷一
⑪ 乾隆《大名县志》卷三
⑫ 乾隆《大名县志》卷二十七
⑬ 光绪《广平府志》卷三十三
⑭ 道光《冠县志》卷十
⑮ 宣统《山东通志》卷七十四
⑯ 乾隆《介休县志》卷十
⑰ 光绪《长子县志》卷十二

池，侵败盐池"[1]，盐业严重受损（图2—4—1c）。

（2）饥荒、疫病和虫害

1755年久雨、水灾、低温和虫灾造成大范围歉收，饥荒开始显现，同时伴有疫病发生（图2—4—2a）。安徽、山东、江苏各地多有"五谷不登"的记载，安徽凤阳"大水成灾八九十分"[2]，上海宝山"花、稻所收仅得十分之一"[3]。长江下游夏秋低温导致农作受损，上海附近"六月天气如冬，五谷木棉皆不熟"[4]，江苏江阴"八月寒霜早降，禾苗尽枯"[5]。饥荒也随之发生，"田地无收，大江南北七十二县悉告灾"[6]，上海"禾棉俱无，饿殍塞道"[7]，浙江海盐县"大饥，升米十二文，斤肉十八文，而饿殍甚多"[8]。此时又间有局地疫病伴饥荒发生，如江苏丰县"兼大疫时行"[9]，靖江"麦尽死，禾豆不登，斗米三百余钱，贫民始食糠秕，继食草根树皮石粉，病疫者甚众"[10]。长江下游多雨区还多有虫灾发生，史籍中多有上海、江苏、浙江、安徽各地"虫灾大起，禾尽死"的记载，如上海松江"秋蝗生"，江苏无锡"八月虫伤禾尽槁"、太仓"虫败禾稼几尽"，溧水、句容等地螟虫为害，嘉定"黑虫蔽天啮禾根尽死"、常熟"八月稻螽生"等。还有认为这虫灾与阴雨气象条件有关，且指出相似的虫害曾在1627年和1901年发生过[5]。歉收引起粮价上升，如安徽灵璧"入秋谷价腾贵，麦豆一石需银三两有奇"[11]，上海崇明"石米值银四五两"。政府采取一些赈济措施，如上海一带"饿殍载道，按户发赈，民赖以全"，杭州"借常平仓谷一万一千石零，兼米粜济"等[5]。

1756年继上年大水灾之后，江、淮地区饥荒十分严重。河南杞县、息县、正阳大饥，江苏淮安"春令极荒，米一升至三十文，人相掠夺"[12]。连一向富庶的苏州府也"米价腾贵，草根树皮争啖无遗，饥死者甚多"[13]，吴江"有往山中取嫩石，以水磨碁作为

---

① 乾隆《解州安邑县运城志》卷十一
② 乾隆《凤阳县志》卷十五
③ 宣统《彭浦里志》卷八
④ 乾隆《华亭县志》卷十六
⑤ 道光《江阴县志》卷八
⑥ 乾隆《番禺县志》卷十五
⑦ 嘉庆《二续淞南志》卷上
⑧ 咸丰《当湖外志》
⑨ 光绪《丰县志》卷十六
⑩ 光绪《靖江县志》卷八
⑪ 乾隆《灵璧县志略》卷四
⑫ 道光《信今录》卷五
⑬ 嘉庆《贞丰拟乘》卷下

饼食，名之曰观音粉"[1]。浙江嘉善"三月米价三千，民间食尽，以榆皮山泥充腹"[2]。1756 年疫病大流行，疫区遍及江苏、安徽、浙江。江苏沛县"有青蝇结阵如密雨过，大疫随之，邑人多死"[3]、高邮"自二月至六月死者无算"[4]，安徽宿县、庐江、凤阳、怀远等地春大疫，浙江嘉兴地区"夏五月疫疠作"[5]。疫区中心的泰兴等地"比户无免者"[6]（图2—4—2b）。至于疫疾流行是否与雨涝有关联的问题尚未见专门研讨，有的认为与饥荒有关，称吴江"秋夏之交，疫疠遍乡邑，死者枕藉于路，然亦饥寒所致矣"[7]。

　　1757 年黄河中下游水灾波及之处饥荒加剧、"难民多徙"（图 2—4—2c）。各地采取了一些救灾措施，如山西汾阳"滨汾居民照例缓征"，河南兰考"奉文动用仓谷赈济"、杞县"冬大饥，民间鬻子女者甚众。发粟赈济"、长垣"蠲免钱粮有差"、夏邑"大饥，浚响河以工代赈"、柘城"奉诏普赈，用谷六万八百余石，煮粥散给贫民"。又如江苏"正月加赈清河等十九州县水灾，二月免清河等十二州县水灾额赋，八月免两淮灶户水灾积欠。十一月赈清河等二十一州县卫水灾""赈海州、沭阳饥民有差，免旧欠，借给籽种口粮"等[5]。此外，1757 年疫病和虫灾大为减少，仅有零星发生（图 2—4—2c）。

(a) 1755年

---

　① 道光《分湖小识》卷六
　② 嘉庆《重修嘉善县志》卷二十
　③ 民国《沛县志》卷二
　④ 道光《淮宁县志》卷十二
　⑤ 嘉庆《重修嘉善县志》卷二十
　⑥ 光绪《泰兴县志》卷末
　⑦ 道光《分湖小识》卷六

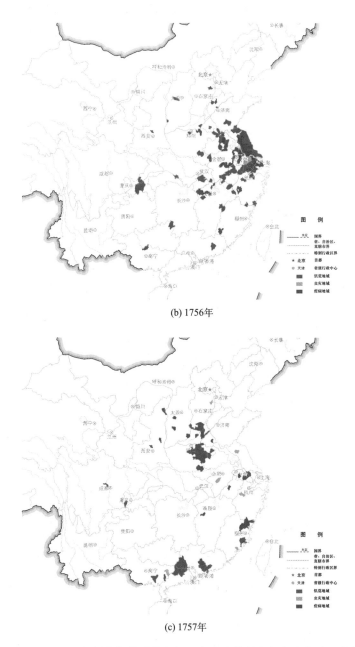

(b) 1756年

(c) 1757年

图 2—4—2　1755～1757 年逐年饥荒（紫色）、虫灾（草绿色）和疫病（红色）地域分布

注：当同一地域有多种记录并存时，只见疫病显示。

2.4.3　气候概况

1755～1757 年中国东部持续大范围雨涝。继 1755 年大范围、多流域雨涝之后，1756 年、1757 年连续两年呈北涝南旱的格局。这出现在小冰期相对温暖阶段的年份却有气温异常表现，其中 1755 年是罕见的低温年份，夏秋低温、冬季寒冷；1757 年秋季低温有早霜为害。各年的气候概况如下：

1755 年中国东部地区的雨带在其季节性移动过程中在长江和黄河中下游以及淮河流域停滞时间过长，且多暴雨和连续大雨，江淮地区连续雨日 40 余天，长江流域梅雨异常，有早梅雨且梅雨期长[33]。当年西北干旱，华南春、秋季皆有旱情。1755 年又是异常的低温年份，出现罕见的夏秋低温和冬季寒冷，上海一带"六月天气如冬"①，安徽望江、贵池等沿长江地带"七月大寒可服裘"②。8 月 21 日（七月十四日）的强冷锋面过境引起山西长治等地急剧降温，甘肃合水、山西岢岚、河北涞源等地农历七月即出现早霜[5]，这比现代最早初霜日期（9 月 15 日）提前 1 个月左右。秋季冷空气活跃，江苏江阴农历"八月寒霜早降"③，比现代最早初霜日期（10 月 20 日）约提前 1 个月，由此表明秋季的低温。冬季寒冷，苏皖沿长江一带隆冬十二月初十日出现大雪、冰冻和冻雨（参见本书第 5 章第 5 节）。1755 年的台风活动不多，但 8 月 21 日、22 日（七月十四日、十五日）上海和苏北东台、阜宁等地发生风潮暴涌，风雨区北至山东即墨[5]，这显然是近海台风加遇天文大潮的综合影响。值得注意的是，1755 年雨期长、气温低的气候特点和另外两例极端多雨年份 1823 年、1954 年极为相似（参见本章第 6 节），1954 年长江中下游及其以南的广大地区雨季开始早、梅雨期长达 50 天、梅雨量为常年的 3 倍，长江中下游和华南秋季冷空气活跃，9～10 月遍遭"寒露风"侵袭[24]。

1756 年黄河流域多雨、长江流域少雨、华南干旱，呈典型的但较为少见的北涝南旱降水分布型。南方各地有些局地的季节性干旱，如春旱夏涝或夏旱秋涝等。1756 年气温无重大异常、台风活动少。

1757 年继续维持北涝南旱的降水分布格局，主要干旱区在福建、广东、湖南、广

---

① 乾隆《华亭县志》卷十六
② 乾隆《望江县志》卷三
③ 道光《江阴县志》卷八

西一带。不过夏秋的台风给广东带来暴雨降水，旱情一度得以缓解。1757年秋季冷空气活动早，各地多有早霜为害。上海"早霜害稼，木棉凋落殆尽"[①]，农历八月陕北佳县、神木县即出现严重霜冻，云南宣威"八月飞霜"[②]，连少见霜冻的广东惠阳也于农历"九月陨霜杀粟"[③]，足见当年秋季之低温。影响广东的台风有三次：发生在 7 月16 日（六月初一）、8 月 30 日（七月十六日）和农历九月[5]。

　　1755～1757 年雨涝事件值得注意的特点是：在 1755 年中国东部地区大范围持续雨涝之后，又连续 2 年呈现北涝南旱的降水分布格局。而"北涝南旱"是中国降水分布格局的六种类型中出现次数最少的一种[2]，连续 2 年出现的则更为少见。笔者曾将"北涝南旱"年份列为中国的"北方多雨年"，指出这种多雨年具有阶段性集中出现的特点[31]，过去 500 多年间有六个长约 20～40 年的"北方多雨年"频繁时段，其中 1724～1761 年为第三个频繁时段，1755～1757 年即位于其中。换言之，1755～1757 年正处于近 500 年间的中国北方持续多雨阶段内。

　　1755～1757 年正值小冰期的相对温暖阶段[13][22]。

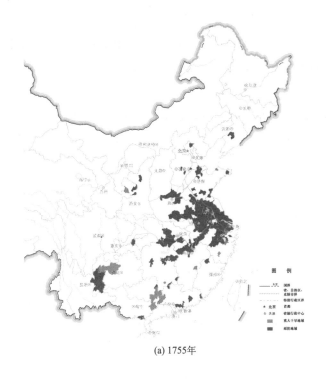

(a) 1755年

① 光绪《宝山县志》
② 道光《云南通志稿》卷四
③ 乾隆《归善县志》卷二

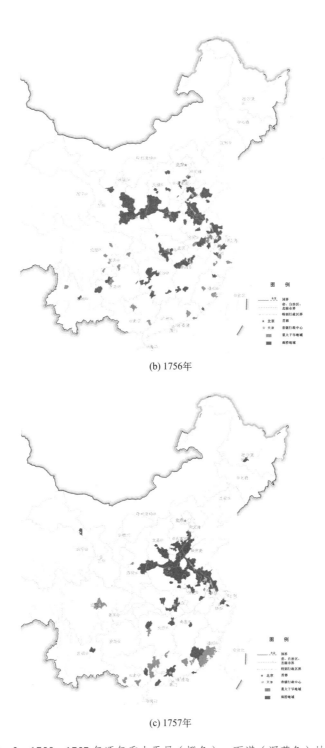

(b) 1756年

(c) 1757年

图 2—4—3 1755～1757 年逐年重大干旱（橙色）、雨涝（深蓝色）地域分布

2.4.4 可能的影响因子简况

（1）太阳活动

1755～1757 年位于太阳活动周第 1 周（1755～1766 年）内，该周的太阳活动峰年是 1761 年，太阳黑子相对数 85.9，强度为中等（M）。1755 年是活动周的极小年，记为 m，1756 和 1757 年分别是极小年之后 1 年、2 年，记为 m+1、m+2。有意思的是有另外 2 例极端多雨年——1823 年和 1954 年与 1755 年相似，也同样位于太阳活动周的极小年（m）。

（2）火山活动

1755 年雨涝事件的前一年（1754 年）有重大火山活动，11 月 28 日菲律宾 Taal 火山强喷发，级别为 4 级（VEI=4），及其之前 5 月 15 日的 3 级喷发，但这两次火山喷发物的体量都很大，达 10^8 m³。此外还有些喷发级别为 2 级的活动（VEI=2），如日本、意大利和哥伦比亚等地。1755 年有中等以上规模的火山活动，3 月 9 日意大利 Etna 火山爆发，喷发级别为 3 级（VEI=3），10 月 17 日冰岛 Katla 等火山强烈爆发，喷发级别为 4 级（VEI=4），持续时间达 119 天，且其火山喷发物体量很大，达 10^8 m³。至于这些火山喷发活动与 1755 年中国的大范围多雨以及夏秋低温的发生是否有关系尚不清楚。1756 年和 1757 年全球皆无重大火山喷发活动。

（3）海温特征

由厄尔尼诺事件历史年表[17]知，1755～1756 年有中等强度（M+）的厄尔尼诺事件发生，1755 年和 1756 年正是厄尔尼诺年，对应于赤道中、东太平洋高海温。这海温特点和异常多雨的 1823 年和 1954 年不同，后两例都是位于两次厄尔尼诺事件之间的"非厄尔尼诺年"：1823 年处于 1821 年和 1824 年两次中等强度厄尔尼诺事件之间，1954 年处于中等强度厄尔尼诺事件（1953 年，M+级）之后和强厄尔尼诺事件（1957～1958 年，S 级）之前，也是"非厄尔尼诺年"。而 1757 年则是厄尔尼诺事件结束后的第 1 个非厄尔尼诺年，对应于赤道中东太平洋海温开始下降的情形。

2.5　1794年全国大范围持续多雨

1794年（清乾隆五十九年）海河、黄河、淮河、长江、珠江诸流域皆持续多雨。雨带在其季节性北移和南退过程中，先后在华南、华北和长江流域停留时间过长，造成6月华南久雨，7～8月华北、东北久雨和9月长江流域久雨。这是出现在小冰期相对温暖阶段结束后开始转寒时的大范围多雨事例。

2.5.1　雨情实况

1794年夏初时节，雨带在云南、贵州、湘南、广西、广东一带长久滞留，6月中下旬连续大雨、暴雨十多天。云南"五月滇垣阴雨兼旬"[①]，湖南道县"五月十三日大雨，水骤涨平地深丈余"[②]，广西桂林府"五月十八至二十七日（6月15日—24日）大雨，水暴涨"[③]，广东鹤山、高明、顺德等地"五月狂雨三日水潦大涨，基堤尽溃"[④]，雨势极强。这显然是昆明静止锋、华南静止锋的表现。

盛夏时，雨带快速北移到华北并长时停留，连续降雨四十多天。7～8月华北持续多雨，雨区笼罩北京、天津、河北和山西、河南、山东的部分地区，各地多见有"夏六月大雨匝月"和"夏霪雨四十余日"的记述，且降水强度大，多有记为"大霖雨"。山西"代州及所属之五台、繁峙等县自六月二十三、四，至七月初七、八等日（7月19日—8月3日）大雨连绵，山水陡发"[⑤]，河南郏县"六月大雨旬余，平地水深数尺"[⑥]，北京主要的强降水过程历时10天，"六月自十七、八，至二十五、六日（7月13日—22日）连日俱有大雨，势甚倾注，道路俱经水漫"[⑦]（图2—5—1）。对清代北京《晴雨录》的复原研究表明，北京7月份雨日达21天，雨时126小时。笔者曾推算北京7

---

① 嘉庆《滇系》事略
② 光绪《道州志》卷十二
③ 嘉庆《临桂县志》卷一
④ 光绪《高明县志》卷十五
⑤ 光绪《山西通志》卷八十二
⑥ 同治《郏县志》卷十
⑦ 同治《畿辅通志》卷三

月份降水量为 426 mm，比多年平均值 212 mm 多出一倍，7 月 13 日—22 日这 10 天的过程降水量为 330 mm[34]。盛夏东北地区多雨，如"齐齐哈尔大雨，嫩江暴涨入城，负廓数十里非舟不行，田庐淹没无算"[①]。此时长江中游和华南也多雨，湖北五峰"六月大雨连旬不止"[②]，广西宾阳"六月霖雨为灾"[③]、上林"自六月十七日（7 月 13 日）连夜大雨"[④]，珠江三角洲"五月、六月霖雨不辍"[⑤]"六月、七月雨水连绵"[⑥]。

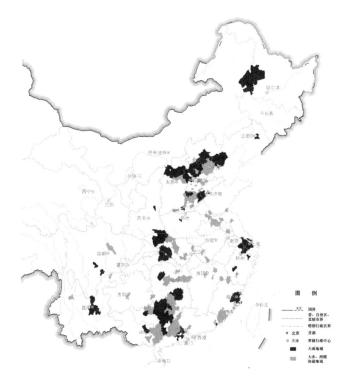

图 2—5—1　1794 年大雨（墨蓝色）和大水、河湖决溢（浅蓝色）地域分布

注：当同一地域有持续大雨和河湖泛滥淹没记录并存时，只见大雨显示。

夏末秋初，雨带季节性南退至长江中、下游停留时间较长，且多强降水过程。如湖北五峰"七月雨连旬不止"[⑦]，湖南常宁"七月下旬（8 月 16 日—24 日）大雨如注，

---

① 嘉庆《黑龙江外记》卷五
② 咸丰《长乐县志》卷十四
③ 道光《宾州志》卷三十三
④ 光绪《上林县志》卷一
⑤ 道光《新会县志》卷十四
⑥ 道光《开平县志》卷八
⑦ 咸丰《长乐县志》卷十四

连旬不休"①，苏州"七月七日大风雨，木拔瓦飞。八月连雨二十日"②，上海"八月十八日（9月11日）大雨十昼夜"③，浙江平湖"秋八月霖雨经旬"④。查苏州《晴雨录》和南京《晴雨录》记录，苏、宁二地9月11日—21日连续降雨11天。同期，华南也多雨，广西梧州"秋七月望（8月10日）淫雨弥旬"⑤，福建连降大雨"八月初八日至十五日（9月1日—15日）大雨水，田禾被湮"⑥。

2.5.2 水患和伴生灾害

（1）水患

1794年南、北方各地先后发生大范围水灾。

初夏（6月）两广和西南地区各地大雨引发水患。广西梧州大水淹城⑦，广东高明"狂雨基堤尽溃"⑧，珠江三角洲之番禺、南海、顺德、四会等地桑园围溃决口，四川、贵州多地大水[5]。

盛夏华北地区因久雨引发多处河流决溢，计有滹沱河、唐河、滦水、漳水、滏阳河、沁河、洛水等。山西五台、繁峙等县"山水陡发，多有冲塌房屋、淹刷地亩、损伤人口"⑨，河北正定"滹沱水溢逼城漂没房屋"⑩、涉县"六月二十四日漳水泛溢入南关毁民居，城几不保。沿河地多漂没"⑪、永年"洺水溢决西堤，滏水溢决南堤，水盈郭内，四关楼屋俱坏，浸城三分之二"⑫、邯郸"旧时所筑之堤被冲决，北门被淹淤"⑬、馆陶"卫河决口"⑭、磁县"漳滏两河俱溢，城不没者三版"⑮，河南济源"六月沁水

---

① 嘉庆《常宁县志》卷三十
② 道光《璜泾志稿》卷七
③ 嘉庆《上海县志》卷十九
④ 嘉庆《平湖县续志》卷三
⑤ 同治《苍梧县志》卷十七
⑥ 嘉庆《连江县志》卷十
⑦ 同治《苍梧县志》卷十七
⑧ 光绪《高明县志》卷十五
⑨ 光绪《山西通志》卷八十二
⑩ 光绪《正定县志》卷八
⑪ 嘉庆《涉县志》卷七
⑫ 光绪《永年县志》卷十九
⑬ 光绪《邯郸县志》卷七
⑭ 民国《续修馆陶县志》
⑮ 同治《磁州续志》卷五

暴溢，河北田禾灾"[1]、安阳"漳水南泛塞陵，下游水无所泄，湮没良田千余顷"[2]。

夏末秋初持续大雨的长江中下游和江南地区多遭堤溃淹没、大水入城之害。湖北钟祥"秋八月汉江溢，南门、西门内水深丈余行舟入城，西南一望浩若海涛。潘家桥数处同溃，堤内水灌顶而至，漂溺尤惨"[3]，湖南安化"七月二十一日伊溪大水入城数尺"[4]、永州"大水城中深丈余，县治皆淹，沿河民居市店多被冲塌，近河乡村水俱浸溢"[5]，福建漳州等地因台风暴雨以致"大水积至半月不退"[6]。各地蒙受洪水灾害的地域如图 2—5—2 所示。

图 2—5—2　1794 年水灾地域（浅蓝色）和大水淹城记录地点（▪）

（图中大水淹城地点：河北正定、井陉、任丘、涉县、永年、邯郸，齐齐哈尔，湖北钟祥，湖南安化、永州、临武，福建漳州，广东澄海、高明，广西全州、灌阳、梧州）

---

① 嘉庆《续济源县志》卷二
② 民国《续安阳县志》卷三
③ 同治《汉川县志》卷十四
④ 嘉庆《安化县志》卷十八
⑤ 嘉庆《零陵县志》卷十六
⑥ 光绪增补乾隆《龙溪县志》

（2）饥荒、虫灾和疫病

1794 年华北、长江中下游和华南连续强降雨及引发的水患造成禾稼伤损、农作歉收以致饥荒，但政府有赈济措施，如河北深泽等地"奉文赈恤"、通州等 33 州"蒙加倍赈恤"，河南济源"本年漕粮、五十七、八两年积欠奉旨缓征"，广东肇庆府"赐恤缓征"等[5]，在一定程度上减缓了饥荒灾情。当然，有些地方的饥荒是由局地的干旱所致，如山东等地的或为风灾所致。

1794 年有虫灾散见于各地，北方有山西介休、交城等地"蚜蚄食禾"，陕西大荔等地"麦禾被虫"，南方多为螟虫成灾，这或与多雨有关系，上海崇明"阴雨兼旬有虫伤稻"①、江苏苏州"积雨连绵，低洼处所稻苗生有黑虫"②、江都"初穗顿槁折，折之有虫，黔首诰躯"③，江西定南、广东北部的和平、兴宁等地夏或秋皆有"螟为害"的记载[5]。

1794 年仅有些小范围的局地疫情，见于上海嘉定、浙江北部象山等地。古籍所载的饥荒、虫灾和疫病发生地域如图 2—5—3 所示。

图 2—5—3　1794 年饥荒（紫色）、虫灾（草绿色）和疫病（红色）地域分布

注：当同一地域有多种记录并存时，只以疫病显示。

---

① 光绪《崇明县志》卷五
② 光绪《太仓直隶州志》卷十九
③ 光绪五年《吴江县续志》卷三十八

2.5.3　气候概况

　　1794年大范围持续多雨。春季南北方皆有干旱发生，如华北地区"保定八十三州县旱"、珠江三角洲"春三月旱"等，不过这些地方夏秋却多雨，即先旱后涝。初夏，华南静止锋长时间维持，以致华南、西南多雨。随后，雨带在长江流域未停留太久即快速北移至华北，以致长江下游的梅雨仅略为偏早，而梅雨期长度接近常年[33]。盛夏时华北地区连续降雨，雨势强度大。夏末当雨带季节性移动南返至长江中下游时停留过久，以致南方再度多雨。该年的旱涝分布呈全国大范围多雨的格局（图2—5—4）。

图2—5—4　1794年干旱（橙色）、雨涝（深蓝色）地域分布

　　1794年气温有异常。入秋后冷空气活跃且势力强盛，如江苏吴江"七月壬寅（8月17日）寒甚，一日更裘葛焉"[1]和浙江湖州等地的七月大风"寒如冬"[2]，可见是一次强冷空气活动。秋季的持续降雨带来低温，湖北房县"秋淋寒甚"[3]。当年秋霜早至，

① 光绪五年《吴江县续志》卷三十八
② 同治《长兴县志》卷九
③ 同治《房县志》卷六

江西定南"九月陨霜，谷不实"[①]，粤北和平等地也见"秋霜"记载。然而初冬在华东有些地方却异常温暖，浙江海宁"冬暖，十月间桃李梅皆着华成实"[②]。

1794年的气候特点与现代多雨的1954年多有相似，1954年秋季长江中下游及华南地区曾先后出现寒露风天气[24]。

2.5.4　可能的影响因子简况

（1）太阳活动

1794年位于太阳活动周第4周（1784～1798年），是极小年之前4年，记为m-3，而极小年1798年的年平均太阳黑子相对数仅4.1，是1743年以来的最低值。该活动周峰年1788年平均太阳黑子相对数达130.9，强度为强（S）。

（2）火山活动

在1794年多雨事件之前火山活动较多，1793年有多次重大火山喷发的记录，其中1793年2月的千岛群岛Alaid火山的喷发，喷发级别为4级（VEI=4+），还有3月2日墨西哥San Matin火山的喷发，喷发级别为4级（VEI=4），且其喷发物的体量很大，达10^8 m^3，这表明其火山尘喷发能突破对流层顶进入平流层，可形成环球的火山尘幕并维持较长时间。1794年正是这些强火山爆发的次年，所以这火山尘幕的影响值得关注。而1794年当年约有10处火山喷发活动的记录，其中6月16日意大利Vesuviu火山的喷发，喷发级别虽为3级（VEI=3），但其喷发物体量很大，也达10^8 m^3，其余9处火山活动则规模更小。

（3）海温特征

1794年位于两次强厄尔尼诺事件之间。其前一次厄尔尼诺事件发生于1791年，强度为极强，而后一次厄尔尼诺事件发生于1803～1804年，是强厄尔尼诺事件，这两次强厄尔尼诺事件之间相隔长达12年之久。所以1794年既可视为1791年极强的厄尔尼诺事件之后的第3年，亦可视为另一次强厄尔尼诺事件的前10年，无论怎样看都可以推断1794年赤道中、东太平洋海水温度应当处于正在变冷的位相。

1794年和现代大范围多雨的1963年在太阳活动、火山活动、赤道东太平洋海温特征等方面多有相似之处。1963年位于第19太阳活动周极小年的前1年，记为m-1；

---

① 同治《定南厅志》卷六
② 清·管庭芬《海昌丛载》卷四

该年的火山活动甚多，有印尼 Agung 火山 3 月 17 日、5 月 16 日的大喷发（VEI=4 、VEI=3），其喷出的火山灰体积皆达 $10^8\ m^3$，还有堪察加 Kliuchevskoi 火山 3 月的爆发和 Karymsky 火山 5 月的爆发（VEI=3），其喷出的火山灰体积也分别达 $10^6\ m^3$、$10^7\ m^3$，至于其前 1 年 1962 年也有多次中一大等规模的火山活动，如日本 Tokachi 火山 6 月的喷发和堪察加 Karymsky 火山 10 月的喷发（VEI=3）等，它们喷出的火山灰体积皆达 $10^7\ m^3$。1963 年同样也是非厄尔尼诺年，它介于 1958 年（S 级）和 1965 年（M+级）两个厄尔尼诺年之间，其赤道东太平洋的海温应当是相对较冷的情形。

2.6　1823 年全国大范围持续多雨

1823 年（清道光三年）中国东部大范围持续多雨，海河、黄河、长江、珠江诸流域严重雨涝。这是出现在小冰期寒冷气候背景下的极端雨涝事件。该年的天气气候特点与现代大范围持续多雨的 1954 年极为相似。

2.6.1　雨情实况

1823 年中国东部地区大范围持续多雨，华北夏季雨期长、多大雨，长江中下游自春至秋持续多雨，梅雨期长、雨量多，华南夏秋多雨。

华北夏季多雨。北京、天津、河北各地夏季持续大雨，河北东部和中部雨期较长，如卢龙、新城等地皆"霪雨四十余日"[①②]，河北南部雨期稍短，如内丘"自五月二十七日起至六月二十七日（7 月 5 日—8 月 3 日）大雨三十日"[③]，河南林县"六月大雨如注一连数日"[④]。华北的持续降雨区还包括河南北部，那里的降雨延续更久，在 8 月 10 日之后还有暴雨，如武陟"七月初四、五等日又复大雨滂沱，连宵达旦"[⑤]。由清代宫廷文档北京《晴雨录》判读：北京 1823 年的主要雨期是 6 月 4 日至 8 月 24 日。对北京《晴雨录》的逐月雨量推算和雨日的研究[34]指出，该年 6~8 月降水量 633 mm，

---

① 光绪《永平府志》卷三十一
② 道光《新城县志》卷十五
③ 道光《内丘县志》卷三
④ 咸丰《续林县志》卷一
⑤ 道光《武陟县志》卷十四

这比多年平均值（1724～2000 年）447 mm 高出 186 mm，比现代平均值（1971～2000 年）423 mm 高出 210 mm；6～8 月雨日达 53 天，比现代平均值（1971～2000 年）35.3 天多 17.7 天；6～8 月降雨时数 356 小时，比清代记录（1724～1903 年）的平均值 225.5 小时更多 131 余小时。

　　长江流域自春至秋接连多雨，宫廷奏折档案皆存有详细的记述。上海附近地区"春二月苦雨至夏五月始略止，七月又苦雨，禾稼尽淹，九月亦如之"[①]。初夏云南等地"自五月中旬以来雨水较多"[35]。湖北"多淫雨"[②]、黄梅"五月廿五至廿八日（7 月 3 日—6 日）大雨时行"[35]。长江下游地区"夏四月阴雨至八月止，晴止数日"[③]。杭、嘉、湖三府"自七月至八月初旬叠次大雨"[35]，杭州"八月初四至初八、九等日（9 月 8 日—13 日）阴雨连绵竟夕不休"[35]。综合各地的历史记载[5]推知，长江中下游的降雨有两个集中时段：第一时段为 4 月 5 日—7 月 6 日，多记有"大雨如注"，大雨集中发生在 5 月 21 日—6 月 28 日，其大雨日有 4 月 5 日、6 月 24 日—27 日、6 月 29 日—30 日等。江苏靖江—南通一线以南、浙江北部、安徽沿长江地区皆在同一雨区内，大雨时段大致相近，如安徽旌德"四月中旬至五月二十日大雨如注日夜不绝，七月复大雨"[④]。偏西地点的大雨时段稍有推迟，其大雨集中在 6 月 16 日—7 月 4 日，如江西波阳"自五月初八日雨至二十六日止"[⑤]。不过杭嘉湖地区在 7 月 10 日—8 月 2 日仍有"阵雨时作或连日不休"[35]；第二降雨时段为 8 月 7 日—9 月 13 日（七月初二至八月初五），其间有台风带来的多次暴雨，如嘉兴"七月初二日（8 月 7 日）夜飓风大作，暴雨如注、平地水深数尺"[⑥]，随即暴风雨北移肆虐江苏之吴江、吴县、靖江、泰县等地。随后又有多次台风暴雨，南通"七月初八日（8 月 13 日）飓风大作，花、稻俱伤，又于二十六日大雨连昼夜六日"[⑦]，吴江"七月甲戌（8 月 13 日）又大风雨，水骤涨二尺余，圩岸尽圮"[⑧]，余姚"初八日大雨，平地高数尺"[⑨]，嘉善"七月初九（8 月 14 日）

---

① 光绪《南汇县志》卷二十二
② 同治《大冶县志》卷八
③ 道光《寒圩小志》
④ 道光《旌德县志》卷十
⑤ 道光《鄱阳县志》卷二十七
⑥ 咸丰《新塍琐志》卷二
⑦ 同治《两淮通州金沙场志》
⑧ 光绪《黎里续志》卷十二
⑨ 民国《余姚六仓志》卷十九

大风雨，水骤涨较五月增尺余"①，平湖"七月二十九日（9月3日）大风海啸"②等，这些都表明第二个降水时段的雨量更大。南北各地的降雨集中时段随季节推移。图2—6—1列示南北方八个地点的集中降雨时段，从中可见各地降雨时段的开始和结束时间由南向北的递次推迟，显示中国雨带由春到夏的季节性向北移动的特点，可见7月初长江下游地区降雨停歇时，恰好是华北降雨时段开始，即雨带在7月初的快速北移，这正是当年雨带由长江下游迅速北跃至黄河以北的特点。

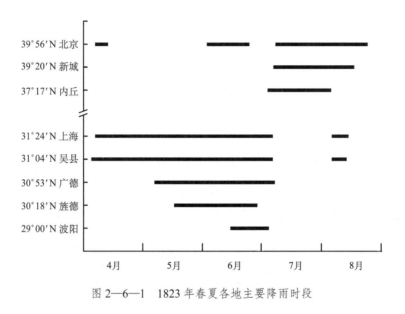

图2—6—1　1823年春夏各地主要降雨时段

　　华南各地夏秋多雨。广东多有夏秋多雨的记载，如广宁"夏四月至秋七月连雨"③，高要、郁南"夏五月至秋七月大雨水"④等。福建政和"五月大雨"、罗源等地"八月淫雨"⑤。而海南省的多雨特点并不明显，仅记有万宁"秋八月雨颇透地，九月风雨淋漓"⑥。

　　该年夏—秋季出现持续多雨和大水、河湖决溢的地域如图2—6—2中所示。

---

① 光绪《重修嘉善县志》卷三十四
② 光绪《平湖县志》卷二十五
③ 道光《广宁县志》卷十七
④ 道光《高要县志》卷十
⑤ 道光《新修罗源县志》卷二十九
⑥ 道光《万州志》卷七

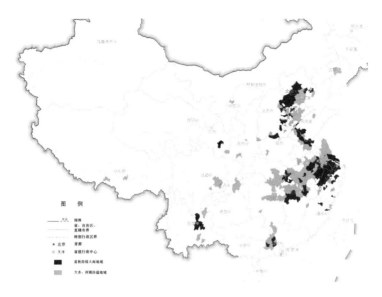

图 2—6—2　1823 年夏—秋季持续大雨（墨蓝色）和大水、河湖决溢（浅蓝色）地域分布

2.6.2　水患和伴生灾害

（1）水患

1823 年久雨和雨量过多引起海河、黄河、长江和珠江干流、支流水位急速上涨或决溢，以致漂屋害稼、沙压田亩等灾害多多发生。夏—秋季，华北发生决溢的河流计有滹沱河、滨河、浑河、漳河、滦河、卫河、大清河、子牙河、永定河等，"直隶百余州县皆成巨浸"[①]，天津"田禾尽没，南城外行舟"[②]，河北迁安"大水入城"[③]，河南境内沁河漫溢。长江中游湖北和湖南大水、堤溃、河溢，淹没农田庐舍甚多；长江下游各地大雨水涨、圩岸圮毁、低地淹没成灾，扬州、靖江等地 6 月 11 日（五月十五日）后的大雨又遇江潮涨溢，加剧水患的危害。江苏被水灾二十三州县[④]，安徽被水灾有铜陵等三十八州县[⑤]，江西仅夏五月即有南昌等十三县罹水灾[⑥]。该年遭受涝灾的地域如图 2—6—3（浅蓝）所示。

①　清·梁章钜《归田琐记》
②　清·赫福森《津门闻见录》
③　同治《迁安县志》卷九
④　光绪《周庄镇志》卷六
⑤　道光《安徽通志》卷六
⑥　同治《南昌府志》卷六十五

　　1823 年雨涝的一个特点是积水长久不退，这加剧了水患之危害。华北平原因土地长时浸泡以致唐县、元氏县等地"平地生泉，水流皆月余"①。长江下游积水时间超过其他历史水灾记录，如安徽南部"水发最早，水退最迟，低洼者冬九、十月尚有积水"②；松江府"水溢不退计四月余"③，青浦县"水大于嘉庆九年（1804 年）三尺，而退更迟"④，江苏太仓"至初冬四乡犹巨浸，农不得耕"⑤，吴江县等地记有"乾隆三十四年（1769 年）、嘉庆九年（1804 年）皆被水患旋即退减，未有积水至五十日久如今日者"⑥，吴县"浸霪汩没越九旬"⑦；浙江嘉兴府"潦水骤涨泛溢，堤岸低处田庐尽没数月不退，禾苗三次被淹"。直到"八月间江苏开刘家河泄水，九月始渐消去"⑧，安徽宿松县"大水经冬始退"⑨，江西余干县也"禾稼淹没殆尽，水浸月余"⑩。

　　值得注意的是 1823 年的水患灾情因为其上一年（1822 年）已罹水灾而加重。1822 年夏秋河北和黄河中下游地区即已多雨酿成大范围水灾，1822 年河北"大雨时行、田禾被淹，被水者八十州县之多"⑪，连绵大雨也引起河南沁河决、各地川渠尽溢[5]。

　　（2）饥荒

　　1823 年久雨和水灾致农作物歉收，出现饥荒。华北各地多有诸如淫雨害稼、禾稼荡尽，以及米价增倍、斗米千钱、民扫草实为食之类的记载。长江下游夏季久雨、寡日照和气温偏低，此时正值水稻和棉花的生长期，故而减产甚至失收，上海地区"禾豆、木棉、瓜果皆不熟"⑫，更有棉花"尽偃于泥淖"而失收。江、浙各地多见早禾歉收、秋谷大半无收、木棉尽坏、禾稼不实、民多饥死的记载，有称江苏、浙江的水灾为"百年未有之灾也"⑬。

　　对如此大范围雨涝饥荒，中央和地方政府采取了一系列的赈灾措施，文档记述十

---

① 光绪《唐县志》卷十一
② 道光《繁昌县志》卷八
③ 道光《寒圩小志》
④ 道光《金泽小志》
⑤ 咸丰《壬癸志稿》卷一
⑥ 光绪《吴江县续志》卷三十八
⑦ 道光《元和唯亭志》卷二
⑧ 道光《梅里志》卷七
⑨ 道光《宿松县志》卷二十八
⑩ 同治《余干县志》卷二十
⑪ 同治《畿辅通志》卷五
⑫ 道光《寒圩小志》
⑬ 光绪《周庄镇志》卷六

分丰富。仅下半年的即可举例如：六月"上谕（安徽）铜陵、无为、繁昌、芜湖、当涂等五州县，因本年雨水过多，著加恩将被水军民一体给予抚恤"；七月"降旨令（北京）于五城分设厂座，发给仓贮米五万石平价粜卖，下诏各地给予赈济或减免田赋"和"给江苏太仓等十七厅州县水灾一月口粮"；八月嘉兴府"奉恩旨地丁漕米分别蠲缓，发帑赈给农民三月口粮"和奉上谕"安徽省滨江各州县被水较重，米价渐昂，前赴四川、湖广、江西等省采作购买米十万石，分运灾区减价平粜"；九月圣谕"免直隶通州二十七州县水灾额赋。赈直隶通州等四十州县、山东临清等五州县水灾，加赈江西德化县、湖北黄梅县、河南武陟等五县水灾，给江苏仪征等四县、湖北江陵等三县水灾口粮，蠲缓山东临清等十六州县卫、直隶蓟州五十州县水灾新旧额赋，河南武陟县、湖北黄梅县水灾额赋及屯坐各卫应征新旧额赋并给修屋费"；十月奉上谕"本年安徽省夏雨连旬，江潮涨发，其无为等三十二州县并屯坐各卫被淹，盱眙等六州县高田被旱低田被淹，经该抚查勘，加恩将被水被旱成灾六、七、八、九之分之无为、铜陵、当涂、宣城、南陵、芜湖、繁昌、望江、桐城、和州、怀宁、宿松、贵池、青阳、东流、庐江、巢县、含山、全椒等十九州县，及屯坐各卫灾民灾军均按成灾分数照例分别给赈"，河北任丘县"自十月至十二月共赈米二万七千二百三十九石，银六万一千五百七十二两"，等等。此外，各地方政府也采取一些赈济措施，如江苏"自院司以下均各捐廉助赈。是冬人情尚得安静，凡有田之家大小粒米无收，粮亦停征"[5]。

（3）疫病和蝗灾

1823年雨涝事件伴有疫疾流行颇引人关注，多有称"大水复大疫"[5]。疫区大致有南北两片（图2—6—3红色所示），北方的疫区在河北、山西、辽宁，自春至秋皆有发生，如河北卢龙、文安等地"四月瘟疫盛行，死者相继，吊唁不通"[1]，辽宁绥中"秋大疫"[2]；南方疫区在福建、湖南、广东、广西、云南，发生于夏、秋，如湖南江永"五月瘟疫流行"[3]、临武"秋大疫"[4]，广西宜山"五、六月民患绞肠痧症即刻死，出麻者万计"[5]等。至于这瘟疫与雨涝是否关联尚不清楚，但是早在其前一年，山东、河南、陕西、四川、广东、广西多处地方已有瘟疫发生，且1822年这些地方雨水偏多。

1823年有局地蝗灾发生，零散见于山东阳谷、莘县、昌乐和苏北涟水等地。继后，

---

① 光绪《永平府志》卷三十一
② 民国《绥中县志》卷十三
③ 道光《永明县志》卷十三
④ 同治《临武县志》卷四十五
⑤ 民国《宜山县志》卷二

1824 年蝗虫发生地域扩大，河北、山东一度猖獗。

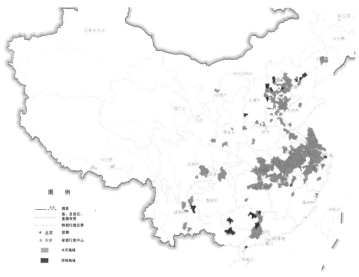

图 2—6—3　1823 年水灾（浅蓝色）和疫病（红色）地域分布

2.6.3　气候概况

1823 年中国东部地区春夏秋持续多雨，仅黄淮地区有局地短时干旱。华北北部的雨期 53 天，较华北南部约长 10 天。北京夏季（6~8 月）的降雨日数和雨量分别为 53 天和 633 mm [34]，较现代（1971~2000 年）的平均值多出五成左右，而降雨时数则高于六成以上。长江流域梅雨开始早、梅雨期长，由苏州等地的记述"三月三日至五月二十日（4 月 13 日—6 月 28 日）连雨"可认为有异常的早梅雨提早于 4 月 13 日就开始了，综合其他记载可认为梅雨期结束于 7 月 6 日，还可能有所谓"二度梅雨"始于 8 月上旬并持续 1 个月之久。当年的台风活动虽无完整的记录，但沿海地带的一些强降水显然是台风活动所致，如 8 月 7 日、8 月 14 日、9 月 3 日和 9 月 9 日的暴雨等。

1823 年全年气温偏低。早春山东、河南、江西"正月大雪连月"①，暮春河北"三月霜灾"②。夏、秋长江下游地区阴雨低温，上海地区"七月天气如冬"③，江西余干

---

①　道光《泌阳县志》卷三
②　光绪《邯郸县志》卷七
③　道光《寒圩小志》

县"八月风冻愈加"①，表明夏末秋初冷空气活动之强盛。秋季山西早霜。冬季湖北"大雪寒甚"②，湖南"大雪自小除日至明年二月始霁"③，降雪时间长逾月余，还有四川大雪、上海冻雨危害等。

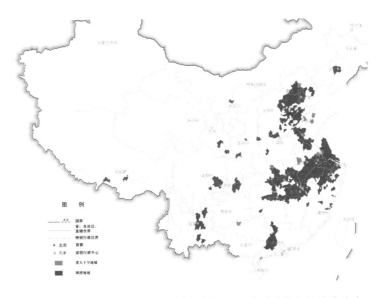

图 2—6—4　1823 年重大干旱（橙色）、雨涝（深蓝色）地域分布

值得注意的是上述的 1823 年的气候特点与现代全国大范围多雨的 1954 年很类似：1954 年海河流域 6～8 月总雨量大于 700 mm，出现夏涝；长江中下游及其以南的广大地区雨季开始早、持续时间长、雨量大，长江流域的梅雨期长达 50 天、梅雨量为常年的三倍；秋季长江中下游和华南冷空气活跃，9～10 月先后遭遇寒露风天气[24][25]。

2.6.4　可能的影响因子简况

（1）太阳活动

1823 年是第 7 太阳活动周（1823～1833 年）的极小年（m），太阳黑子相对数仅为 1.8，是自 1749 年以来 200 多年间的次低值。该周峰年 1829 年的平均太阳黑子相对数 70，强度为中弱（WM）。

---

① 同治《余干县志》卷二十
② 光绪《沔阳州志》卷九
③ 光绪《湖南通志》卷二百四十四

（2）火山活动

1823 年持续多雨事件的当年和前一年皆火山活动频繁。1822 年曾有多次中、低纬度的重大火山喷发活动,如 1822 年 3 月 12 日本 Usu 火山爆发,喷发指数 VEI=4,其喷出的火山灰体量很大达 10^8 m^3,10 月 8 日爪哇 Galunggung 火山强烈爆发（VEI=5）,其喷出的火山灰体量十分巨大,竟然达 10^9 m^3!还有意大利 Vesuvius 火山和智利 Villarrica 火山爆发,它们的喷发级别虽为 3 级（VEI=3）,但喷出的火山灰体量大,达 10^8 m^3 和 10^7 m^3,至 12 月还有爪哇 Merapi 火山爆发,喷发级别 3 级（VEI=3）、火山灰体量为 10^7 m^3。1823 年仍有许多 2 级的火山活动,且火山灰喷出量也有达 10^7 m^3 的,如爪哇 Merapi 火山的继续喷发,和 6 月冰岛 Katla 火山喷发等。这些进入大气层的火山尘会形成尘幕在大气层中长时间停留,尤其是 1822 年日本 Usu 火山和爪哇 Galunggung 火山喷出的火山尘足以穿过对流层顶进入平流层,其尘幕亦可以环绕地球并维持 1～2 年。至于这些火山喷发物与 1823 年中国大范围多雨事件是否有关联,尚未有深入研讨。

（3）海温特征

1823 年是非厄尔尼诺年,它处于 1821 年和 1824 年两次中等强度的厄尔尼诺事件之间,因此 1823 年可被视为厄尔尼诺事件的前一年或事件的后一年。这种多雨年与厄尔尼诺事件的对应关系也和现有的关于中国降水与厄尔尼诺事件的研究结论一致。这些研究,包括对现代 1951～1990 年的 9 例和 1500～1990 年的 101 例厄尔尼诺事件的合成研究均指出:厄尔尼诺年的次年中国大范围多雨[27][28]。

值得指出的是,上述可能影响 1823 年气候的三个因子的特点和 20 世纪最严重的大范围多雨年 1954 年的情形竟然很相似:①1954 年处于太阳活动周第 19 周的极小年（m）,年平均太阳黑子相对数仅为 4.4,1 月太阳黑子数仅 0.2,是 1823 年以来的最小值;②1954 年相关的火山活动较多,其之前 1953 年有多次重大火山活动,强度为 3 级的喷发即有爪哇 Raung 火山、阿拉斯加 Trident 火山、新几内亚 Long Island 火山等,还有阿拉斯加 Spurr 火山喷发,强度达 4 级,1954 年 1 月还有爪哇 Merapi 火山喷发,强度为 3 级;③1954 年是"非厄尔尼诺年",处于 1953 年中等强度的厄尔尼诺事件（M+级）之后和 1957～1958 年强厄尔尼诺事件（S 级）之前。

2.7 1840 年全国大范围持续多雨

1840 年（清道光二十年）和次年 1841 年连续两年全国大范围多雨。1840 年夏季华北和黄河中下游、长江流域均持续多雨，7~8 月四川盆地出现罕见的暴雨洪水，出现长江全流域的洪水灾害，广东、广西有局地水患，仅西北甘肃、宁夏和黄淮地区有局地干旱。次年 1841 年长江流域仍多雨，出现全流域水灾。这是小冰期寒冷气候背景下的极端多雨事例。

2.7.1 雨情实况

1840 年夏季华北地区多雨、持续时间长，文献记载颇丰。从众多的记述如"五月始雨，六月大雨水，七月辛酉大雨水"[①]之类，可归结出存在两个大雨阶段：第一阶段始于 6 月 29 日（六月初一），山西、河北、山东等地降水持续十天以上，如山西忻州"六月初一大雨水，牧马河溢"[②]，河北盐山"六月大雨经旬，平地水深数尺，陆地行舟"[③]，山东枣庄"六月初一霖雨弥月，大雨三十余日"[④]；第二大雨阶段为 7 月 16 日至 8 月 14 日（六月十八至七月十七日），大雨区在河北北部，滦州"七月淫雨不止"[⑤]，"七月天津大雨一个月不休"[⑥]，平谷"自六月十八至七月十七日，霪雨连绵"[⑦]。北京《晴雨录》所记的大雨时段起止时间与此完全一致。笔者据《晴雨录》逐日雨时记录推算，北京 1840 年 7 月 16 日—8 月 14 日的降水量为 394 mm，是多年平均值 173 mm 的两倍多（228%）。

从山东、河北各地雨期起讫日期也可以看到，7 月中旬正好是黄淮地区雨期结束和北京雨期开始，显示出雨带的季节性北跳特点（图 2—7—1）。

---

① 光绪《邯郸县志》卷七
② 光绪《忻州志》卷三十九
③ 同治《盐山县志》卷五
④ 光绪《峄县志》卷十五
⑤ 光绪《滦州志》卷九
⑥ 清·赫福森《津门闻见录》
⑦ 民国《平谷县志》卷三

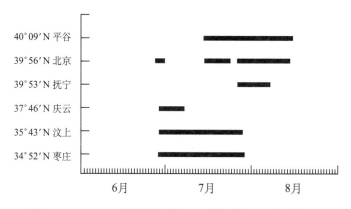

图2—7—1　1840年夏季山东—河北各地降雨时段的起讫

1840年长江流域各地入夏即告多雨，长江下游的江苏南部自5月份即连旬阴雨，6月份大雨、暴雨不断出现。如江苏金坛"夏四月阴雨连旬，五月大雨五昼夜，建昌圩堤决"①、仪征"五月二十七日（6月26日）大雨一昼夜，江溢河北圩"②、丹徒"夏五月霪雨不止"③、扬州"五月大雨江溢"④、宜兴"夏六月大霖雨"⑤、无锡"六月大雨兼旬圩田溃围"⑥等。7月份仍持续多雨，上海等地"六月细雨历二十日"⑦（按：六月初三为7月1日），浙江湖州等地"夏久雨"⑧。长江中游地区自春季即有雨涝，大冶"春涝"⑨，推想当年是早梅雨后又出现常梅雨，梅雨期长且雨量丰足。长江上游四川盆地夏秋连续出现大雨、暴雨，造成长江上游的特大洪水。四川盆地"夏大雨绵延四十余日"⑩，先是7月15日（六月十七日）盆地东侧的湖北潜江、贵州赤水等地出现大范围降雨⑪⑫，继后7月25日川西又出现暴雨，汉源"六月廿九日大雨如注，各乡山水盛涨"⑬，然后8月25日—29日（七月二十九日至八月初三）再度出现强降水

① 光绪《金坛县志》卷十五
② 道光《重修仪征县志》卷四十六
③ 光绪《丹徒县志》卷五十八
④ 同治《续纂扬州府志》卷二十四
⑤ 光绪《宜兴荆溪县新志》卷末
⑥ 道光《无锡金匮续志》卷七
⑦ 光绪《江东志》卷一
⑧ 光绪《乌程县志》卷二十七
⑨ 同治《大冶县志》卷八
⑩ 民国《中江县志》卷三
⑪ 光绪《潜江县志》卷二
⑫ 道光《仁怀直隶厅志》卷十六
⑬ 民国《汉源县志》卷一

过程，8 月 25 日开始的连日大雨使广汉县遭河水淹城，"七月二十九、三十暨八月初一日连日大雨，汉郡水淹过城腰"[①]。8 月 27 日大雨中心移到南部县[②]，28 日移到遂宁、潼南、资阳[③][④][⑤]，29 日向东南移到内江等地[⑥]。据文献中记述雨势"大雨如注"来推断，这次应是暴雨过程。同时，四川盆地的大雨区还延及秦巴山区、汉中盆地，略阳"七月霪雨连旬，河水陡涨"[⑦]，而且陕南地区的大雨持续到秋季，洋县"八月十七至十九大雨，水涨"[⑧]，千阳"八月暴雨特甚，九月连日大雨"[⑨]。

次年 1841 年黄河中游和江淮地区仍多雨。长江流域持续多雨，下游地区自春正月至闰三月持续霪雨 90 天、中上游自春至夏阴雨不绝，四川夏大雨，出现长江全流域水患灾害。1840 和 1841 年历史记载的持续大雨地域分别如图 2—7—2 中深蓝色所示。

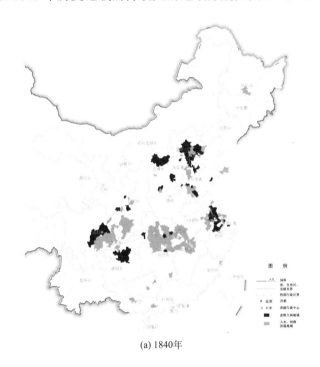

(a) 1840年

① 同治《续汉州志》卷二十
② 道光《南部县志》卷二十六
③ 民国《重修四川通志遂宁采访录》
④ 民国《潼南县志》卷六
⑤ 咸丰《资阳县志》卷十四
⑥ 光绪《内江县志》卷十五
⑦ 道光《重修略阳县志》卷四
⑧ 光绪《洋县志》卷八
⑨ 道光《重修汧阳县志》卷十二

(b) 1841年

图 2—7—2　1840 年和 1841 年夏秋大雨（墨蓝色）和大水、河湖决溢（浅蓝色）地域分布

2.7.2　水患和伴生灾害

（1）水患

1840 年华北、长江流域和华南普遍水灾，又以长江上游四川盆地的连续特大暴雨的水患最为严重。

华北地区夏秋因连续大雨而广遭水患，山西阳城"六月芦水暴涨，城北水壅流，通济桥圮"[①]，山东济宁"六月大水，泗河漫溢，牛头河决"[②]"六月大雨水，汶河溢[③]，河北迁安"夏六月大水入城，秋七月又大水"[④]、大城"秋七月子牙河决"[⑤]，天津"秋七月大雨一个月不休，平地水深丈余"[⑥]。河北平原盐山、南皮等地皆现"陆地行舟"[5]。

长江上、中游水患严重，尤以四川盆地的暴雨洪水为盛。最先四川盆地之东侧的

---

① 同治《阳城县志》卷十八
② 道光《济宁直隶州志》卷一
③ 光绪《东平州志》卷二十五
④ 同治《迁安县志》卷九
⑤ 光绪《大城县志》卷十
⑥ 清·赫福森《津门闻见录》

贵州桐梓大水淹城"积二十余日始渐退,近城数十里田禾皆坏"[1],继后 7～8 月间盆地内持续 40 余天强降雨引起河川涨溢,遭大水淹城之灾的即有广汉、郫县、中江、资中、资阳、内江、江津、铜梁、南部等,如资中"大水,北门、南门、小东门城垛皆没"[2],资阳"八月初二日晡时,雁江水暴涨,东、西、南门皆淹没,惟县治存,船往来城垛上"[3],内江"八月初三日,大水入城内,桂湖平街水高尺余"[4],铜梁"八月初三日大水,城内淹至汛署头门,北门淹至城门坎,引凤门淹进城门,会龙街可通舟楫"[5]。豪雨引起沱江、涪江、嘉陵江、渠江、岷江河水的猛涨,形成的长江上游洪水进入长江干流后,更加剧了此时正位于多雨地带的湖北、江西干流河段的溃溢,如宜昌、枝江"大水入城",黄冈、江陵、潜江多处堤垸溃决,汉川以及江西南昌、新建等 11 县和

图 2—7—3　1840 年水灾地域(浅蓝色)和大水淹城地点(■)

(图中记录大水淹城的地点:广汉、郫县、中江、资中、资阳、内江、江津、铜梁、南部、宜昌、枝江、桐梓)

---

① 道光《遵义府志》卷二十一
② 光绪《资州直隶州志》卷三十
③ 咸丰《资阳县志》卷十四
④ 光绪《内江县志》卷十五
⑤ 光绪《铜梁县志》卷十六

湖南常德、慈利、安乡等地的水灾。稍后，八月十七到十九日四川盆地以北的陕南地区的暴雨又引起长江主要支流汉水的水位暴涨，洪峰迅速汇入长江干流[5]。

华南夏秋有些局地水患，如广东信宜，广西武鸣、荔浦等地的大水[5]。

（2）饥荒和疫病

1840 年河北、山西、山东、湖北、四川等地大雨、水灾以致饥荒。

1841 年黄淮地区和长江中下游地区持续水灾以致饥荒，加之冬季大雪，饥民多有冻死。

1841 年长江流域多地有局地的瘟疫发生，至于这瘟疫和水灾有无关联的问题尚无研讨。谨将 1840 年饥荒地域和 1841 年饥荒、瘟疫地域示于图 2—7—4。

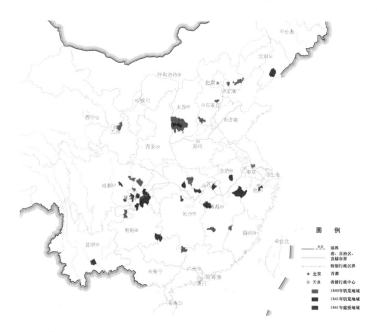

图 2—7—4　1840 年饥荒地域（浅紫色）和 1841 年饥荒（深紫色）、瘟疫（红色）地域分布

2.7.3　气候概况

1840 年全国大范围多雨已如前述，仅夏季甘肃、宁夏和若干零散地点有局地干旱，其夏季降水分布型与现代极端多雨的 1954 年相似。

1840 年气温偏低，春寒、冬冷。春季冷空气活动频繁，江南终雪日期偏晚，如浙江北部海盐等地"清明前七日（3 月 29 日）大雪"①，这比 20 世纪下半叶的平均终雪日期推迟 14 天，表明春季气温低。该年冬季寒潮强盛，12 月 23 日的强寒潮直达广东，揭阳等地"冬至日天气严寒，大雨雪"②。长江中下游和江西酷寒，河流结冰、封冻。浙北富阳、萧山、余姚等地"大雪平地积四五尺，山坳皆寻丈，溪流冰冻厚尺许，至明年正月乃解"③。这次寒潮强降温使鄱阳湖水结冰甚厚，都昌的湖面甚至"冻合可胜重载"④，直到 1841 年初春仍寒冷多雪，山东胶州"大雪人畜冻死无算"⑤。

　　1840 年台风记录不多，但早在 4 月下旬即有近海风暴侵袭浙江、福建沿海地带的罕见记载，被称为"近数十年未见"。《瓯乘补》记有"三月二十七日（4 月 27 日）温、台、宁海上暴风彻夜，漂坏商渔船、人口无算。闻闽广海洋是日俱有风灾。故老云：已百年来未见"⑥。

(a) 1840年

① 道光《澉水新志》卷十二
② 光绪《揭阳县续志》卷四
③ 光绪《富阳县志》卷十五
④ 同治《都昌县志》卷十六
⑤ 道光《重修胶州志》卷三十五
⑥ 道光《瓯乘补》卷九

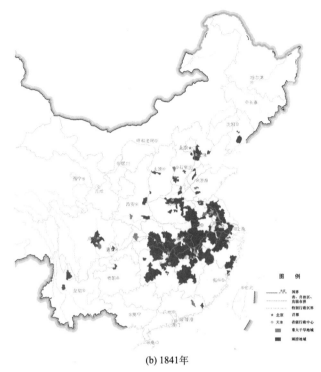

(b) 1841年

图 2—7—5　1840 年和 1841 年重大干旱（橙色）、雨涝（深蓝色）地域分布

1841 年夏季仍大范围多雨，而冬季仍然严寒。冬季长江中下游和江南广大地区大雪冰冻严寒，如湖北"十一月大雪平地深数尺，四十余日未消，人畜树木多冻死"[1]"冬冰凝四十五日不解"[2]，湖南"冬大凝凡四十九日，林木多冻死，土石皆裂"[3]，安徽"冬大雪深八尺，河水皆冰"[4]，上海"大雪积五尺许，冰冻累月"[5]，江苏"冬大雪五尺，坚冰弥旬"[6]，此外东南沿海有台风多次登陆，如福建莆田"飓作"[7]，广东新会"七月飓风三至"[8]等。

1840 年和 1841 年连续两年大范围多雨且又冬季严寒，这和现代 1954 年、1955 年连续大范围多雨，尤其长江流域多雨，而冬季皆严寒的情形十分相似。

---

① 咸丰《蕲州志》卷二十五
② 光绪《沔阳州志》卷一
③ 同治《平江县志》卷五十
④ 光绪《贵池县志》卷四十二
⑤ 光绪《重修奉贤县志》卷五
⑥ 光绪《高淳县志》卷十二
⑦ 光绪《湄洲屿志略》卷四
⑧ 同治《新会县续志》卷一

2.7.4　可能的影响因子简况

（1）太阳活动

1840 年位于第 8 太阳活动周（1833～1843 年），是该周峰值年后的第 3 年，记为 M+3，该活动周峰年 1837 年太阳黑子相对数为 138.3，强度为很强（SS）。而 1841 年是极小年的前 2 年，记为 m–2。

（2）火山活动

1840 年全球重大火山活动的记录不多，喷发级别为 3 级（VEI=3）的只有 2 月 2 日印尼 Gamalama 火山、12 月 1 日爪哇 Gede 火山和西南太平洋的 Tinakula 火山继上一年的喷发。另外还有一些规模较小的火山活动，如 1 月爪哇 Merapi 火山、1 月 20 日菲律宾的 Ragang 火山、5 月 20 日爪哇 Guntur 火山的 2 级喷发等。1840 年之前，中等以上规模的仅有 1839 年 1 月意大利的 Vesuvius 火山喷发，级别为 3 级，不过 2 级以下的喷发活动甚多，如菲律宾 Mayon 火山、3 月 25 日印尼 Gamalama 火山、6 月 10 日日本 Tate-Yama 火山等的喷发等。

（3）海温特征

1840～1841 年处于两次厄尔尼诺事件之间，是非厄尔尼诺年。其前一次厄尔尼诺事件出现在 1837 年，强度为中等（M+），后一次出现在 1844～1846 年，强度为中等偏强（M/S+）。1840 年和 1841 年都位于海温的相对较低阶段。

值得注意的是尽管 1840～1841 年大范围多雨的情形和 1954～1955 年很相似，它们亦都是非厄尔尼诺年，但是太阳活动和火山活动的背景却大不相同，前者是强太阳活动、弱火山活动，而后者是弱太阳活动、强火山活动。

3　历史暴雨极端事件

本章讨论的历史暴雨极端事件，专指暴雨范围跨两省以上、因其雨势之强大超乎寻常、引发的区域性洪水之罕见，以及有够丰富的史料记载足供推断天气实况之用，而被选作研究个例。这最后一点尤其重要，因为严重的暴雨事件虽史不乏书，但其史料记述足以揭示天气过程的却委实不多。史籍所载的许多暴雨重大事例，如唐代公元669 年冀州"六月十三日降雨至二十日，水深五尺，其夜暴水深一丈已上，坏屋一万四千余区，害田四千余顷"，仅仅指出有 8 天的暴雨酿成水灾而已，并不能据之复原其天气过程；又如 720 年 7 月 30 日豫西—关中的特大暴雨以致"谷水泛涨。新安、渑池、河南、寿安、巩县等庐舍荡尽共九百六十一户，溺死者八百一十五人。许、卫等州掌关番兵溺者千一百四十八人"[①]，"畿内诸县田稼庐舍荡尽"[②]也皆类此。历代的重大暴雨事件众多，如唐代后期之公元 824 年七月江苏、安徽暴雨，"太湖决溢"，山东、河南"暴雨水溢""水坏州城"[③]；北宋 993 年"六月（辽）大雨、七月京师大雨十昼夜不止。陈、颖、宋、亳、许、蔡、徐、濮、澶、博诸州霖雨秋稼多败"[④]，"桑干、羊河溢"[⑤]，"九月澶州河涨，冲陷北城，坏居人庐舍官署仓库殆尽，民溺死者甚众。梓州玄武县涪河涨二丈五尺，壅下流入州城坏官私庐舍万余区，溺死者甚众"[⑥]；南宋1192 年五月四川、湖北、湖南、安徽"大雨水""江水暴胀""山水暴涌"[⑦]，湖北、安徽、江苏、浙江七月"大雨连旬"[⑧]，"汉江溢"[⑨]，次年 1193 年长江中下游和江淮

---

① 《旧唐书·玄宗纪》上
② 《旧唐书·五行志》
③ 《旧唐书·敬宗纪》
④ 《宋史·五行志》三
⑤ 《辽史·圣宗纪》四
⑥ 《宋史·五行志》一
⑦ 《宋史·五行志》一
⑧ 《宋史·五行志》三
⑨ 《宋史·五行志》一

大雨水，"四月霖雨至于五月""大雷雨水""漂民庐"[1]；元代 1344 年黄河下游"五月大雨二十余日""黄河暴溢，平地水深二丈许，北决白茅堤，六月又北决金堤"[2]，"六月大雨伊、洛水溢"[3]；1349 年七月湖北大雨"江汉溢"，山东"大霖雨，水没高唐州城"，河南"归德府淫雨浃十旬"[4]；以及明初 1390 年河南南部和湖北大雨河溢，"八月霪雨，汉水暴溢，由郧以西庐舍人畜漂没无算，州城几陷，五日乃止"[5]，等等。此外，还有许多事例皆堪称暴雨极端事件无疑，但其史料尚不敷推断天气过程之需，难于进行实况复原研究。

本章选取了明清时期共 7 例历史暴雨极端事件（表 3—0—1）分述于后。这些暴雨事件的降水强度往往并不亚于现代的极端事件。

表 3—0—1　7 例历史暴雨极端事件简况

序号	时　间	暴雨地域	雨　情	气候特征 全国降水分布格局
1	1553 年 5～8 月 明嘉靖三十二年	华北地区（河北、山西、河南）	夏季连续大雨 40 余天，主强降雨时段有两个，含多次暴雨天气过程，引起河北平原和黄淮地区大范围水患	降水分布呈北涝南旱格局。华北地区持续多雨，西北及长江下游地区干旱
2	1662 年 8～10 月 清康熙元年	黄河中、下游地区（陕西、山西、河南、河北、山东）	夏秋连续大雨 60 余天，主雨期 8 月 7 日—10 月 9 日，含多次暴雨天气过程，引起黄河干、支流，海河支流决溢，以及汉水、淮河流域大范围水灾	降水分布呈"南北涝—中间旱"的分布格局。北方多雨、长江中下游及江南干旱、华南多雨。沿海台风多发，冬季严寒。天气形势与 1933 年夏秋黄河流域大暴雨事件的相似
3	1668 年 8 月 清康熙七年	华北平原（北京、河北、山东、河南北部）	8 月 5 日—16 日特大暴雨 8 天。引起海河及诸支流泛涨、堤决，海河全流域严重水患	降水分布呈南北方皆多雨格局。沿海台风活动频繁、暮春寒冷。气候特点与 1963 年"63·8"（1963 年 8 月）华北暴雨事件的相似
4	1730 年 7～8 月 清雍正八年	黄淮地区（河北南部、河南、山东、江苏和安徽北部）	夏季持续雨期逾 40 天，主要强降水时段是 7 月 28 日—8 月 13 日，含特大暴雨过程，海河、黄河、淮河的干、支流和大运河暴涨、决堤，大范围水灾	降水分布呈南北方皆多雨的格局。梅雨偏早但梅雨期长度和雨量正常，沿海台风频繁。气温无明显异常，仅春秋季北方有霜灾。天气形势与 1975 年河南"75·8"（1975 年 8 月）暴雨事件的很相似

① 《宋史·五行志》三
② 《元史·河渠志》
③ 《元史·五行志》二
④ 《元史·五行志》二
⑤ 嘉庆《湖北通志》卷四十六

续表

序号	时　间	暴雨地域	雨　情	气　候　特　征 全国降水分布格局
5	1761 年 7～8 月 清乾隆二十六年	河北和黄河中下游地区（河北、山西、河南、山东）	7 月下旬至 8 月中旬两场特大暴雨，黄河干流及支流和海河、淮河支流特大洪水，黄河三—花河段出现近 400 多年来最大洪水	全国雨水丰沛，降水分布呈南北方皆多雨的格局。近海台风活跃，冬季奇寒
6	1801 年 7～8 月 清嘉庆六年	华北地区（北京、天津、辽宁、河北、山西、山东）	夏季连续大雨逾 40 天，有三个强降雨时段，含多个暴雨过程，北京 7 月雨量约 600 mm，相当于年均雨量。海河、滦河全流域发生近 200 年罕见洪水	东部地区降水分布呈南北方皆多雨的格局，西北地区干旱。近海台风活动较频繁。气温无重大异常
7	1870 年 7 月 清同治九年	长江中上游地区 四川、湖北	夏季长江上、中游地区持续大雨，7 月 12 日—19 日四川盆地暴雨 7～8 昼夜，长江上游发生的罕见洪水居 800 年来之首位	降水分布呈典型的华北、华南干旱，长江流域多雨的格局。夏秋台风活动尚属一般。气温有重大异常——春冷、夏热、冬寒

本章根据史料记述来追溯和复原这 7 例历史暴雨事件的实况，指出强降水过程的起止时间和雨区范围，推断降水系统的移动路径、暴雨中心区的位置，概述各暴雨事件发生的气候背景、前后期天气特征等，以试推断其可能的天气学成因，并酌情与现代的某些重大暴雨事例作些对比。此外，仍只给出诸如太阳活动、火山尘幕、海温场特征等背景简况，以助于对这些重大降水事件的全面了解。由于特大暴雨往往与异常洪水相关联，本章特设"水患实况"一节，以补充对暴雨的了解，丰富对气候事件的说明。至于历史洪水的详情，水利部门已多有专门研究，请参见相关论著[36][37]。至于暴雨伴生的饥荒等仅在水患实况中有顺带提及，未另作专述。

至今关于现代暴雨已有系统的研究，著述颇丰，还利用多种观测手段获取的海量科学数据，对暴雨的天气动力过程、影响因子等做了全面的研究，对重大的暴雨事件如 1963 年 8 月"63·8"河北暴雨、1975 年 8 月"75·8"河南暴雨、1991 年江淮暴雨等，已做详尽的剖析和理论阐释[38][39]。然而，这些事例毕竟只限于 20 世纪后半叶，在历史时期还有一些强度与之相当的，甚而超过的或灾况更为惨烈的暴雨事件发生。尽管不可能对这些历史上的暴雨事件进行天气动力学的定量分析，但这些事件或别具地域特点，或具有不同于 20 世纪的背景条件，因而值得格外关注，对这些历史事件的研究将会丰富我们对暴雨的认识。

3.1　1553 年华北暴雨

1553 年（明嘉靖三十二年）夏，河北、山西、河南连续大雨 40 余天，含多次暴雨天气过程，引发河北平原和黄淮地区大范围水患。当年长江中下游苦旱，中国东部地区的降水分布呈北涝南旱格局。

3.1.1　暴雨实况

1553 年夏季华北地区连续大雨，雨区遍及河北、山西、河南等省，雨期长，记述如北京"六月霪雨"[①]，河北平山"夏四月大雨如注，至秋七月止"[②]、雄县"夏霖雨四十余日"[③]、获鹿"弥月淫雨不止"[④]、临城"霪雨大作两月有余"[⑤]、山西"夏六月霪雨，文、谷、汾河俱徙"[⑥]，河南汝南"夏四月雨至秋七月不止"[⑦]等。据"四月丙子（5 月 12 日）（皇帝）以久旱祷雨"[⑧]的记载和各地河流开始泛涨的日期推断，雨期当始于 5 月下旬，止于 8 月上旬。其间主要的强降雨时段有两段，各含若干暴雨过程。

第一强降雨时段为 6 月下旬，雨区覆盖山西、河北和河南，特大暴雨中心先出现在河南方城，"五月十一日（6 月 21 日）暴雨异常"[⑨]，然后移至淮阳，"五月十八日（6 月 28 日）大风雨弥日"[⑩]。第二强降雨时段为 7 月中旬至 8 月上旬，雨势更大。暴雨中心最初位于太原，"六月十六日（7 月 26 日）大雨，汾水溢高数丈"[⑪]，然后出现在河南林县一带，"暴雨大作无虚日，至六月二十二（8 月 1 日）夜大雷雨中有声如

---

① 万历《永宁县志》卷一
② 康熙《平山县志》卷一
③ 万历《雄乘》
④ 嘉靖《获鹿县志》卷九
⑤ 康熙《临城县志》卷八
⑥ 康熙《文水县志》卷一
⑦ 万历《汝南志》卷二百四十七
⑧ 《明世宗实录》卷三十九
⑨ 乾隆《裕州志》卷六
⑩ 乾隆《淮宁县志》卷十一
⑪ 嘉靖《太原县志》卷五

燕乱鸣，腥气逼人"[1]，足见雨势强大之一斑（图3—1—1）。

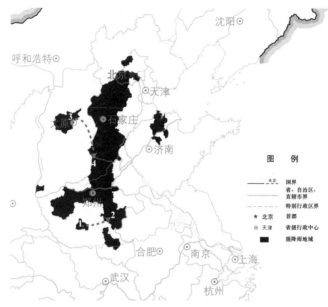

图3—1—1　历史记录的1553年5～8月华北强降雨(墨蓝色)地域和四个暴雨中心位置及其移动(紫色箭头所示)

（图中数字代表暴雨中心地点：1.方城；2.淮阳；3.太原；4.林县）

3.1.2　水患实况和伴生灾害

1553年5～8月华北地区持续多雨和暴雨引起河北平原和黄淮地区大范围水患。暴雨引起各地河流决溢泛滥，冲没禾稼和破坏公署、城垣、民居，如河北的北运河、滹沱河、滋水、漳水，山西的汾水、白石水、碾水、文峪河，山东的大清河、卫河，以及黄河干流和淮河等。尤以苏北涟水"黄河冲开草湾河直射安东"[2]，河南原阳黄河泛涨，"河决朱家庄堤"[3]"平地水深丈余直冲县治，城不浸者数版"[4]，洛阳"洛、伊同涨溢入城，水深丈余"[5]，以及汝阳"伊、汝泛涨两岸高田一扫而空"[6]等为著。水

---

① 万历《林县志》卷八
② 雍正《安东县志》卷七
③ 万历《原武县志》卷上
④ 乾隆《阳武县志》卷三十
⑤ 乾隆《重修洛阳县志》卷一
⑥ 顺治《伊阳县志》卷二十一

患灾伤之惨烈如河北香河"诸川盈溢，运河决口，禾稻尽空，溺死者相望于路"[1]，暴雨引发的洪水之汹涌，如河北容城"县城东北老鼠湾等十余口一时涨开，急流浸县城几圮"[2]。当年遭大水围城、淹城的有延庆、获鹿、容城、安新、辛集、武强、平乡、清徐，以及洛阳、巩县、偃师等地[5]（图3—1—2）。

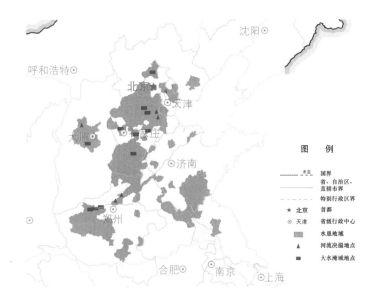

图3—1—2　1553年夏秋华北暴雨和邻近各流域水患（蓝色）地域及记载河流决溢（▲）、大水淹城（■）发生地点

（图中决溢地点：香河、大城、文安、静乐、原阳、延津；图中遭大水围城、淹城地点：延庆、获鹿、容城、安新、辛集、武强、平乡、清徐、洛阳、巩县、偃师）

各地水灾致使农作歉收甚而绝收引起严重饥荒。更由于此前1552年黄淮地区已遭受淮河大溢之水灾，故1553年饥荒尤重。河北安新、蠡县、高阳、文安、大城、满城、清苑、定州、邯郸、邢台、平乡、饶阳、巨鹿等十余州县，山东临沂、兖州、济宁、蒙阴、泗水、滕县、金乡、郓城、阳谷、新泰、莱芜等十余州县，江苏之徐州、沛县、丰县、邳县、睢宁及安徽萧县等六州县饥荒至极，木皮食尽，先后出现"人相食"，如山东临沂"良民剥树皮食草实充饥，无赖剥殍肉为食，至有尚相呻吟遽为所剥，有司莫能禁，枕籍于沟壑无算"[3]。

① 万历《香河县志》卷十
② 康熙《容城县志》卷八十五
③ 万历《兖州府志》卷十

连年水、旱频频交替发生的地区有利于蝗灾发生。1553 年主要蝗区在山东，德州"秋蝗蔽天"[①]、东平"飞蝗遍野"[②]，还有河北邯郸"且蝗且疫"[③]（图 3—1—3）。

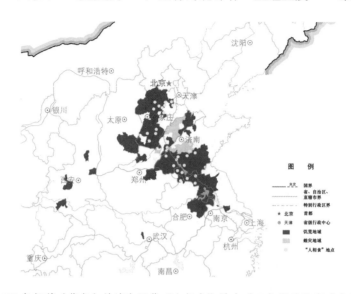

图 3—1—3　1553 年饥荒（紫色）地域和记载"人相食"地点（●）以及蝗灾（土黄色）地域分布

（图中记载"人相食"地点：河北安新、蠡县、高阳、文安、大城、满城、清苑、定州、邯郸、邢台、平乡、饶阳、巨鹿，山东临沂、兖州、济宁、蒙阴、泗水、滕县、金乡、郓城、阳谷、新泰、莱芜，江苏徐州、沛县、丰县、邳县、睢宁，安徽萧县）

3.1.3　气候概况

1553 年春季华北干旱少雨。夏季华北和黄淮广大地区多雨，但陕西大旱[④]，长江下游地区苦旱，江苏常州"大旱濡湖绝流，人行如市"[⑤]。秋、冬季南方干旱仍持续，长江中游江西等地"自秋历冬恒阳不雨，井泉尽涸"[⑥]，广东、广西仅夏季有局地雨涝，1553 年的降水分布呈现北涝南旱格局（图 3—1—4）。次年（1554 年）干旱区域扩大到整个长江中下游和黄淮地区，苏北、山东、安徽有局地干旱。

① 万历《德州志》卷一
② 康熙《东平州志》卷六十五
③ 光绪《邯郸县志》卷六
④ 康熙《陕西通志》卷四
⑤ 万历《武进县志》卷四
⑥ 嘉靖《抚州府志》卷二

1553年气温无明显异常，仅春季北方气温偏低，山西太原"四月初四日（4月27日）小满后大雪"[①]，河南洛阳等地"春，井水冰坚"[②]。

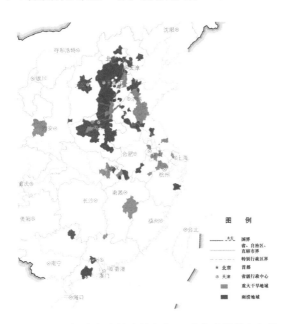

图3—1—4 1553年重大干旱（橙色）、雨涝（深蓝色）地域分布

3.1.4 可能的影响因子简述

（1）太阳活动

1553年位于1553～1567年的太阳活动周内，是该太阳活动周的极小年，记为 m。该活动周的峰年是1558年，其太阳黑子相对数估计为160，强度为很强（SS）。

（2）火山活动

1553年全球无重大火山活动，只有两处小规模的、已持续多年的火山后续喷发。但在其前一年1552年，10月7日有日本 Izu 岛的 Oshima 火山强烈喷发，喷发级别为4级（VEI=4），喷出的火山灰体量很大，达 $10^8 m^3$。

（3）海温特征

1552年为强厄尔尼诺年，1553年是厄尔尼诺事件的次年，即非厄尔尼诺年，其旱涝分布格局也与现代10例厄尔尼诺年的降水分布合成图的特点[28]一致，即全国大范围多

① 嘉靖《太原县志》卷五
② 乾隆《重修洛阳县志》卷十

雨，仅西北和长江下游地区干旱。

3.2 1662 年黄河中下游地区暴雨

1662 年（清康熙元年）夏秋，陕西、山西、河南、河北、山东等地连续大雨 60 余天，其间含多次暴雨天气过程，引起黄河中游及相邻近的汉水、淮河水灾。这是与现代 1933 年夏秋黄河流域大暴雨的天气形势十分相似的历史暴雨事例。

3.2.1 暴雨实况

1662 年 8～10 月，甘肃、陕西、山西、河南、河北和山东各地先后出现大范围连续强降水。雨带停留时间以陕西为最长，《陕西通志》载"六月大雨六十日，合省皆然"[1]。主雨期大致为 8 月 7 日至 10 月 9 日，长逾 64 天，记载如永寿"六月二十四日（8 月 7 日）至八月二十八日（10 月 9 日），霪雨如注连绵不断"[2]，长安"霪雨七十日"[3]等。关中地区的多雨时段可前溯至五月，甚至三月，如周至"自三月至九月雨连绵不止"[4]，临潼"五月大雨平地水深数尺，八月又霖雨四十余日"[5]，咸阳、高陵亦有类似记载[6]。其他如渭南、大荔、淳化、礼泉、三原、黄陵"大雨六十日[7]，泾阳"八月大雨五旬"[8]等。陕南之汉中、安康、宁强、镇巴、城固、宁陕皆有"大雨六十日"的记载，所记连续雨日最多的如洛南，"二月中旬雨至九月中，无数日霁者"[9]。甘肃东部地区雨期亦长，"夏五月秦州诸属大雨，至冬十月方止"[10]。雨带停留时间次长者为河南，各地持续大

---

① 康熙六年《陕西通志》卷三十
② 乾隆《永寿县新志》卷九
③ 康熙《咸宁县志》卷七
④ 乾隆《重修盩厔县志》卷十三
⑤ 康熙《临潼县志》卷六
⑥ 乾隆《咸阳县志》卷二
⑦ 康熙《汉南郡志》卷二
⑧ 康熙《泾阳县志》卷一
⑨ 康熙《雒南县志》卷七
⑩ 乾隆《直隶秦州新志》卷六

雨 40 余天，如长垣"七月霪雨四旬有余日"[1]，原阳、濮阳等地亦类似。这其间又以 9 月 20 日—10 月 6 日为强降水的主体时段，大暴雨的中心区域在陕西、山西一带，持续约 17 天。记载如山西临猗"八月自初九至二十五大雨如注昼夜不绝"[2]。另外，在山西虽有曲沃"八月霪雨二十日"[3]、长治"八月内霪雨连旬"[4]、阳曲"八月大雨连绵弥月"[5]、临汾"八月大雨如注连绵弥月"[6]、万荣"七月雨至九月初方止，城中井溢，平地泉涌"[7]等不同记述，但从运城"八月大雨如注者半月，连绵数旬"[8]可知，其间的暴雨时段约 10 多天。9 月 30 日以后暴雨区向东扩展至豫东、冀南和鲁西南，直至 10 月 6 日暴雨七昼夜，河南范县"八月霪雨七昼夜"[9]、清丰"秋八月霪雨八昼夜始晴霁"[10]，山东莘县"八月十九（9 月 30 日）至二十五日霪雨七昼夜"[11]等地的记述都很一致。而河北南部的降雨时间较短，仅"大雨五昼夜"[12]。从史料中有关雨势的描述多为"大雨如注""大雨滂沱"等来推断，这些降水的强度应属于暴雨。持续强降雨区大致呈西南—东北向分布，也覆盖长江支流、淮河、海河的部分流域，如图 3—2—1 所示。

3.2.2 水患实况

黄河中游地区入夏后即多雨，而 8～10 月的连续强降雨，更引起大范围水患。降雨时段最长的陕西"泾、渭、洛涨，诸谷皆溢，淹山走陆，平地水涌，漂没人家无算，行旅皆绝，泾、渭绝渡者十日"[13]，关中各地"平地水深数尺，漂没人家无算"[14]。强降雨中心地带的山西曲沃、临汾、石楼、运城、闻喜、临猗、永济、芮城、万荣等

---

① 康熙《长垣县志》卷二
② 雍正《猗氏县志》卷六
③ 康熙《曲沃县志》卷二十八
④ 乾隆《长治县志》卷二十一
⑤ 康熙《阳曲县志》卷一
⑥ 康熙《临汾县志》卷五
⑦ 康熙《荣河县志》卷八
⑧ 康熙《解州全志》卷十二
⑨ 康熙《濮州志》卷一
⑩ 康熙《清丰县志》卷二
⑪ 康熙《朝城县志》卷十
⑫ 康熙《成安县志》卷三
⑬ 康熙六年《陕西通志》卷三十
⑭ 雍正《渭南县志》卷十五

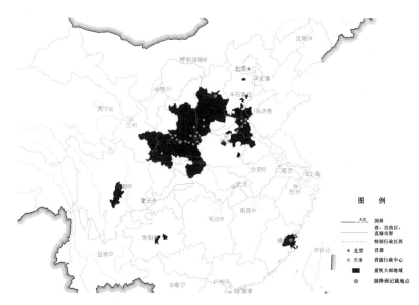

图 3—2—1　1662 年 8 月 7 日—10 月 9 日黄河中下游地区大雨（墨蓝色）地域和强降雨记载地点（●）

地多出现"雨淋城墙圮废"，或"庐舍倾圮十有八九"①。阳曲"汾水泛涨，漂没河西稻田无数"②，清徐"三河涨发，平地水深丈余直抵半城，四门壅塞，田苗尽坏"③，运城"城垣庐舍十倾六七，盐池被害"④。河南则有开封"汴水溢，霖雨连旬城垣没数尺，四野行船，乡城楼房倾圮无数"⑤，原阳"沁河决，平地行舟，毁民居，禾尽潦没"⑥。继农历六月暴雨所致的开封黄练口黄河堤决之后，黄河干流和汾河、泾河、渭河、北洛河、伊洛河、汴河、沁河、沙河等主要支流，以及汉水、漳河、卫河等皆由于上游地区的持续暴雨又出现河水泛溢和新的河堤决口、大范围洪水淹没。黄河的主要决溢事件有河南通许杏树口八月决堤（碑记"大河决，弥漫漂沉，实数百年所仅见"⑦），和山东曹县"八月十七日河决牛市屯口，溃北堤入（鱼台）城，官署、民居多圮"⑧等。

　　黄河的多处决溢，加之淮河上游的强降雨导致洪水，造成黄淮地区大范围严重淹

① 康熙《稷山县志》卷一
② 康熙《阳曲县志》卷一
③ 康熙《徐沟县志》卷三
④ 康熙《解州全志》卷十二
⑤ 康熙《陈留县志》卷三十八
⑥ 康熙《原武县志》卷末
⑦ 康熙《通许县志》卷八
⑧ 乾隆《鱼台县志》卷三

没，宿迁"河决下古城，茅茨湖尽淤"①。更由于"河决归仁堤入洪泽湖，淮水东注高宝湖"，以及高邮"淮水东下堤决"②，致使宝应、兴化等地尽成泽国。同时汉水流域也罹受水患，湖北天门"八月汉水溢，城可行舟"③。1662 年夏秋发生河流决堤的有河南开封、武陟、通许、西华，山东鱼台、曹县，湖北钟祥、汉川、宜城、江陵，江苏睢宁、涟水、沛县、高邮、兴化，遭河溢大水围城、淹城的有河南中牟、扶沟、商水，安徽阜阳，湖北谷城、天门，山西清徐。

　　值得指出的是，1662 年夏秋除淮河、海河支流外，长江上游岷江、金沙江等地也有洪水发生，如雅安"秋大雨江水泛涨，将东南（城墙）冲洗百丈有余"④，夹江"七月江水暴涨，城野俱淹"⑤。有研究者认为 1662 年出现了"近三百多年来，跨黄河、长江、淮河、海河四大流域的一次罕见的大洪水"[37]。

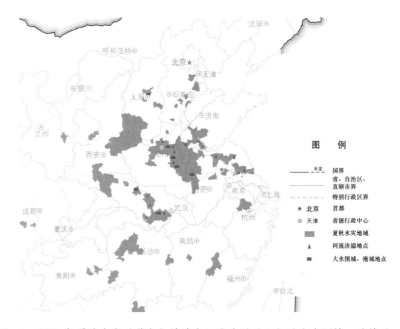

图 3—2—2　1662 年夏秋水灾（蓝色）地域和河流决溢（▲）及大水围城、淹城（■）地点

（图中河流决堤地点：河南开封、武陟、通许、西华，山东鱼台、曹县，湖北钟祥、汉川、宜城、江陵，江苏睢宁、涟水、沛县、高邮、兴化；大水围城、淹城地点：河南中牟、扶沟、商水，安徽阜阳，湖北谷城、天门，山西清徐）

---

① 康熙《宿迁县志》卷六
② 雍正《高邮县志》卷五
③ 康熙《景陵县志》卷二
④ 乾隆《雅州府志》卷十
⑤ 民国《夹江县志》卷十二

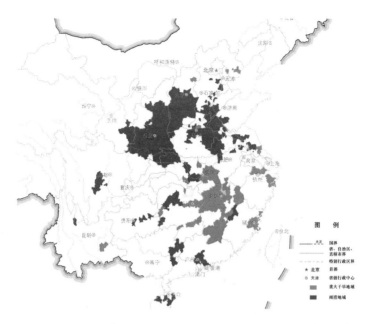

图 3—2—3　1662 年重大干旱（橙色）、雨涝（深蓝色）地域分布

注：旱涝并存的地方蓝色已被黄色覆盖。

3.2.3　气候概况

　　1662 年中国北方大范围持续多雨，长江中下游及江南严重干旱，华南有区域性多雨，降水分布大致呈北涝南旱的分布格局。冬季寒冷，华中、华南遭受冰雪寒害。

　　北方甘肃、陕西、山西、河北、河南、山东各省春季并无旱情发生，但自夏初至深秋却持续多雨，且以陕西雨期最长，多达 60 余日以上，详如前述。长江流域及江南广大地区自春至秋持续干旱少雨，安徽南部"夏六月至七月不雨"[①]，江西"大旱百余日"[②]，浙江北部"自春入夏亢旱异常，概为焦土，宁海奇荒尤甚"[③]，湖南"自春徂夏亢旱不雨"[④]，湖北荆州大旱、黄州郡县皆旱[5]等，这反映了夏秋西太平洋副热带高压异常强盛且持续稳定在 28°N～30°N 上空。不过，华南广东、广西等地夏秋多雨。西南地区秋季大雨，川西雅安、夹江等地因大雨一度江水暴涨而罹致水患。

---

① 康熙《望江县志》卷十一
② 康熙《湖口县志》卷八
③ 光绪《宁海县志》卷二十三
④ 乾隆《清泉县志》卷六

1662 年的台风活动，有侵袭广东和海南的南海强台风记录，而浙江、福建沿海的台风记录却未见，后者显然是夏秋时节副热带高压长时间地盘踞在长江下游的缘故。值得注意的是这些南海强台风活动日期，均可与北方地区的强降水过程一一对应。如雷州半岛的吴川"八月初六（9 月 17 日）日至十六日（9 月 27 日），飓风三次"①，和廉江八月十三日（9 月 24 日）、十六日（9 月 27 日）、十九日（9 月 30 日）的连续侵袭②。与前述北方大暴雨的发生时间对照可见，北方几次强降水过程大致滞后于南海台风登陆 3 天左右，这就为北方暴雨过程的天气学成因提供了合理解释：正是盘踞在长江下游和江南地区的副热带高压系统西南侧的偏南气流承担了强烈的水汽输送作用，为河南、山西等地的暴雨系统提供了丰富的水汽，酿成暴雨强降水。

1662 年冬季寒冷，华南虽然初冬异常温暖，福建建宁等地"冬十月暄燠如春，桃李皆华"③，但随后强寒潮频频而至，建宁"冰雪弥旬，冻不开，鱼多冻死"④，江西余干寒冻异常，永修河流结冰，海南琼海更遭"霜威严凛，椰椰萎，比前犹甚，河鱼冻死"⑤，陕西黄河"自龙门至华阴结冰桥，行人往来如坦途"⑥。

由当年雨带和干旱地带的位置和长时间维持等情形，可以推知当年副热带高气压系统的状况，认为 1662 年夏季西太平洋副热带高压异常强盛，入夏后副热带高压系统迅速北移，然后长时间稳定盘踞在江南地区上空，高压中心位置在江西，而湖北、湖南、安徽和江苏南部地区正好在其控制之下，以致长江中下游和江南地区出现亢旱、百日无雨。由于副热带高压北侧的雨带正好位于黄河流域的陕、晋、豫一带，这雨带因副热带高压系统的稳定而得以长久维持。副热带高压的位置特点又正好可以为广东的台风和川西地区的秋季大雨作出合理的天气学解释：川西正位于副热带高压的西侧，此处高空的北向气流的引导作用可将孟加拉湾的水汽源源不断地输送到川西上空；而广东沿海地带正好位于副热带高压主体的西南缘，此处的气流正好可以引导台风接连登陆，以致吴川"八月初六至十六日，飓风三次，禾稼尽淹"⑦。

1662 年的天气形势特点与 1933 年相仿。1933 年夏秋黄河流域大暴雨，酿成 20 世纪

① 康熙《吴川县志》卷四
② 康熙《石城县志》卷三
③ 康熙《建宁县志》卷十二
④ 康熙《建宁县志》卷十二
⑤ 康熙《乐会县志》气候
⑥ 乾隆《华阴县志》卷二十一
⑦ 康熙《吴川县志》卷四

黄河中游最大的一次洪水[36]。

3.2.4　可能的影响因子简述

（1）太阳活动

1662 年位于 1655～1665 年的太阳活动周内，是该活动周的峰年 1660 年之后的第 2 年，记为 M+2。峰年的太阳黑子相对数估计为 50，强度很弱（WW）。

（2）火山活动

1662 年无重大火山活动，只有秘鲁 Ubinas 火山喷发和 1 月 26 日日本 Kuju Group 火山的喷发，皆为 3 级（VEI=3）。此前 1661 年也仅有若干 1、2 级的弱喷发活动。

（3）海温特征

1660 年有强厄尔尼诺事件发生，强度级别为强（S），1662 年是这强厄尔尼诺事件后的第 2 年，即非厄尔尼诺年。

3.3　1668 年 8 月华北暴雨

1668 年（清康熙七年）8 月上、中旬华北平原特大暴雨 7～8 天。引起海河流域严重水患。该年夏季北方地区和长江下游多雨，降水分布呈南北方皆多雨的格局。1668 年夏季暴雨发生的地域和气候特点与现代 1963 年 8 月"63·8"华北特大暴雨事件极为相似。

3.3.1　暴雨实况

1668 年夏季华北地区多雨。8 月 5 日—16 日（六月二十八日至七月初九），河北、山东、河南各地先后发生持续 7～8 天的大范围强降水过程。大雨最先见于河北的东北部抚宁、卢龙一带，以致 8 月 5 日临榆"大水入西罗城北门"①。自 8 月 8 日起，大雨区已覆盖河北省大部分，8 月 9 日大雨区更向南推至河南省境并向东南扩展至山东，

---

① 康熙《山海关志》卷一

淄博等地"七月二日（8月9日）连雨八昼夜至九日乃止"①。各地强降雨多为七八天，也有称"连雨六昼夜"的如河北安新县②，或有记为"大雨二十昼夜"的如河北沙河县③，足见降雨分布的区域差异。各地强降雨的高峰时段各有先后，显示出暴雨中心的逐日移动，反映了降水天气系统内"强降水单体"的生消演变。北京地区的强降雨时段是8月8日—13日，昌平、通县降雨高峰出现于8月8日，"七月朔大雨七日民舍漂没"④⑤，密云是8月11日，"七月初四大雨如注"⑥。北京城区8月10日—12日雨势强盛，又以16日再现的暴雨最强，"七月初三（8月10日）京师大雨三昼夜不止，平地水深数尺，初九日（8月16日）尤甚"⑦。河北南部大雨发生稍迟，如临城"自初二（8月9日）至初八（8月15日）雨若倾盆"⑧，赞皇等地则称"初八（8月15日）暴雨如注"⑨，而内丘则以8月13日—15日雨势最为强大，"七月初六至初八大雨三日，势如建瓴"⑩。大雨区覆盖河北全境，从张家口迄南，各地方文献中多有如"七月大雨水七日夜，城屋庐多浸塌"⑪之类的记载。大雨还见于河南省北部，如杞县"七月大雨，平地水深三尺"、安阳"七月彰德府属大雨，河水湧涨，平地深五尺"⑫。这期间各地有关雨况的记述多为"大雨如注""雨若倾盆""暴雨如注""势如建瓴""洪涛亘山谷"等[5]，见雨势极强，应当达到暴雨甚至特大暴雨的级别。历史记录的大雨发生地域和日期见图3—3—1。

3.3.2　水患实况

华北地区持续数日的强降水导致海河诸支流永定河、滹沱河、浑河、清河、滋河、漳水、泜水等河流泛涨、漫溢，甚而堤决，以致田禾漂没，冲毁村庄庐舍，陆地行舟。

---

① 乾隆《淄州县志》卷三
② 乾隆《新安县志》卷七
③ 乾隆《沙河县志》卷一
④ 康熙《昌平州志》卷二十七
⑤ 康熙《通州志》卷十一
⑥ 康熙《密云县志》卷一
⑦ 清·叶梦珠《阅世编》卷一
⑧ 康熙三十年《临城县志》卷八
⑨ 康熙《赞皇县志》卷九
⑩ 道光《内丘县志》卷一
⑪ 康熙《宣镇西路志》卷一
⑫ 康熙《河南通志》卷四

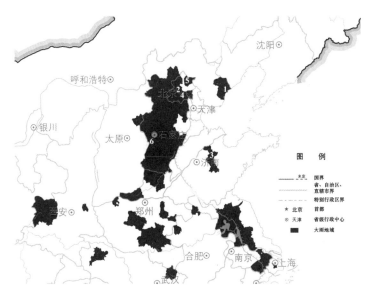

图3—3—1 历史记载的1668年8月5日—16日大雨（墨蓝色）地域和大雨中心位置与日期

（图中数字代表大雨中心地点：1.抚宁—8月5日；2.昌平—8月8日；3.淄博—8月9日；4.北京—8月10日；5.密云—8月11日；6.赞皇、内丘—8月15日）

更有多座县城蒙受大水围困，或大水汹涌冲入城内。如河北东部的香河"七月初七日阴雨连日，河水泛溢，凡开口岸三十余处，城四面水围。西城水淹三十八行，北城淹十行，大雨倾盆昼夜不止，村落当冲处房屋漂没，淹死男女尸骸并头畜等蔽满水面。水凡七涨，计二十余日"[1]，再如河北中部的冀县"七月大水，河堤尽决平地深丈余，冀城外极目汪洋，林木岸柳仅见树梢。若无护城堤，城不浸者止三版也。抚院视水，舟行陆地"[2]。北京城内暴雨"平地水深数尺"，在连续7天强降雨之后8月16日再次暴雨，终致西部山区山洪大暴发，当晚北京"山西水发、冲倒芦沟桥，桥上水高数尺。西城毁数丈，行人裹足"[3]。同日地处下游的武清县"芦沟水溢，从凤河至城下平地深丈许，三门俱塞，水瀑入城弗能御，东城楼坍坠其流始障"[4]。由于雨势极其强盛，冲塌城墙普遍发生，乃有圣旨"今年雨水甚大，各处城垣多有倾圮，与寻常修理不同"[5]。这次华北特大暴雨导致洪水淹没的地域、发生河流决溢和大水淹城的地点如图3—3—2所示。记载河流决溢的地点有正定、深泽、香河、乐亭、文安、新城、雄县、安平、

① 康熙《香河县志》卷十
② 康熙《冀州志》卷一
③ 清·叶梦珠《阅世编》卷一
④ 康熙《武清县志》卷一
⑤ 康熙《定州志》卷五

青县、南皮、冀县、涉县、临漳、隆尧、藁城、内丘。记载大水围城、淹城的有抚宁、密云、通州、武清、赵县、元氏、平山、香河、河间、邯郸、成安、鸡泽、任县、永年、宁晋、临城等。

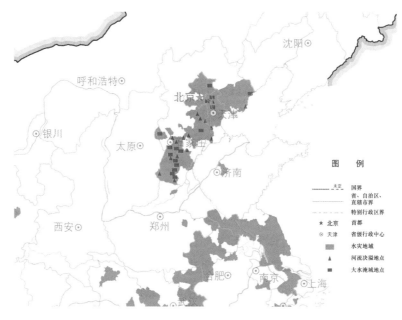

图 3—3—2　1668 年 8 月华北暴雨引发的水灾（蓝色）地域和主要的河流决溢（▲）、大水淹城（■）地点

（决溢地点：正定、深泽、香河、乐亭、文安、新城、雄县、安平、青县、南皮、冀县、涉县、临漳、隆尧、藁城、内丘；淹城地点：抚宁、密云、通州、武清、赵县、元氏、平山、香河、河间、邯郸、成安、鸡泽、任县、永年、宁晋、临城）

3.3.3　天气气候概况

1668 年华北、华中、华南皆多雨。春季和夏初河北北部亢旱少雨，盛夏河北平原开始多雨，"六月雨甚"[①]，陕西、山西持续多雨，如陕西眉县"霖雨数十日，平地大水"[②]，山西五台"大雨连绵四十日民舍多圮"[③]。河南、苏北等地雨期更长，豫东太康"霪雨自五月初旬至七月终"[④]，苏北涟水"大雨五十日"[⑤]，以致黄淮、洪泽湖地区多处出现

---

① 《清圣祖实录》卷二十七
② 雍正《郿县志》卷七
③ 康熙《五台县志》卷八
④ 康熙《太康县志》卷八
⑤ 雍正《安东县志》卷十五

河溢堤决，多罹水患。同时，长江下游和江西、浙江北部也多雨，上海"五月二十五日阴雨两月，早棉多死"①，昆山"四、五月霪雨不止"②，绍兴"七月霪雨弥月，禾稻俱淹"③。此外，湖北、湖南、广东、广西的夏季多雨乃属常见情形，间或有一些局地干旱。当年唯 8 月上、中旬出现在华北地区的特大暴雨情形，殊为罕见。1668 年降水分布呈南北方皆多雨的格局（图 3—3—4）。

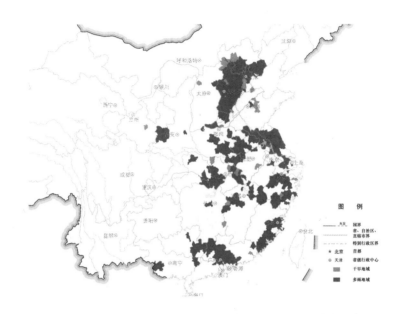

图 3—3—3 1668 年干旱（橙色）、多雨（深蓝色）地域分布

当年台风活动较频繁，广东"夏五月、秋七月飓风连发"④"六月十九日飓风"⑤，直到深秋 11 月 5 日—6 日海南文昌仍遭台风袭击⑥。值得注意的是一些台风活动往往和华北暴雨日期相对应，如台风袭击浙江温岭、瑞安之时，"六月二十五日至七月初五日（8 月 2 日—12 日）风雨大作，田禾屋宇尽坏"⑦，正好是在河北大雨开始和北京等地的暴雨高峰时段之前约 3 天。这种对应关系可以由天气学给出合理解释：从台风系

---

① 光绪《上海县志札记》卷三十
② 乾隆《昆山新阳合志》卷三十七
③ 光绪《三江所志》
④ 乾隆《潮州府志》卷十一
⑤ 雍正《揭阳县志》卷四
⑥ 乾隆《会同县志》卷三
⑦ 康熙《太平县志》卷八

统的流场来看，登陆台风强盛的外围气流正好提供了把丰富的水汽源源不断送往华北上空的动力条件。

1668 年春季和夏初寒冷，有强寒潮侵袭。河南沁阳、孟县等地"三月大雪深三尺，寒过于冬"[①]，三月三十日（5 月 10 日）山东无棣、利津、沾化等地"海溢，冻溺死者数万人"[②]，青州"夏四月冷雨，人多冻死"[③]。

与现代的华北暴雨事例相比较，1668 年夏季华北大暴雨的发生地域和天气、气候特征皆与 1963 年 8 月的"63·8"华北暴雨事件的极为相似，1963 年 8 月上旬安阳至保定一线的旬雨量在 600 mm 以上，河北赞皇达 1 187 mm，河北临城日雨量达 642 mm；1963 年同样有近海台风活动频繁的特点，1663 年同样暮春寒冷，1963 年 4 月 7 日—9日受强冷空气影响，河南、山东等地最低气温曾降到 0℃左右[24]，这二例华北夏季暴雨事件都同样呈现春季低温的特点。

3.3.4　可能的影响因子简述

（1）太阳活动

1668 年位于 1666～1679 年的太阳活动周内，是该太阳活动周极小年 1666 年的后2 年，记为 m+2。该活动周峰年 1675 年的太阳黑子相对数估计为 60，强度为弱（W）。

（2）火山活动

1668 年有中国东北的白头山火山喷发，其强度不明；2 月和 8 月有日本 Aso 火山的喷发，喷发级别仅 2 级（VEI=2）。但在其前 1 年有强火山活动，1667 年 9 月 23 日日本北海道 Tarumai 火山喷发，喷发级别为 5 级（VEI=5），且火山喷出物体量极其巨大，估计达 10^9m^3。

（3）海温特征

1668 年位于两次强厄尔尼诺事件之间，是非厄尔尼诺年。之前有 1660 年的强厄尔尼诺事件，强度级别为强（S），之后的 1671 年有强厄尔尼诺事件，级别也是强（S），1668 年为强厄尔尼诺事件的前 3 年，处于赤道东太平洋海温偏低的状况。

---

① 康熙《怀庆府志》卷一
② 康熙《海丰县志》卷四
③ 康熙《益都县志》卷十

3.4　1730年华北和黄淮地区暴雨

1730年（清雍正八年）7～8月，华北和黄淮地区持续多雨，雨期长逾40天，含特大暴雨过程，引起海河、黄河、大运河、淮河的诸多支流暴涨、决堤、浸坏城垣，引起大范围洪涝灾害。当年降水分布呈南北方皆多雨的格局。

3.4.1　暴雨实况

1730年7～8月间河北南部和黄淮地区持续多雨，雨区覆盖河北南部、河南东部、山东中西部、江苏和安徽北部等地，尤以山东境内雨期最长，逾40天，如日照"自五月霪雨至六月廿九日"[①]、莒县"五月初旬阴雨连绵四十余日"[②]。其间包含若干暴雨天气过程，主要强降雨时段是7月28日—8月13日（六月十四日至三十日），持续17天，但各地发生有先后，主要雨区有自西向东和自南向北、再转向南的扩展和移动。强降雨最早出现在河南东部，7月28日—30日开封、新郑等地就出现"大雨，河水陡涨"[③]；7月31日起大雨区扩展至河北南部且持续14天，鸡泽"六月十七日（7月31日）大雨至三十夜"[④]、永年"六月十八日（8月1日）大雨连旬不止，至二十八日如倾盆，二十九日夜（8月12日）大雨不止"[⑤]；随即大雨区东扩至山东省境，强降雨中心呈南北游移，8月2日大雨始见于莒县、沂水，"六月十九日大雨如注七昼夜无一二时止息"[⑥]；8月4日见于曲阜、金乡、济宁等地，"六月二十一日雨至廿六七等日风雨交作"[⑦]，泰安"六月二十一日霪雨三昼夜"[⑧]；8月5日大雨区移至肥城，"六月二十二日大风雨连七日夜，墙屋尽倾"[⑨]，并扩展入江苏省境，赣榆"大雨七

---

① 光绪《日照县志》卷七
② 民国《重修莒志》卷二
③ 雍正《河南通志》卷十五
④ 乾隆《鸡泽县志》卷十八
⑤ 雍正增补《永年县志》卷十八
⑥ 民国《重修莒志》卷二
⑦ 乾隆《兖州府志》卷首
⑧ 乾隆《泰安县志》卷末
⑨ 嘉庆《肥城县新志》卷十六

昼夜"①、连云港"六月二十二日大水暴至，平地深丈余"②；而8月6日大雨区又一度向北折返至山东，齐河"六月二十三、四、五、六等日风雨连绵，满地汪洋"③；迟至8月7日—10日强降雨出现在江苏泗阳，"六月二十四、五、六、七等日风雨连绵，昼夜不止"④。图3—4—2显示各地强降雨时段的起讫日期，可见强降雨区先由开封向东—东北方向扩展、加强，继而逐日向东移至山东和苏北，大致是在黄河下游、黄淮地区盘桓。在7月28日—8月13日的降雨过程中，各地有关雨势的记述多有"雨如倾盆""大雨如注"等，足见降雨强度应达到暴雨甚至特大暴雨的级别。

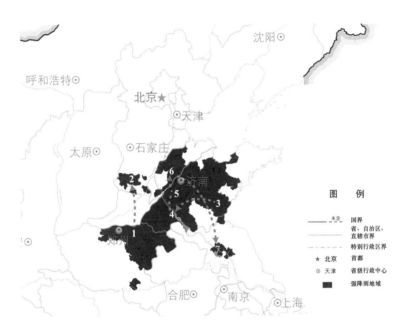

图3—4—1 1730年7月28日—8月10日强降雨（墨蓝色）区域和暴雨中心位置的逐日移动

（图中数字代表暴雨中心地点：1、开封—7月28日—30日；2、鸡泽—7月31日；3、莒县—8月2日；4、济宁—8月4日；5、肥城—8月5日；6、齐河—8月6日；7、泗阳—8月7日—10日）

注：紫色虚线箭头表示暴雨中心的位置移动。

---

① 光绪《赣榆县志》卷十七

② 嘉庆《海州直隶州志》卷三十一

③ 雍正《齐河县志》卷六

④ 乾隆《重修桃源县志》卷一

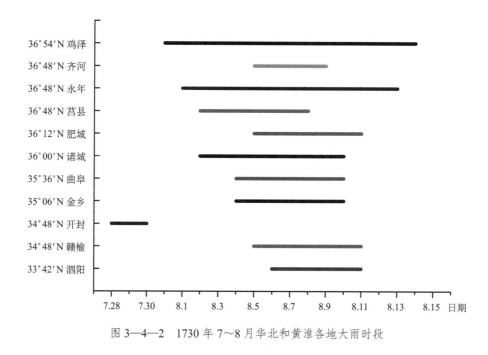

图 3—4—2　1730 年 7～8 月华北和黄淮各地大雨时段

值得指出的是上述强降雨天气过程与江、浙沿海的台风活动的对应：当 8 月 4 日—9 日主雨区山东济宁等地"大风雨"时，正好有台风 8 月 4 日袭击江苏沿海，东台等地"大风海溢"[①]；8 月 14 日河北南部大雨持续时，之前有飓风袭击浙江，海盐县"六月卅风潮，附石土塘塌陷"[②]，这些都表明正是台风的外围气流为暴雨系统输送了丰富的水汽。

3.4.2　水患实况

1730 年 7～8 月持续 10 余日的大范围强降水引起海河、黄河、淮河的诸多支流和大运河水位暴涨、漫溢甚而决堤，冲淹田禾、漂没庐舍、浸坏城垣。河北、山东境内漳河、卫河、洺河、大清河、小清河、孝妇河、白狼河、潍河、沂河、汶河、沭河、泗河，河南省境之洧水、沙河、洎水诸河洪水暴发，以及黄河、淮河、大运河等均有多处决口、漫溢发生，苏北因山东"山水暴发，溃运夺黄，泛滥洪泽"[③]，代表性的历史记述如表 3—4—1 所示。大水伤及山东、江苏北部、河南东部、河北东南部 100 余

---

① 嘉庆《东台县志》卷七
② 乾隆《海盐县续图经》卷四
③ 乾隆《淮安府志》卷二十五

州县。发生大水围城、淹城的有永年、馆陶、鸡泽、临漳、德州、章丘、昌邑、潍坊、莒县、蒙阴、邳县、新郑等（图3—4—3）。

表3—4—1 1730年7月31日—8月13日暴雨引起的河流重大决溢和大水围城、淹城记录举例

地 点	历 史 记 载
鸡泽县	六月十七日大雨至三十日夜山水自西南来，合沙、滏等水壅围城。①
永年县	六月十八日大雨连旬不止，至二十八日如盆倾，沙、滏水皆溢。二十九日夜大雨不止，水势汹涌骙骙欲入城中。②
馆陶县	卫河冲决，南自宋家庄北至孙寨堤口四十余里非舟不可，城屯四门势甚急。③
临漳县	六七两月大雨连绵，漳水屡发泛滥叠趋城下。④
德州市	七月二日德州河决冲灌县境，田禾淹没殆尽。⑤
商河县	大清河溢，东乡田被水。⑥
夏津县	运河决李家口。⑦
章丘县	六月大水浸城，民居圮。⑧
邹平县	小清河决对门口。⑨
淄博市	六月大雨霖，孝妇河涨，长峪道内淄水泛溢淹没田庐人畜无算。⑩
昌邑县	六月二十五日夜潍水大决，浸城基者三版土培东南二门，二十八日水愈盛，颓东门坏城垣四所。⑪
潍坊市	六月大雨众水合流。二十四日夜白狼河水涨齐城腰，城倒坏者一千四百余尺。二十五日潍水决。⑫
莒县	六月二十五日冲毁城垣城门，北关止存房屋七间淹死五六千人。⑬
沂水县	六月十九日大风雨沂水溢，浸淹田禾庐舍无算。⑭

① 乾隆《鸡泽县志》卷十八
② 雍正增补《永年县志》卷十八
③ 雍正《馆陶县志》卷十二
④ 光绪《临漳县志》卷一
⑤ 光绪《东光县志》卷十一
⑥ 道光《商河县志》卷三
⑦ 乾隆《夏津县志》卷九
⑧ 乾隆《章邱县志》卷五
⑨ 嘉庆《邹平县志》卷十八
⑩ 乾隆《博山县志》卷四
⑪ 乾隆《昌邑县志》卷七
⑫ 民国《潍县志稿》卷三
⑬ 民国《重修莒志》卷二
⑭ 道光《沂水县志》卷二

续表

地 点	历 史 记 载
泰安等	六月河决沙湾口。①
宁阳县	夏大水，石深口决田庐淹没。②
汶上县	汶水泛决淹没田庐无算。③
临清市	七月七日卫河决江家庄。④
宿迁县	河溢朱家海子，运河自杨家庄至仰化集漫溢数处，六塘沭河涨溢不辨涯岸。⑤
邳县	大水灌城，北面城垣倾圮。⑥
尉氏县	大雨洎河决。⑦
新郑县	六月大雨三日洧水啮城，西门、南门水，北大王庙圮于河。⑧

　　水灾最重的是山东，"济南、兖州、东昌、青州大水"⑨，如兖州府"滋阳、曲阜、宁阳、泗水、峄县、金乡、鱼台、济宁、汶上等处，风雨于六月二十一日至二十六七等日交作，山水陡发，河流骤长，其傍山临河处所有洼下之地田禾室庐皆被水淹浸"⑩。对此，政府采取若干赈济蠲免措施，如八月初九日上谕称"今年山东地方被水稍重，而直隶、江南、河南三省亦被水……将山东被水县之漕粮全行蠲免，直隶、江南、河南被水州县之漕粮，按成灾之分数蠲免"⑪。再如"户部覆准历城等七十三州县赈过被水倒塌房屋，无力修葺之灾民共一十一万六千九百六十九户"⑫等；因黄河、淮河和运河决溢受灾的苏北地方也"奉旨蠲赈"，如盐城县"全蠲被灾民屯田钱粮、发谷赈饥民"⑬。

---

① 乾隆《泰安县志》卷末
② 乾隆《宁阳县志》卷六
③ 宣统《四续汶上县志稿》
④ 乾隆《临清直隶州志》卷十一
⑤ 嘉庆《宿迁县志》卷六
⑥ 乾隆《邳县志》卷一
⑦ 嘉庆《洧川县志》卷八
⑧ 乾隆《新郑县志》卷二
⑨ 雍正《山东通志》卷三十三
⑩ 乾隆《兖州府志》卷首
⑪ 道光《安徽通志》首卷
⑫ 道光《长清县志》卷六
⑬ 乾隆《盐城县志》卷二

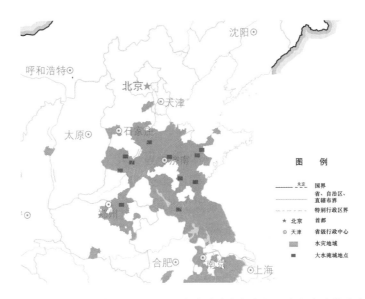

图 3—4—3　1730 年夏季暴雨引起的水灾地域（蓝色）和主要的大水淹城地点（■）

　　1730 年黄淮暴雨灾区有严重饥荒发生，尤以山东境内为重，饥荒最严重的滕县还出现"人相食"。当年长江中下游多雨地方也有饥荒发生。

3.4.3　天气气候概况

　　1730 年全国大部分地区雨水偏多，仅有些局地干旱如河北北长城以北地方春夏少雨，总的看来降水分布呈南北方皆多雨的格局（图 3—4—4），且夏季河北平原南部及黄淮地区出现罕见的异常强盛的连续暴雨并成严重灾害。这暴雨的区域性很强，暴雨区外围的北京虽同期有连续 5 天大雨（7 月 28 日—8 月 2 日，据北京《晴雨录》），但雨势一般，夏季（6～8 月）雨量 442 mm、雨日 43 天，皆与 1724～1904 年的平均值相近[34]，而长江中下游地区，湖北、湖南、江西虽也多雨，但据清宫《晴雨录》的推算知，长江下游梅雨的开始日期偏早，于 6 月 7 日入梅，不过梅雨期长度（19 天）和梅雨雨量（157 mm）均接近多年平均值[33]。当年西北地区无异常水旱，8 月 18 日（七月初五）兰州以上的黄河积石关河段出现"上下黄河清三日"①的现象，这表明该年夏季黄河上游地区没有暴雨发生。

———————————

　　① 光绪《甘肃新通志》卷二

　　1730 年沿海台风较活跃，如广西合浦"夏六月飓风"[①]，海南定安"八月内连作五个飓风，拔木发屋"[②]。值得指出的是江、浙沿海的台风活动与黄淮暴雨的可能关联：如前述，当 8 月 4 日台风袭击江苏，东台等地出现"大风海溢"[③]时，山东诸城、曲阜等地大雨滂沱，当 8 月 13 日飓风袭击浙江沿海[④]时，河北南部鸡泽、永年雨势犹酣直至 8 月 15 日。这情形和 1975 年 8 月淮河流域发生的"75·8"暴雨很相似。"75·8"暴雨是现代罕见的内陆特大暴雨，暴雨中心最大过程雨量（8 月 4 日—8 日）达 1 631 mm。河南林庄 6 h 雨量达 830 mm、24 h 雨量达 1 060 mm，超过中国大陆以往历次暴雨的实测记录[26][34]。"75·8"大暴雨的主要影响系统是 7503 号台风，8 月 4 日 7503 号台风在福建晋江登陆后向西北方向深入内陆，并在河南境内停滞，台风的外围气流乃从西太平洋海区为内陆暴雨输送大量水汽[26]，以致出现河南特大暴雨，造成淮河上游特大洪水。

　　1730 年气温无明显异常，仅春、秋季冷空气较活跃。4 月初的大范围霜冻使河北南部和河南荥阳、濮阳等地"麦被霜灾"[⑤]；秋初 10 月 2 日山西南部的沁县、武乡等地即遭严重风寒，"陨霜，荞菽尽死"[⑥]。

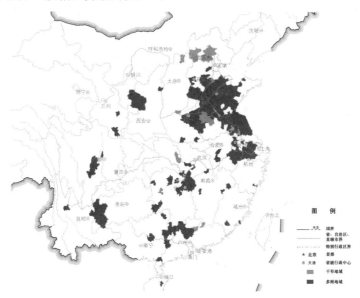

图 3—4—4　1730 年干旱（橙色）、多雨（深蓝色）地域分布

---

① 乾隆《廉州府志》卷五
② 乾隆《定安县志》卷一
③ 嘉庆《东台县志》卷七
④ 乾隆《海盐县续图经》卷四
⑤ 乾隆《荥阳县志》卷二
⑥ 乾隆《沁州志》卷九

3.4.4　可能的影响因子简述

（1）太阳活动

1730 年位于 1723～1734 年的太阳活动周内，在太阳活动极小年 1734 年之前，记为 m–3。该活动周峰年 1727 年的太阳黑子相对数估计为 140，强度级别为很强（SS）。

（2）火山活动

1730 年有三次喷发级别为 3 级的火山活动（VEI=3），即爪哇 Ruang 火山喷发且喷出的火山灰达 $10^8\,m^3$、2 月 27 日意大利 Vesuvius 火山喷发和 9 月 1 日非洲加那利群岛的 Lanzarote 火山喷发。另外还有一些弱喷发活动。其前一年 1729 年也只有一些喷发级别为 2 级的火山活动，如有菲律宾 Taal 火山和日本 Asama 火山，以及意大利 Vesuvius 火山、堪察加 Kliuchevskoi 火山等的继续喷发。

（3）海温特征

1728 年出现极强（VS）的厄尔尼诺事件，1730 年是这极强的厄尔尼诺事件之后的第 2 年，是非厄尔尼诺年。

3.5　1761 年华北和黄河中下游地区暴雨

1761 年（清乾隆二十六年）夏季华北和黄河中下游地区持续多雨，7 月下旬至 8 月中旬先后发生两场特大暴雨，黄河中游干流及诸多支流，以及海河、淮河部分支流发生特大洪水，尤其是黄河中游三门峡—花园口河段出现最近 400 多年来的最大洪水。1761 年降水分布呈南北方皆多雨的格局，全国雨水充沛，无重大旱情发生。当年近海台风活跃。

3.5.1　暴雨实况

1761 年入夏以后河北、山西、河南、山东大雨不断，各地方志[5]和清代宫廷奏折[40][41]中皆有大量的详细记述，如河北南部的沧州、东光等地"五月后大雨潦，月余不止"[①]，灵寿县等地"六月十六日霪雨四十日"[②]，山西"晋省六七月雨水联绵"[40]，山东"六月中旬以后不时阴雨，二十三、四两日雨势更大，七月初间又复大雨连绵"[41]等。综合有关记载可推知这其间有两次异常的强降雨过程，由雨势的记述"大雨如注""连雨如注"等推断，降雨强度应当是暴雨甚至大暴雨以上。第一次强降雨过程为 7 月 17 日—28 日（六月十六至二十七日），大雨区主要在北京、河北，也延及山西和山东。查阅清代宫廷《晴雨录》知，北京 7 月 17 日—28 日连降大雨，以 21 日—23 日雨量最大，3 天的降雨时数达 60 小时；河北固安 7 月 21 日"入夜滂沱大沛"[41]、乐亭 7 月 23 日"大雨乐城颓压死抚邑赴试生童六人"[③]、冀县"大雨连绵"[④]以致涉县"六月二十六日（7 月 27 日）漳水大发入南关"[⑤]；山东济宁"六月连降霪霖，上流喷涌而来环攻城堤"[⑥]；山西 7 月 16 日—25 日"大雨连沛"，以致平遥"汾水西堰决"[⑦]。

另一次强降雨过程发生在 8 月 11 日—20 日（七月初十至十九日），大雨区南扩，雨区笼罩北京、山西、河北和河南。8 月 12 日—18 日北京连续降雨 6 天，其中 15 日—16 日"大雨倾盆"[5]；8 月 12 日—16 日山西南部盐池等地连降大雨[40]、14 日—16 日晋省地方大雨连绵[40]，8 月 16 日强降雨中心向南扩展至河南西部，渑池"七月十五日大雨四昼夜"[⑧]、新安"七月十五至十九暴雨五日夜不止"[⑨]、沁阳等地"连雨如注"[⑩]；8 月 18 日强降雨中心东移至河南修武一带，"七月十七日大雨如注"[⑪]，中牟"七月十七日至十九日大风雨"[⑫]。8 月 20 日以后雨势渐弱。这次河南境内的强降雨全过程持续十天左右，以 8 月 16 日—20 日的降水强度最大，洛阳、孟津等地记有"霪雨浃旬"[⑬]。此后 8 月下旬河北南部和山东西部等地仍时有强降雨发生，如沧州"七月

---

① 光绪《东光县志》卷十一
② 同治《灵寿县志》卷三
③ 乾隆《永平府志》卷三
④ 民国《冀县志》卷三
⑤ 嘉庆《涉县志》卷七
⑥ 乾隆《济宁直隶州志》卷四
⑦ 光绪《平遥县志》卷十二
⑧ 民国《渑池县志》卷十九
⑨ 乾隆《新安县志》卷十四
⑩ 道光《河内县志》卷十一
⑪ 乾隆《修武县志》卷九
⑫ 同治《中牟县志》卷首
⑬ 乾隆《河南府志》卷一百一十六

廿四（8月23日）复又大雨如注"[41]。

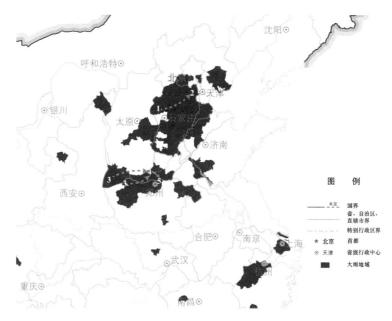

图3—5—1 1761年7月17日—28日和8月11日—20日大雨区域（墨蓝色）和暴雨中心位置

（图中数字序号代表暴雨中心地点： 1、灵寿—7月17日；2、固安—7月21日；3、渑池和运城—8月16日；

4、修武—8月18日；5、中牟—8月19日）

注：紫色虚线箭头表示暴雨中心的位置移动。

3.5.2 水患实况

1761年7月下旬河北平原的连日大雨，引起海河流域水灾，如乐亭"六月廿五日大水，陆地丈余"①，任丘"猪龙河堤决麻家坞，河水漫溢"②，束鹿"濒河曹家庄、褚家庄、温朗口、东城、漫河头、耿虔寺、南北智丘、汶口、百尺口，与冀州连壤之王口等村俱被水"③。山西境内平遥"六月汾水西堰决"④。

该年8月中旬的强降雨过程引起黄河干流及汾、伊、洛、沁、泷、沮、丹诸支流，以及泌阳河、汝河、涉河等河流涨溢，甚至堤堰溃决、泛滥成灾。"今岁黄水

① 乾隆《永平府志》卷三
② 乾隆《任丘县志》卷十二
③ 民国《冀县志》卷三
④ 光绪《平遥县志》卷十二

异涨为自来未有"[40]，山西平遥汾水东堰决①、临猗涑河溢②，河北漳河自临漳横入邱县境③、衡水滏阳河堤决④、高邑大水入城⑤。河南境内诸河并溢，洛阳"伊、洛诸水泛滥"⑥，新安"涧水溢"⑦，郏县"汝水溢，害稼"⑧，济源"大雨连日，沁、泷、催三水暴溢，人畜屋宇淹没无算"⑨，沁阳"决古阳堤"⑩，"沁、黄并涨，水势异常，北岸武陟、荥泽、阳武、祥符四汛漫决内外堤十五处"⑪。沁河下游的沁阳、修武、武陟、博爱等县大水灌城，如沁阳"城内水深四五尺，四日乃退"⑫，修武"丹、沁二河以及山水骤涨，平地水深丈余，灌入城内。县属二百六十村庄房屋、庐舍、秋禾尽没"⑬，获嘉县甚至有流尸入境。因暴雨而大水入城的还有原阳、渑池、洛阳、偃师、巩县等，河南省"水冲入城者共十州县"[40]。黄河"决兰阳"⑭"漫溢中牟县杨桥大堤，夺溜成河"⑮，冲决柘城旧城，杞县、尉氏、通许各地漂房屋、溺人畜，平地水深六七尺[5]。山东境内的黄河河段受上流来水危害严重。曹县刘洞口黄河决堤，致使成武"溃堤入城，深丈余，数日始退"⑯，金乡"逾南堤灌城，城几不守"⑰，均遭大水灌城之灾，济宁城墙被淹没一半⑱。宁阳、汶上、寿张、平阴、德州、济阳、齐河等地也均遭洪水冲没田禾，同时引起淮河泛溢和苏北运河堤决，苏北、皖北大范围水淹，如高邮"七月二十日早，挡军楼堤决，楼亦被冲，前后开坝四座，中下田尽没"⑲。由于这次暴雨

---

① 光绪《平遥县志》卷十二
② 乾隆《续猗氏志》
③ 乾隆《邱县志》卷七
④ 乾隆《衡水县志》卷十一
⑤ 乾隆《高邑县志》卷七
⑥ 乾隆《河南府志》卷一百一十六
⑦ 乾隆《新安县志》卷十四
⑧ 同治《郏县志》卷十
⑨ 嘉庆《续济源县志》卷二
⑩ 道光《河内县志》卷十一
⑪ 光绪《祥符县志》卷六
⑫ 道光《河内县志》卷十一
⑬ 乾隆《修武县志》卷九
⑭ 乾隆《仪封县志》卷一
⑮ 同治《中牟县志》卷首
⑯ 同治《中牟县志》卷首
⑰ 乾隆《金乡县志》卷四
⑱ 乾隆《济宁直隶州志》卷四
⑲ 嘉庆《高邮州志》卷十二

区正好覆盖了黄河干流和洛河、沁河南北两大支流以及众多小支流区域，以致各处洪水同时产生。有关历史洪水的研究指出："伊洛河、沁河和黄河干流区间同降暴雨，洪水在花园口断面相遭遇，是黄河下游最严重的一种洪水组成类型"，乃将这次洪水称为"三门峡—花园口区间最近 400 多年来之最大洪水"，并粗略推断"1761 年 8 月中旬花园口河段 5 天洪量可以超过 80 亿 m³，比 1958 年、1982 年高出将近 1 倍"[36]。

这次 8 月中旬的暴雨使山西运城的盐池生产大受损害，"七月十五日以后连日大雨，十八日渠水暴涨，直抵盐池禁墙，墙坍十余丈，水入盐池，入七月，池盐竟无收刮。"[40]

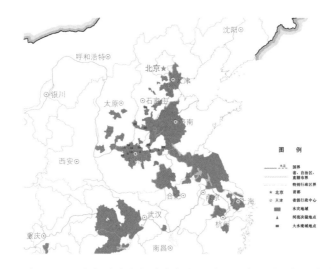

图 3—5—2　1761 年 7～8 月水灾（蓝色）地域和主要的河流决溢（▲）大水灌城（■）地点

（图中河流决溢地点：沁阳、巩县、中牟、兰考、曹县、大水灌城地点：河北高邑、临漳、涉县、河南修武、武陟、原阳、偃师、长垣，山东成武、金乡）

3.5.3　气候概况

1761 年春夏秋季气温无异常，但冬季奇寒。山东临朐、昌乐、诸城等地"冬大寒，井水结冰"[①]，甚而安丘"井中结冰厚尺余"[②]、胶东"冬大雪，雁凫多冻死"[③]，长江

---

① 嘉庆《昌乐县志》卷二
② 道光《安丘新志乘韦》
③ 道光《文登县志》卷七

下游地区冬季奇寒，宜兴"太湖结冰一月有余"[①]，上海"浦江冻冽，舟不能行"[②]、宝山"十二月奇寒牛羊冻死"[③]、嘉定"严寒弥月，竹柏多槁死"[④]。浙江余姚江等结冰，其他官河、小河封冻，冰坚三日至十余日不等，河港不通。冬季的强寒潮还使广东、广西降大雪，四川多次降雪[5]。

　　1761年全国雨水充沛，无重大旱情发生。华北地区入夏后便多雨，自6月初起持续阴雨月余，7月下旬连续出现强降水天气过程，8月中旬河北平原及黄河中游广大地区再度出现暴雨并引发洪水为害。夏秋江、浙、皖、鄂、湘、赣雨水较丰沛，局地还有多雨之患，如上海一带"四月霪雨至小暑节止，棉花重种"[⑤]"自九月至十月杪，霪雨五十余日，禾不得登，谷半朽于田"[⑥]等。降水分布呈全国多雨的格局，仅有零星局地干旱（图3—5—3）。

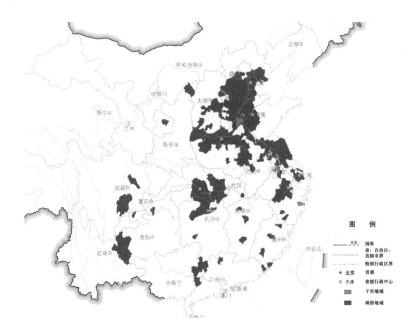

图3—5—3　1761年干旱（橙色）、雨涝（深蓝色）地域分布

---

① 嘉庆《新修荆溪县志》卷四
② 乾隆《上海县志》卷十二
③ 光绪《宝山县志》卷十四
④ 乾隆《真如里志》卷四
⑤ 光绪《宝山县志》卷十四
⑥ 光绪《重修华亭县志》卷二十三

1761 年近海台风活跃，仅七、八月影响广东的台风就有三次，分别是 8 月 19 日（顺德）、9 月 2 日（四会）、9 月 8 日（宝安），而浙江则有 8 月 18 日飓风侵袭杭州的记录。值得注意的是台风活动与北方暴雨的关联，例如，当 8 月 18 日台风在杭州登陆出现"飓风大雨"[①]时，也正好是河南中牟、修武等地暴雨最盛之时，表明正是这台风外围流场为华北暴雨天气系统输送丰富的水汽。1761 年冬季奇寒。山东临朐、昌乐、诸城等地"冬大寒，井水结冰"[②]，江苏"太湖冰一月有余"[③]。

3.5.4 可能的影响因子简述

（1）太阳活动

1761 年是太阳活动周第 1 周（1755～1766 年）的峰值年，记为 M。该峰年的太阳黑子相对数为 85.9，强度中等（M）。

（2）火山活动

1761 年及其前期均有重大火山活动。1761 年印尼的 Makian 火山喷发，喷发级别为 4 级（VEI=4），火山喷出物体量巨大，估计达 10^8 m³，且在这之前 1760 年 9 月 22 日已发生过相同级别和相同喷出物体量的喷发活动。1760 年另一次记录是 12 月 23 日意大利 Vesuvius 火山喷发，喷发级别为 3 级（VEI=3），它在 1761 年还有后续喷发。此外还有些中小规模的火山活动，如 1760 年千岛群岛 Chirinkotan 火山和 1761 年爪哇 Gede 火山的喷发等，其喷发级别都在 2 级或以下。

（3）海温特征

1761 年正值强厄尔尼诺事件的当年，其降水呈现为南、北方大范围雨水偏多的特征，仅有少量局地干旱。这一特点不同于大多数厄尔尼诺事例的统计结果，即厄尔尼诺事件当年降水量分布呈现华北及黄河中、下游干旱少雨的特点[27][28]。

---

① 乾隆《杭州府志》卷五十六
② 乾隆《诸城县志》卷三
③ 嘉庆《新修荆溪县志》卷四

3.6　1801 年华北暴雨

　　1801 年（清嘉庆六年）夏季，华北地区连续大雨逾四十天且多暴雨，海河、滦河发生全流域性的罕见洪水。北京 7 月的月降水量约 600 mm，相当于年降水量的多年平均值，是自 1725 年以来北京 7 月降水量的次高值。中国东部地区降水分布呈南北方皆多雨的格局，当年近海台风活跃。

3.6.1　暴雨实况

　　1801 年 7～8 月，北京、天津、辽宁、河北、山西、山东大范围霖雨不断，北京"夏霖雨数旬"[①]，天津"六月霪雨浃旬"[②]，山西、河北之浑源、阳原、承德、怀来、临榆、卢龙、清苑、唐县、定兴、平山、新乐、南宫、枣强，辽宁绥中等地多有记述如"霪雨连绵四十余日不止"[③][④]"夏大雨一月有余"[⑤]"大雨连旬"[⑥]等。

　　汇集各地方志[5]和宫廷奏折文档[41]中的详细记载，可推知其间曾有多次暴雨天气过程，主要强降雨时段有三个。第一强降雨时段是 7 月 10 日—16 日（五月三十日至六月初六），暴雨自北向南发生，首先见于承德，"五月三十日丑时大雨倾盆……夜间续经大雨"[41]，随即易县"五月三十日申时起，大雨倾盆昼夜不息"[41]。次日河北各地普降豪雨，承德"自六月朔日（7 月 11 日）大雨五昼夜，宫门外水深数尺"[⑦]、青县"六月朔大雨，五日乃止"[⑧]、邢台"六月朔大雨数昼夜，平地出泉"[⑨]。暴雨中心区应在承德、新城、邢台、大同之间（图 3—6—1），各地持续 5～7 日不等，西、北

---

① 清·汲修主人《啸亭杂录》卷一
② 光绪《天津府志》卷四十
③ 光绪《正定县志》卷八
④ 光绪《唐县志》卷十一
⑤ 咸丰《平山县志》卷一
⑥ 光绪《南宫县志》卷十七
⑦ 道光《承德府志》卷二十四
⑧ 嘉庆《青县志》卷六
⑨ 嘉庆《邢台县志》卷九

面雨期稍长，大同"大雨六日"①、怀来"大雨七日"②、浑源"大雨十余日"③。

图3—6—1 1801年夏季华北地区大雨地域（墨蓝色）和三个强降雨时段的暴雨中心位置

[注：7月10日—16日承德、新城、邢台、大同、北京（○）；7月23日—31日承德—保定、遵化、天津、北京（●）；
8月9日—18日北京、宣化（　）]

第二强降雨时段是7月23日—31日（六月十三日至二十一日），雨区笼罩海河、滦河流域，综合各官员的奏折所述可推知强降雨中心位置的逐日变动情形：7月23日—25日暴雨中心在河北北部承德—易县—保定一带，25日—26日东移至遵化—蓟县一带，27日—28日在天津—山东临清一带，29日京东平谷"雨大如注"[41]，30日天津宁河"自午至亥更加淫雨如注"，31日天津尚"雨势绵绵"，但到8月1日"（二十二日）酉戌之间云开大晴"[41]。至此，河北各地大雨结束。

第三强降雨时段是8月9日—18日（七月初一至初十），北京、宣化等地出现"连朝大雨"[41]，河北平原的庆云、南皮、巨鹿、东光均在雨区之内。

北京位于这几次强降雨区内，据清代宫廷文档北京《晴雨录》的逐日记录，可将北京的夏季降雨时段分为四段，即：①7月9日—20日、②7月23日—8月3日、③8月9日—12日、④8月16日—19日，它们分别包含在前述的华北三次强降雨时段内

---

① 道光《大同县志》卷二
② 光绪《怀来县志》卷十四
③ 光绪《浑源州续志》卷二

（③④段对应于第三强降雨时段）（图 3—6—2）。而且《晴雨录》所记的豪雨日期为众多史籍记载所证实，如《东华续录》载："六月巳酉（7 月 14 日）京师大雨"[①]等。由北京《晴雨录》的复原推算知，北京 1801 年 7 月降雨日数 26 天，共 231 小时，8 月降雨日数 17 天，共 127 小时。夏季 6～8 月雨量达 937.6 mm，其中 7 月份雨量达 599.6 mm，为自 1725 年以来北京 7 月降水量的次高值，已相当于多年平均的年降水量了[34]。

史料中关于各地雨势多有"暴雨盆倾""连日昼夜大雨奔腾倾注"的记述，由此推断其降雨强度当属大暴雨无疑，故这数十天的连续大雨中当包含有多次暴雨天气过程。

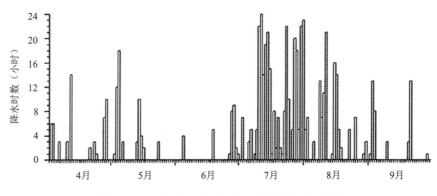

图 3—6—2　北京 1801 年 6～8 月的逐日降雨时数

3.6.2　水患实况

1801 年 7～8 月华北地区的持续多雨和暴雨天气过程引起海河、滦河水系的特大洪水，诸河流先后水位猛涨，发生漫溢溃决的河流有桑干河、妫河、永定河、拒马河、滹沱河、滏阳河、滋河、漳河、松阳河等，仅河北省"被水者七十余州县"[②]。

第一强降雨时段（7 月 10 日—16 日）引发河北承德"桑干河决漫口四处""京师西南隅几成泽国，村落荡然"[③]、怀来"妫河大泛涨，将马营戏楼冲下，急如激箭，通济桥一戳而断"[④]，山西浑源"南峪口石坝决，城西北街等处民房及店户多淹没"[⑤]，

① 清・王先谦《东华续录》
② 光绪《永平府志》卷三十一
③ 道光《承德府志》卷二十四
④ 光绪《怀来县志》卷十四
⑤ 光绪《浑源州续志》卷二

河北新城"浑河溢漫，清河冯家营北引河淤塞"①，山西长治"漳河涨冲毁店上村民居"②，河北南宫"漳河泛溢"③。

第二段强降雨（7月23日—31日）引发北京"永定河漫口水淹南苑，漂没田庐数百里，秋禾尽伤"④、密云县"大水城垣西北隅圮"⑤，天津"永定河水异涨，城不浸者三版"⑥，河北滦县"六月十九日滦河溢，漂没田庐无数"⑦、灵寿"松阳河溢，护城堤圮数丈"⑧、大城"御河溢，我邑平地水深丈五尺，沿河黑龙港河胥无岸，房屋皆没"⑨、文安"北堤溃，城不浸者三版，搬运辎重以城头作渡口"⑩、正定"滹沱水溢漂屋害稼凡一百余村"⑪、深泽"资河水溢南趋，嗣滹沱又溢折而北，田禾庐舍漂没无算"⑫、永年"洺水溢"⑬，以及承德热河行宫各处殿宇、墙垣坍倒[41]。

第三段强降雨（8月9日—18日）引起河北平原大水，沧州、东光"山水大发，平地深六七尺"⑭。

这其间的暴雨也引起黄河山西段、大运河山东段河水暴涨而致决溢，如山西永济"黄河西徙"⑮、临猗"涑河大决"⑯，山东禹城"运河决，水至城下"⑰等。

1801年7~8月的持续雨期长逾40天，且遍及滦河、海河各支流，各处洪峰或同时出现，或接连而至，造成海河全流域的大洪水。有历史洪水研究者将之列为海、滦河"近200年罕见洪水"[36]。众多史料中不乏大雨—大水景况的生动记述，如河北唐

---

① 道光《新城县志》卷十五
② 光绪《长治县志》卷八
③ 光绪《南宫县志》卷十七
④ 清·汲修主人《啸亭杂录》卷一
⑤ 清·王先谦《续东华录》
⑥ 光绪《天津府志》卷四十
⑦ 嘉庆《滦州志》卷一
⑧ 同治《灵寿县志》卷三
⑨ 光绪《大城县志》卷十
⑩ 民国《文安县志》志余
⑪ 光绪《正定县志》卷八
⑫ 咸丰《深泽县志》卷一
⑬ 光绪《永年县志》卷十九
⑭ 光绪《东光县志》卷一
⑮ 光绪《永济县志》卷二十三
⑯ 同治《续猗氏县志》卷四
⑰ 嘉庆《禹城县志》卷十一

县"大雨四十余日不止，井多溢，城内水深数尺，生鱼"[1]等。水灾以河北文安等地最重，这些地方"地形洼下，积水已越三年。今夏，子牙、清河诸水四面漫溢，竟深至二丈有余不等，住居民人共计三百六十余村俱浮沉水中"[2]。此外，河北盐业损失巨大，丰财、芦台二盐场"六月河水涨溢兼海潮逆顶，存盐冲没"[3]。其他如"水冲沙压民田""平地深六七尺，漂没田庐禾稼"的记述更是频见于各地文献中。这次异常大雨造成的大范围淹没，政府采取紧急应对措施，如发放赈济、清理庶狱等。不过该年其他灾害如饥荒、疫病、虫害等并不严重。

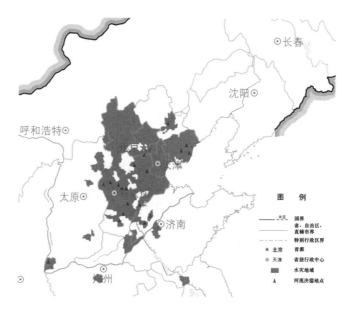

图3—6—3   1801年华北地区水灾地域（蓝色）和河流决溢地点（▲）

（图中河流决溢地点：大兴、灵寿、新乐、深泽、无极、平山、承德、昌黎、卢龙、滦县、文安、定兴、故城、永年、新河、平乡、临猗、禹城、茌平）

3.6.3   气候概况

1801年全国气温无异常。

1801年中国东部地区降水偏多，尤其华北地区夏季持续多雨并暴雨致灾。降水分

布呈南北方皆多雨的格局。但夏季自甘肃至山东的沿 37°N 地带有干旱区零散分布，如甘肃"大旱，时陕甘被旱者四十三州县，而（镇原）秋夏无获皆成赤地"[1]，河南获嘉"旱大风伤稼"[2]，山东荣成"夏秋大旱草木尽枯"[3]（图 3—6—4）。

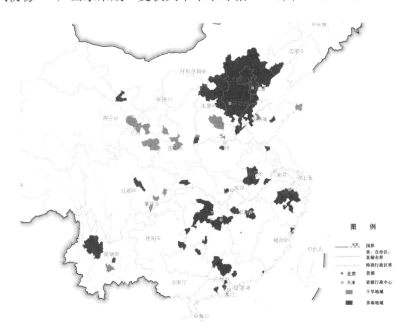

图 3—6—4　1801 年干旱（橙色）、多雨（深蓝色）地域分布

该年近海台风活动比较频繁，其中台风侵袭广东的记录有：6 月 12 日和 8 月 18 日（新会）[4]、9 月 21 日（台山）[5]、10 月 17 日（吴川）[6]等。

3.6.4　可能的影响因子简述

（1）太阳活动

1801 年位于第 5 太阳活动周（1798～1810 年）内，是该周太阳活动峰年（1804 年）

---

① 道光《镇原县志》卷七
② 民国《获嘉县志》卷十七
③ 道光《荣成县志》卷一
④ 道光《新会县志》卷十四
⑤ 道光《新宁县志》卷七
⑥ 光绪《吴川县志》卷十

的前 3 年，记为 M–3。该活动周峰年的太阳黑子相对数仅 47，强度很弱（WW）。

（2）火山活动

1801 年无重大火山活动，仅有约 14 处规模较小的火山活动，但意大利 Vesuvius 火山的 2 级喷发的火山灰体量很大，达 $10^8 m^3$。其前 1 年 1800 年火山活动记录多，且有很强的喷发活动，1 月 15 日美国 St Helens 火山强烈喷发，级别为 5 级（VEI=5），表明其火山尘喷发能够突破对流层顶进入平流层，形成环绕地球的火山尘幕并维持较长时间，更值得注意的是，其火山灰喷出的体量极大，达 $10^9 m^3$。

（3）海温特征

1801 年位于两次厄尔尼诺事件之间，这两次事件相隔 13 年。前一次的厄尔尼诺事件出现在 1791 年，强度为极强（SS），1801 年与之相距逾 10 年，后一次强厄尔尼诺事件发生在 1803～1804 年间，是 1801 年之后约 3 年。1801 年赤道东太平洋海温应处于上升的阶段。

3.7　1870 年长江中上游地区暴雨

1870 年（清同治九年）夏，长江上、中游地区多雨，7 月四川盆地连续出现大雨和特大暴雨，造成长江上游历史罕见洪水，它位居最近 800 年来的洪水记录之首位。当年全国降水分布呈典型的华北、华南干旱，长江流域多雨的格局，夏秋台风活动尚属一般，全年气温异常——春冷、夏热和冬寒。

3.7.1　暴雨实况

1870 年夏季长江上、中游地区连续暴雨。

夏初长江流域降雨偏多，5 月下旬至 6 月中旬湖南、江西和浙江西部均有持续大雨或久雨，如湖南吉首"四月久雨"[①]、麻阳"五月十二等日大雨连朝河水暴涨"[②]，

---

① 同治《乾州厅志》卷五
② 同治《沅州府志》卷三十六

江西波阳"五月久雨大水，月尽稍退"①，浙江龙游"五月初七日至十二日大雨不止，十四日复大雨至十八日止，洪水陡涨"②。

盛夏时节长江上、中游地区持续大雨、暴雨。雨区覆盖四川盆地和滇北③、黔北④，主要的暴雨过程发生于7月12日—18日。7月13日—21日雨区在四川盆地内，川东连降暴雨：合川"六月既望（7月13日）猛雨数昼夜""雨如悬绳三昼夜"⑤，万县"十九日（7月17日）夜子时大雨彻宵"⑥，雨区覆盖嘉陵江流域和重庆以东的长江干流区。由雨势的极其猛烈可推断降雨强度为特大暴雨。之后大雨区东移至四川万县—湖北江陵、丹江口一带，均县"涧河、殷家河山水陡涨"⑦，汉水、荆江陡涨。主雨区外围的河南地方也有暴雨发生至7月18日晚上，如荥阳"六月二十日（7月18日）夜向晨暴雨沛降日暮乃止"⑧。之后，7月27日另有一次强降水过程发生，暴雨区在湖南至粤北一带，湘潭"六月二十九日（7月27日）大雨"⑨，广东英德"六月二十九日大水"⑩。

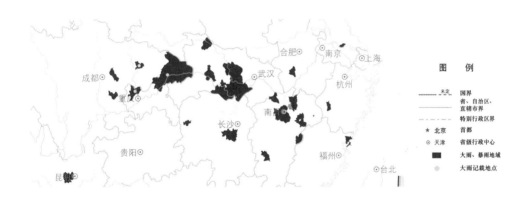

图3—7—1　1870年夏季大雨、暴雨（墨蓝色）地域和大雨记录地点（●）

① 同治《波阳县志》卷二十一
② 民国《龙游县志》卷一
③ 光绪《沾益州志》卷四
④ 民国《续遵义府志》卷十三
⑤ 民国《合川县志》卷二十九
⑥ 同治《万县志采访事实》
⑦ 光绪《续辑均州志》卷十三
⑧ 民国《以水县志》卷十
⑨ 光绪《湘潭县志》卷九
⑩ 民国《广东通志稿》卷二十

这次四川盆地的暴雨强度很大，一些县城墙为大雨损毁，如仪陇"夏大雨十日城圮十丈"[①]。

3.7.2 水患实况

1870 年夏季长江上、中游地区暴雨引发罕见的特大洪水。5～6 月的连续多雨已造成长江干流和主要支流的高水位，而 7 月中旬四川境内连降暴雨，更使得长江上游的主要支流水位暴涨，酿成重大水患：井研、犍为（岷江）、铜梁（涪江）、蓬安、合川、北碚（嘉陵江）、涪陵（黔江），以及巴县、丰都、忠县、万县、云阳、奉节、巫山（长江干流）等州县，城垣冲淹。重庆北碚"全场淹没，屋顶过船"[②]，位于涪江、嘉陵江汇流处的合川县"大水入城，深四丈余，城不没者仅北郭一隅，各街房屋倾圮几半"[③]，位于黔江汇入长江处的涪陵"江水淹没小东门，城不没者一版"[④]，而长江边的奉节县则"洪水泛涨，漫城而过，临江一带城墙全行湮没，冲塌崩陷"[⑤]，巫山县"城垣民舍淹没大半，仅存城北一隅"[⑥]，云阳县"江水大泛冒城"[⑦]，忠县"大水，舟行南门内"[⑧]，丰都县"全城淹没无存"[⑨]。其中又以万县的逐日水情记载最为详尽：7 月 13 日因暴雨而致"江水泛"，14 日江水"没河岸"，15 日江水"啮城根"，16 日淹"及县署照墙"，17 日"彻宵骤涨、平明县地陆沉"[⑩]。长江中游湖北境内大雨致使汉水暴涨，汉川"上游襄堤南北俱溃，汉川大水"[⑪]，荆州"汉水泛溢横注，及荆郭以外四里皆泽国，荆江亦一时陡涨，日高数尺，堤不没者仅三版"[⑫]。更由于"江、汉并溢，武昌、潜江、钟祥、汉川、黄岗、江陵、枝江、松、公安均大水，潜江堤垸溃决数处，枝江城尽坏"[⑬]，

---

① 同治《仪陇县志》卷六
② 民国《北碚志稿》大事纪
③ 光绪《合州志》卷二
④ 民国《续修涪州志》卷二十四
⑤ 光绪《奉节县志》卷五
⑥ 光绪《巫山县志》卷十
⑦ 民国《云阳县图志》卷二
⑧ 同治《忠州直隶州志》卷十一
⑨ 同治《重修丰都县志》卷四
⑩ 同治《万县志采访事实》
⑪ 同治《汉川县志》卷十四
⑫ 光绪《荆州府志》卷三十六
⑬ 民国《湖北通志》卷七十六

松滋县"庞家湾、黄家铺堤溃，城墙溃五丈余，磨市全为水淹，百里之遥，几无人烟"①，公安"斗湖堤决二处，江（陵）、松（滋）二邑江堤俱决，冈峦宛在水中，水漫城垣数尺，衙署庙宇民房倒塌殆尽，数百年未有之奇灾也"②。同时，湖南境内连日大雨，加之汉水陡涨入荆江，使长江上游的洪水东泄受阻，转而倒灌入洞庭湖，致使地势低洼的"安乡、华容等地水从堤头漫过，田禾淹没，官署民房亦遭漫浸"，"临湘、沅江、武陵、益阳或冲淹、或漾没……"③。

关于这次洪水与其他历史洪水的比较也多见于各地的方志书中，如重庆北碚记载这次洪水"当比道光年间大水尤甚"④，合川记有"前嘉庆壬戌、乙亥（1802年、1815年）、道光壬寅（1842年）大水事不常见，而水势亦相伯仲，从未有如同治庚午岁（1870年）者"⑤。各地还留下许多关于这次洪水的题刻碑记，长江水利委员会曾系统地采集这些洪水题刻共90多处，据之推算1870年长江干流和主要支流的最高水位出现时间、洪峰流量、洪水过程及时段流量。这项历史洪水的专门研究依据四川忠县城附近的历史洪水位高程题刻记录来判断，认为"1870年长江上游洪水在公元1153年以来的历次大洪水中居第一位，是近830年间最大的一次洪水"[36]。

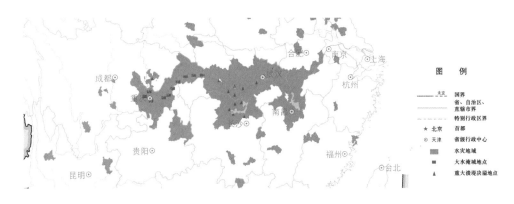

图3—7—2　1870年7月水灾地域（蓝色）和重大溃堤决溢（▲）、大水淹城（■）地点

[溃堤决溢地点：四川蓬安，湖北汉川、潜江、松滋、江陵、公安，湖南安乡、华容、沅江、武陵、益阳、湘阴、汉寿；
大水淹城地点：铜梁（涪江）、合川、北碚（嘉陵江）、涪陵（黔江）、丰都、忠县、万县、云阳、奉节、
巫山（长江干流）]

---

① 民国《松滋县志》卷一
② 同治《公安县志》卷三
③《再续行水金鉴》
④ 民国《江北县志稿》附丛谈
⑤ 光绪《合州志》卷二

3.7.3 气候概况

1870 年春季长江流域干旱少雨。夏季华北和华南均干旱少雨，长江流域多雨，尤其上、中游地区的夏季严重暴雨，还有辽宁夏季多雨、辽河水溢为害。入秋后华北雨水较多，酿成漳河、卫河决溢，局地水害。当年旱涝空间分布属于典型的华北、华南旱而长江流域涝的分布型。

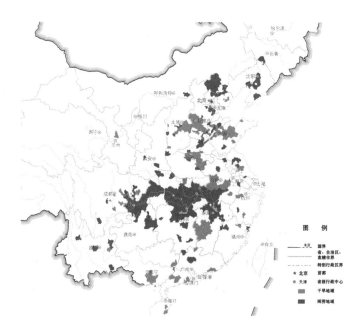

图 3—7—3 1870 年干旱（橙色）和雨涝（深蓝色）地域分布

1870 年气温明显异常——春冷、夏热和冬寒。春季气温偏低，4 月初河北、山西、河南普降大雪，"雪大如掌"[①]。春雪严寒使河北、山西、河南麦多冻死[5]。夏季中原地区高温酷热，热浪袭击河北中部、南部以及河南、山东等地，如东光"七月初旬酷热人多渴死"[②]，开封"夏高温酷热达半月伤人畜"[③]，商水、项城"六月大燠人多渴

① 光绪《平陆县续志》卷下
② 光绪《东光县志》卷十一
③ 光绪《祥符县志》卷二十三

死"[1]，定陶"伏日炎热异常，中暑死者甚众"[2]。秋季华北地区偏暖。冬季多强寒潮活动，如隆冬时节的中路强寒潮由山西经湖北直袭广东，致使广东饶平"大霜雪，地瓜根叶皆枯"[3]、中山"十一月十七日雨雪"[4]。

由当年夏季高温区和多雨区的位置可以推断，1870 年 7 月份副热带高压系统曾一反常态地在华北地区上空长时间稳定停留，在高空暖高压脊的控制下，河北、河南、山东广大地区晴空无云，酷热难当。同时，副热带高压主体的南侧气流，正好引导来自海洋的丰沛水汽源源不断向西北方向输送，正是这样相对稳定的流场配置乃使得雨带能够在长江上、中游地区长时间维持。

1870 年秋季有台风侵袭广东的记录，如 8 月 28 日（新会）、9 月 26 日（顺德）和 10 月 9 日（廉江）等，但其影响皆寻常所见，而海南"秋无飓风"[5]。

3.7.4　可能的影响因子简述

（1）太阳活动

1870 年位于第 11 太阳活动周（1867～1877 年），是该周太阳活动峰值年，记为 M。1870 年的平均太阳相对黑子数达 139，强度为很强（SS）。

（2）火山活动

1870 年的火山喷发级别为 3 级的记录有小巽他群岛的 Iliwerung 火山、2 月 21 日墨西哥 Ceboruco 火山和 6 月 20 日新西兰 Raoul Island 火山喷发，这三次火山灰喷发量都很大，分别达到 10^8 m^3 和 10^7 m^3，还有 8 月 27 日爪哇 Ruang 火山的喷发。在这之前 1869 年有五次喷发级别为 3 级（VEI=3）的火山活动，且都在美洲，它们是墨西哥的 Colima 火山（6 月）、哥伦比亚的 Galeras 火山（6 月）、厄瓜多尔的 Cotopaxi 火山（7 月）、Sangay 火山和哥伦比亚的 Purace 火山（10 月）的喷发，此外还有中等规模（VEI=2）的喷发记录 25 条。

（3）海温特征

1871 年是强厄尔尼诺年，1870 年是厄尔尼诺事件的前 1 年，即非厄尔尼诺年。1870 年的雨带分布特点与 1951～1982 年的 8 例厄尔尼诺事件前一年的夏季雨量距平合成图[27]相似，呈现出长江流域多雨的特征。

---

① 民国《商水县志》卷二十四

② 民国《定陶县志》卷九

③ 光绪《饶平县志》卷十三

④ 光绪《香山县志》卷二十二

⑤ 光绪《定安县志》卷十

4　历史寒冬极端气候事件

　　本章所述的历史寒冬事件，其标志是冬季强寒潮活动频繁，广大地域有着大量的寒冷记录，例如，持续大雪严寒，中纬度江、河、湖泊封冻或过早封冻且冰层坚厚、井水结冰，北纬 35°以南的海面结冰，南方冻雨频繁发生，大范围的竹木冻死，柑橘及其他亚热带、热带树木遭受毁灭性的冻害，南岭以南地区广遭霜雪寒冻危害等。通常冬季为 3 个月，大致为农历十月至十二月（公历 12 月至次年 2 月），故应记作是跨年度的，如明弘治六年冬，记为公元"1493/94 年冬"。

　　中国寒冬的历史记载可上朔至周朝，古本《竹书纪年》载：公元前 885 年（西周孝王七年）"冬，江汉俱冻"[①]。其后历朝历代类似事例频频有见，如公元 183 年（东汉光和六年）"冬大寒，北海、东莱、琅邪井中冰厚尺余"[②]，281 年（西晋太康二年）"冬大寒"[③]，403 年（东晋元兴二年）"十二月酷寒过甚"[④]，562 年（南北朝北齐河清元年）"岁大寒"[⑤]，796 年（唐贞元十二年）"十二月大雪甚寒，竹柏柿树多死"[⑥]"环王国所献犀牛甚珍爱之，是冬亦死"[⑦]，821 年（唐长庆元年）"二月海州海水冰，南北二百里东望无际"[⑧]，903 年（唐天复三年）"十二月（浙西）又大雪，江海冰"[⑨]，五代时期如 941 年（后晋天福六年）"正月青州奏，海冻百余里"[⑩]。宋、元的冬季严寒记载，

---

① 《太平御览·皇王部》卷七十八，引古本《竹书纪年》
② 晋·司马彪《续汉书·五行志》
③ 南朝宋·刘敬叔《异苑》
④ 《晋书·五行志》
⑤ 《隋书·五行志》
⑥ 《新唐书·五行志》三
⑦ 《旧唐书·德宗纪》下
⑧ 《新唐书·五行志》三
⑨ 《新唐书·五行志》三
⑩ 《旧五代史·晋书·高祖纪》五

如 1110 年（北宋大观四年）"太湖冰厚几尺"[①]，福建"荔枝木皆冻死，遍山连野弥望尽成枯卉"[②]，再如 1185 年（南宋淳熙十二年）"淮水冰，断流，自十二月至明年正月冰沍尺余，连日不解。台州雪深丈余，冻死者甚众"[③]，以及 1329 年（元天历二年）"冬大雨雪，太湖冰厚数尺，人履冰上如平地，洞庭柑橘冻死几尽"[④]等。到明代和清代历史记录的寒冬数量增多，因为这时正值小冰期，而此时历史文献十分丰富，为寒冬事件研究提供了很好的条件。

笔者曾按前述的寒冬年标志，且以长江流域及其以南广大地区出现河、湖水体封冻为必要条件，经过系统的历史寒冷记载[5]，查阅确认了最近 1 000 年间极端寒冬事件有 48 例。其中 20 世纪的寒冬年份有 4 例，由于冬季是跨公历年度的，按惯例分别记为 1929/30 年冬、1930/31 年冬、1954/55 年冬和 1976/77 年冬，它们在 100 年间的发生率为 4%，这对较温暖的 20 世纪来说是合理的，它远低于明清小冰期寒冷气候时期高于 10%的发生概率。历史寒冬极端事件在不同的冷暖气候阶段都有发生，只是在寒冷气候阶段显著增多。

本章从这 48 例历史寒冬事件中选择有代表性的 11 例进行复原分析，其中有出现于小冰期的寒冷阶段的如 1493/94 年冬；有出现于小冰期相对温暖阶段的如 1513/14 年冬、1745/46 年冬；最多的是出现在小冰期强盛阶段的如 1620/21 年冬、1654/55 年冬、1655/56 年冬、1670/71 年冬和 1690/91 年冬；有出现在相对温暖阶段结束、寒冷阶段开始时的如 1795/96 年冬；更有出现在欧洲许多地区寒冷气候结束开始转暖的，如 1861/62 年冬，以及全球大范围迅速增暖背景之下的如 1892/93 年冬。本章着意挑选出现在不同的冷暖气候背景下、不同的冷暖气候阶段的个例，并考虑寒冬之后的夏季的旱涝分布特征等，这样既可以了解寒冷气候阶段的极端寒冷状况，也可以获知在相对温暖背景下的极端寒冷情景，还可对相应的夏季降水特点有所了解，当然也要求所选个例的史料多、记述翔实，足堪复原推断之用。详情见表 4—0—1。某些冬季异常严寒延续到次年春季，酿成了严重春寒，如 1453/54 年的寒冬和 1454 年的春寒相连等，这类事例另列入第五章陈述。

① 天启《平湖县志》卷三
② 宋·彭乘《墨客挥犀》卷六
③《宋史·五行志》
④ 元·陆友仁《研北杂志》

表4—0—1　11例历史寒冬极端气候事件简况

序号	寒冬年份	寒冷概况	气候背景	降水特征（寒冬之后）
1	1493/94年冬明弘治六年冬寒冬	黄淮、江淮及两湖盆地大雪连绵4个月，江河及苏北沿海坚冰逾2个月。海冰南界至33.7°N。推断长沙极端最低气温较现代的极端值更低6℃	小冰期第1寒冷阶段	大范围多雨
2	1513/14年冬明正德八年冬寒冬	华东、华中极其寒冷，洞庭湖、鄱阳湖、太湖皆封冻且可胜重载。推断1514年1月长江中下游地区的最低温度低于20世纪的极端最低值	小冰期内相对温暖阶段	大范围春季干旱、夏秋多雨
3	1620/21年冬明泰昌元年冬寒冬	东部地区普降大雪2月余，雪量大，冻雨多次发生。汉水、澧水、洞庭湖等均坚冰封冻。推断长江中下游地区1月最低气温比现代极端最低记录更低2～3℃	小冰期第2寒冷阶段	大范围多雨
4	1654/55年冬清顺治十一年冬寒冬连春寒	南北各地俱严寒。东北、华北大雪封户，30.5°N海面出现初生冰，太湖封冻，福建、广东、广西大雪，广东冻雨。江苏、浙江橘树及樟树冻死，江西橘园遭毁灭性的冻害。1655年春寒，西北各地终雪日期推迟约50天。推断长江中下游地区1月最低气温比现代极端最低气温更低4～6℃	小冰期第2寒冷阶段	大范围多雨自春至夏长江流域和江淮持续多雨
5	1655/56年冬清顺治十二年冬冬季后段严寒	苏南河道封冻至1656年2月须凿冰开通漕运，2月连续强寒潮，江西、浙江、福建、广东大雪及冰冻，竹木果树冻死。福州河流结冰可载行人，海南霜冻。推断浙江2月最低气温比现代极端最低记录更低7℃左右，海南2月的最低气温至少比现代的极端值还低7℃左右	小冰期第2寒冷阶段	春季北方干旱、夏秋大范围多雨
6	1670/71年冬清康熙九年冬寒冬	自华北至江南大雪持续40～60天，33°N～38°N地带频现井泉结冰，淮河坚冻两月，河湖封冻南界接近27°N，江西及湖南樟树、柑橘、毛竹树冻死。推断衡阳1671年1月最低气温至少比现代极端最低气温更低7℃	小冰期第2寒冷阶段	大范围干旱少雨夏季华北和长江中下游地区高温酷热
7	1690/91年冬清康熙廿九年冬寒冬连春寒	南方皆严寒。黄河干流、淮河支流和巢湖、黄浦江封冻40～60天，汉水、洞庭湖、沅水、湘江及其支流等皆封冻。华南冰雪为害，海南岛椰子、槟榔冻死殆尽，1691年继以春寒。推断江苏盱眙、安徽无为、湖南衡阳和海南临高1691年1月的最低气温分别比现代极端最低气温更低3.8℃、5.2℃、7.0℃和3℃	小冰期第2寒冷阶段	大范围干旱少雨
8	1745/46年冬清乾隆十年冬寒冬	华北、华东、华南多次大范围降雪，洞庭湖结冰，长江中下游地区河道结冰、冻雨，柑橘、樟、竹冻枯，福建荔枝冻死。此冬季的前半段异常寒冷尤为少见。推断长江中游两湖盆地1745年12月的最低气温比现代同期极端值更低，最多的更低7℃之多，1746年1月最低气温比现代更低6℃左右	小冰期内相对温暖阶段	大范围多雨

续表

序号	寒冬年份	寒冷概况	气候背景	降水特征（寒冬之后）
9	1795/96 年冬清乾隆六十年冬冬季后段严寒	冬季的后半段南北方异常严寒。1796 年 2 月大雪区自河北延及广西，河北、山东井水冻结，太湖流域河湖封冻 15～20 天，温州冻雨。江苏、浙江、江西大雪奇寒，樟树、橘树、毛竹受冻害，麦苗冻死。 推断 苏南、浙北 1796 年 2 月最低气温较现代极端最低温度更低 5～6℃	小冰期内，相对温暖阶段结束、第 3 寒冷阶段开始	大范围多雨
10	1861/62 年冬清咸丰十一年冬寒冬	秦岭淮河以南广大地域隆冬暴雪，积雪深数尺乃至丈余，为现代所未见。河湖坚冰，封冻长达 15～30 天，井水结冰记录南至湖北英山（30°44′N），竹木、橘柚、樟树冻死。 推断 长江中下游地区 1862 年 1 月最低气温比现代极端最低气温更低 4～8℃	小冰期第 3 寒冷阶段	全国降水总体偏少，呈北旱南涝的分布格局
11	1892/93 年冬清光绪十八年冬寒冬	强寒潮频发，从北到南大雪普降，北回归线以南地方屡现冻雨，汉水封冻、太湖封冻 23 天、江南河道封冻南界达 28°N，山东、河南沿 35°N～36°N 地带井水结冰，华南大雪冻害、榕树冻死。 推断 该冬季冰雪寒冻现象的严重程度超过其后百余年的，1 月最低气温比现代极端最低记录更低 3～4℃	小冰期第 3 寒冷阶段末 北半球小冰期寒冷气候基本上结束，全球大范围迅速转暖前	全国普遍雨水偏多，但有局地干旱

注："冬季"是跨年度的。如"1954 年冬"含 1954 年 12 月至 1955 年 2 月，亦记作 1954/55 年冬。

本章将据历史记载复原各寒冬事件的实况，绘制各例的寒害实况复原图，推演主要寒潮天气过程，推断其最低气温、初终霜/雪日期等定量气候特征值，并说明其当年的天气气候概况和可能影响该个例的外部条件，如太阳活动、全球火山活动、赤道太平洋海温特征等，以增进对事件成因的了解。

如何将史料记述的历史气候事件的实况，以今人易于理解的方式来表述，这问题令笔者颇费思量。经多番尝试，决定采用绘图加文字简述的方式来表述。鉴于已有自行研制的"中国历史气候基础资料系统"[8]，且录入史料的地名和历法已作转换处理，故利用该系统的检索和绘图功能即可获取各项寒冷记录及其地理坐标绘制成寒冷记录分布图，在图上直观地标示出各类寒冷记录的发生地，如大雪、江河湖海水面结冰、冻雨、动植物冻害等。并进一步利用、发挥气候史料的记述地点准确、时间分辨率高（可详细到日、时）的优点，尝试推演寒潮天气过程：首先检索出各地寒冷现象开始时间（换算成公历日期和北京时间），再悉心拼合这些历史记录的时间碎片，绘制成各类寒冷现象（雪、霜、冻雨、结冰、冻害）出现的日期线图，清晰地呈现冷空气前沿的逐日推移，显示寒潮天气的动态过程和寒潮路径。同样，将一些零散历史记述拼合绘出持续降雪日数、最大积雪地带和积雪深度分布图，显示出清晰的天气学、气候学含义。

寒冬事件的气候特征值将选择极端最低温度、积雪日数、积雪深度等项来表达，视史料情况试作定量推断。其中极端最低温度值的定量推断是一项探索性很强的难题，笔者经长期探索并试用于历史寒冬的温度推断，本章所用到的有以下两种方法。

①由历史江河湖海结冰的记录推断极端最低温度，其依据是对现代冰情的研究成果，其中海冰生成的温度条件[42][43]可直接采用。中国现代河流结冰的南界大致东起杭州湾北，西迤至洞庭湖盆地 28°40′N 附近，而历史上的封冻南界更为偏南，只是许多历史上严重的河湖结冰事件近代并不曾出现，故可资对比的现代事例尚缺少，的确令人掣肘。不过，中国河流初冰日期、终冰日期和冰期日数的等值线分布与气温条件之间是有着密切关系的[9]，故由此生出一线希望：尝试由历史江河湖海的结冰记载来作温度推算。至今有关中国南方河湖水体结冰的温度条件的研究工作并不多，可用作参考的结论只有两条，即中国江南河流冬季出现封冻的临界气温至少在-15℃~-13℃[44]，和推算鄱阳湖可能出现全湖性封冻的日平均气温起码要降到-22.1℃以下[45]。不过，这样来进行温度推断，其依据是不够充分的，而且温度只是江河湖海水体结冰的主要因子，并不是唯一因子，且其他如流量、水深等影响因子的历史记载往往不详，无法予以考虑，这些显然会给推断结果带来不确定性，故笔者尽可能地参照一些现代河、海冰事例的气象记录[24][25]、冰情资料*等来作些考订。

②由历史文献中的动植物冻害记载来定量推断冬季温度，其依据是物候学家、农业气象学家和林学家们发表的诸多研究结果，这些研究指出多种林木、农作物和动物遭受不同程度冻害时的临界温度条件[46]。本章采用的植物遭受冻害的气象指标主要有：我国江南地区柑橘等宽皮橘类冻害的气象指标为最低温度低于-9℃[47]，温州蜜柑和红橘类在越冬期时-12℃~-9℃的低温会产生严重冻害[48]，温州蜜柑树势严重冻伤（植株有死亡可能）的温度指标是-12.2℃[48]；荔枝树冻伤的临界温度是-2℃，当最低气温为-4℃时将受冻枯死[47]；龙眼树在-4℃时严重冻害，地面部分死亡[47]；樟树适生条件是最低气温-7℃以上、冻伤温度为-8℃、冻死温度为-15℃[49]；椰子树严重寒害指标温度是 2℃[50]；还有热带雨林树木榕树冻伤的临界温度为 5℃、冻死温度为-2℃[51]，

---

* 水利电力部水文水利调度中心编印：《黄河冰情》，1984 年第 1~285 页。

国家海洋局：《黄、渤海冰情资料汇编》，第一册，1974 年。

国家海洋局：《黄、渤海冰情资料汇编》，第二册，1975 年。

南方毛竹冻害发生于最低气温-15℃[52]、竹类冻死的温度为-16℃[53]等。显然，作物的冻害程度还与低温的持续时间有关、与植物学因子有关，但史料中缺少冻害持续时间的准确记录和植物学因子的相关记述，故本章仅能依植物发生冻害的指标温度来作推算，这尚有不足，因为"低温固然是冻害的主导因子，但是受害的临界温度不是绝对的，它受多种因子的综合影响"[47]，不过笔者无从考虑这些因子，以致这些温度推断含有不确定性。但是也有个例（如1892/93年冬）恰好有早期的正规温度观测记录[54]可资对比，而气象记录和推断结果的一致则增加了试作温度推断的信心。总之，本章有关温度的推断只是一次探索，今后或许会有新的推算结果来作修正。

本章采用的寒冬气候特征值还有积雪日数和最大积雪深度，这些皆由史料的持续降雪日数、积雪日数、积雪深度记载获取，只需将文字记述转为数量值表示，如将"积雪月余不消"估计为大于30天，将"雪深三尺"估计为100 cm等，尽管史料记述多是记录者的主观印象或粗略估计，不能等同于现代气象观测值，而且某些历史雪日、雪深的记载还令今人匪夷所思，但这些雪日和积雪深度的高值带的空间分布特点却往往能由多种气候图集[10][11]得到印证，表明历史记载的天气学合理性，详见有关个例所述。

关于各例寒冬年的天气气候概况，则着重于陈述寒冬之后夏秋季的降水多少和空间分布特点，这是气候预测十分关注的问题。笔者曾研究过去510年间的寒冬与随后夏季多雨的统计关系，指出二者的对应关系呈阶段性变化，在大多数年份二者的正对应关系明显，即寒冬年之后的夏季中国东部地区多雨，而且这可以得到大气环流理论的合理解释[29]，也与前人"冬季低温期相应于其后夏季多雨"[55]，以及由1951～1965年资料分析得出的研究结论"中国江淮流域夏涝年的前期2～3月中国大范围偏冷"[56]相一致，不过也有相反的对应情形。本章根据历史文献记载绘制这些历史个例的夏季旱涝记录的分布图，以此显示夏季少雨和多雨的地域分布情形。从中可见，寒冬与其随后的夏季大范围降水空间分布型的对应关系并不固定：1494、1514、1621、1655、1656、1746、1796、1893年是中国东部大范围多雨型，1671、1691、1862年则是大范围干旱少雨型。这再次印证了笔者过去有关寒冬—夏雨对应关系有阶段性变化的研究结论[29]。由于冬季的严寒和夏季的降水分布都是由大气环流型来决定的，所以历史上的寒冬和夏季降水的空间分布型的实况，又可以为历史时期大气环流型的复原研究提供有用的信息。此外，本章还依史料之丰简，酌情对各例寒冬之后的天气、气候特点，如异常的温暖和初、终霜冻，夏秋台风活动等做些说明。

至于这些寒冷极端事件的成因探讨，理应从大气环流变化入手来展开，但现今可用的大气环流场资料仅数十年，远不敷开展研讨之需，故本章仅就可能的自然影响因子，如太阳活动、火山喷发活动和海温特征等做些说明。

4.1　1493/94 年寒冬

1493/94 年冬季（明弘治六年冬）华北、东北少雪，黄淮、江淮及两湖盆地持久大雪严寒、江河封冻，苏北沿海坚冰。1494 年中国大范围多雨。这是小冰期第 1 寒冷阶段，中国冬季大范围持续多雪苦寒的实例。

4.1.1　严寒实况

1493/94 年冬季寒潮十分强劲，东北辽宁等地少雪[①]，但黄淮以南广大地域多雪恒寒，大雪连绵 4 个月左右。1493 年秋的初雪日期明显提前，10 月 22 日首场大雪见于安徽六安、舒城、霍山等地，"九月十三日大雪"[②]，泗州、五河、阜阳、太和等地相继大雪绵绵，泗县"大雨雪始自九月二十二日（10 月 31 日），至于明年正月乃止"[③]，阜阳"九月二十五（11 月 3 日）大雪，河结坚冰，至次年二月始霁"[④]。这场自 10 月下旬开始的连绵大雪广布于安徽、江苏、河南、湖北广大地区，如江苏盱眙"大雨雪自秋九月至次年春正月乃止"[⑤]，安徽天长、全椒"大雨雪，九月至于次年正月"[⑥]，河南新野"大雪弥四个月"[⑦]，湖北应山"冬十月震电大雪至于明年春正月"[⑧]等。更多的地点则泛记大雪自"九月至次年正月"，或"至次年二月"，或"至次年三月方止"，或概称"大雪三月"等，江西各地也大致如此[5]。各地降雪量很大，黄淮、江淮平原

----

① 嘉靖《全辽志》卷五
② 嘉靖《六安州志》卷下
③ 嘉靖《泗志备遗》卷中
④ 嘉靖《颍州志》卷一
⑤ 乾隆《盱眙县志》卷十四
⑥ 嘉靖《皇明天长志》卷七
⑦ 嘉靖《南阳府志》卷十
⑧ 嘉靖《应山县志》卷上

积雪多记为"平地三尺余"①"大雪深丈余"②③，甚而有"大雪塞户，民挖穴而出"④。对此类"大雪"事件的记录地点和所述降雪的延续天数、积雪深度（换作"cm"表示）的估计，示于图4—1—1、图4—1—2和图4—1—3。可见连续降雪60天以上的地带横跨湖北—安徽—江苏北部，降雪逾100天的在河南南部、安徽中部和北部、湖北北部，积雪深厚的地方在河南北部、东部和安徽中部，由众多地点的积雪深度达"丈余"的记述可见降雪量极大。如此多雪且多大雪的冬季是历史上不多见、近代所未见的。

相继南下的冷空气势力强盛，以致安徽阜阳、颍上等地早在深秋11月3日（九月廿五日）即"河冰坚结"⑤，继后苏北沿海海水结冰，地近黄河入海口的安东（今涟水）记载"大寒凝海"⑥（注：明代的海岸线位置较现今更偏西百余里）。《淮安府志》记载

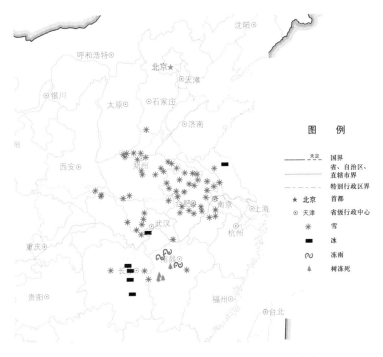

图4—1—1　1493/94年冬季寒冷的历史记录分布

---

① 顺治《固始县志》卷九
② 万历《舒城县志》卷十
③ 嘉靖《河南通志》卷四
④ 嘉靖《柘城县志》卷十
⑤ 嘉靖《颍州志》卷一
⑥ 雍正《安东县志》卷五

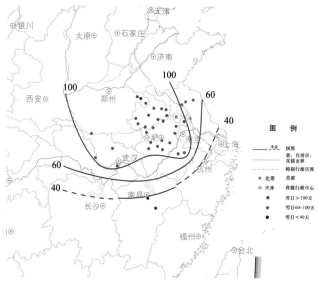

图4—1—2　1493/94年冬季历史记载的持续降雪日数分布

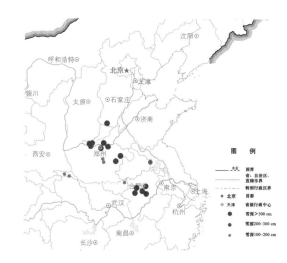

图4—1—3　1493/94年冬季历史记载的最大积雪深度分布

"自十月至十二月雨雪连绵，大寒凝海，即唐长庆二年海水冰二百里之类"[1]。然而涟水地方位在海州以南约100 km，《新唐书》所载的唐长庆元年（821年）"海州（今连云港）海水冰，南北二百里，东望无际"[2]，严重冰况此时又重现在更偏南的34°N以南的海边，这是唐代之后600多年间仅有的苏北海水冰冻的记载。这次海冻也被作为

---

[1] 正德《淮安府志》卷十五

[2] 《新唐书·五行志》三

中国气候转寒，进入小冰期的一个标志性事件。当年严寒的力证还有淮河和汉水等江、河严重结冰，湖北汉阳"冰厚三尺"[①]，湖南境内大小河流封冻，"益阳、湘乡、宁乡大雪，冻几三月，冰坚厚数尺如石路平坦"[②]，甚而南至衡阳（26°53′N）也"十月内大冰，岁终方解"[③]，冰冻达 2 个多月之久。

江西修水、武宁等地发生冻雨，冻雨和严寒致使江西南昌、九江等府"树木结成冰，小者根株尽倒，大者树柯压折"[④]，萍乡、宜春、高安、万载和湖北武昌、阳新等地"林木枯摧"[⑤]"树枝尽堕"[⑥]。

4.1.2　寒冬气候特征值的推断

（1）最低气温值的推断

① 由河流封冻记录推断　该年冬季江河结冰封冻的最南位置在湖南安化、宁乡、湘乡一线（图 4—1—1），即 28°N 附近。据研究指出的中国南方冬季江河封冻的临界温度为-15℃～-13℃[44]，以宁乡等地河流冻结坚厚的情况推断，湖南境内沿 28°N 地带当年的极端最低气温应在-15℃以下，这与现代（1951～2000 年）极端最低气温记录的长沙-9.5℃、双峰-8.3℃相比，更偏低 6℃左右。而衡阳的"冰冻"记载，由于没有确指是否江河封冻，故未用于温度推断。

② 由海水结冰记录推断　1493/94 年冬季江苏北部沿海的冰冻事件是中国历史记载中少有的几次海岸结冰记录之一，记载的安东（今涟水）海冰已南至 33°47′N，这是 20 世纪以来所未见的。和唐长庆元年冬（公元 821 年）海州（今连云港）的海水结冰事件[5]相比，涟水更为偏南，所以，1493 年冬季的海冰南界可能与唐代的极端记录相当或者更偏南，表明苏北 1494 年 1 月的最低温度可能比公元 821 年的更低，当然也远低于现代的极端最低记录，如连云港的-14.9℃（1967 年 1 月 15 日）。

（2）降雪初、终日期推断

1493/94 年冬季，中国东、中部地区雪期长，初雪日期过早，终雪日期过迟。以淮

---

① 嘉靖《汉阳府志》卷二
② 康熙《长沙府志》卷八
③ 嘉靖《衡州府志》卷七
④《明实录·孝宗实录》卷八十五
⑤ 正德《袁州府志》卷九
⑥ 嘉靖《兴国州志》卷七

河流域的六安为例，首场大雪始于 1493 年 10 月 22 日，而末场雪竟推迟至 1494 年 5 月 2 日，初、终雪日之间跨 6 个月有余，且其间雪日连绵不断。将史料所载黄淮、江淮若干地点的初、终雪日期与现代（1951～2000 年）最早初雪日期、最晚终雪日期记录相对照，可见 1493/94 年冬的记录远超过现代观测的气象极端值，比如宿县 1493 年初雪日期 10 月 31 日比现代最早初雪日期 11 月 8 日（1959 年）提前 9 天，又如六安 1493 年初雪日期 10 月 22 日比现代极端记录 11 月 9 日（1959 年）提前 17 天，1494 年终雪日期 5 月 2 日比现代极端记录 4 月 15 日（1983 年）推迟 17 天。

（3）积雪深度的推断

1493/94 年冬季最大积雪深度（估计值）与现代相比悬殊，如安徽六安、舒城、合肥，河南开封等地皆有"大雪深丈余"的记载，河南柘城、鹿邑"大雪塞户，民凿穴而出"[①]，这在今天简直不可想象。若将历史记载的"丈"换成公制表示，约为 300 cm，似乎难以置信，因为这些地点的现代的最大积雪深度也就是 20～30 cm，尚不足一尺，与史籍记述实在不能相比较。尽管史书的记述仅是大致估计，但二者毕竟有如此之悬殊。

4.1.3　气候概况

1493/94 年冬季华北、东北少雪，黄淮、江淮及两湖盆地持久大雪严寒、江河封冻，苏北沿海坚冰。

1494 年中国降水总体偏多，北方有局地季节性干旱，如山西南部曲沃、长治的秋旱[②③]，辽宁虽有春旱但夏秋雨水偏多，"辽东义州等卫自正月以来亢旱，五月以后淫雨连绵淹没禾稼，六月中骤雨如注，平地水深三尺余"[④]。多雨区位于河南、山东和长江中、下游的湖北、湖南、江西、江苏、浙江等地，以及广东、广西、贵州一带。持续多雨并引发水患，如湖南江永"三月大雨连月不休"[⑤]，湖北随州"四月、五月大水"[⑥]，江西南昌府"春大水"[⑦]、彭泽"夏大水"[⑧]，江苏南部"春夏秋风雨不绝"[⑨]，

---

① 嘉靖《柘城县志》卷十
② 弘治《潞州志》卷二
③ 万历《沃史》卷二
④ 《明实录·孝宗实录》卷八十六
⑤ 康熙《永明县志》卷十
⑥ 嘉靖《随志》卷上
⑦ 康熙《南昌郡乘》卷五十四
⑧ 万历《彭泽县志》卷七
⑨ 弘治《常熟县志》卷一

浙江嘉兴"五月大雨水涨"[①]"秋大水、舟入市[②]，以及广西柳州"夏四月大雨水，暴雨数日城垣崩塌"[③]等（图4—1—4）。

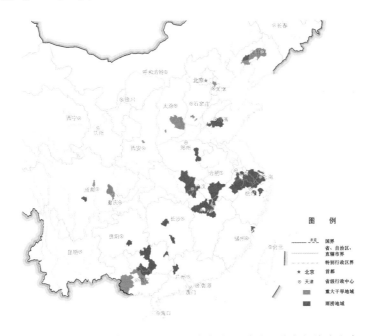

图4—1—4　1494年重大干旱（橙色）和雨涝（深蓝色）地域分布

4.1.4　可能的影响因子简况

（1）太阳活动

1493年位于1488～1497年的太阳活动周内，是峰年之后1年，记为M+1。该周太阳活动峰年1492年，强度为中弱（WM）。

（2）火山活动

1493年全球无重大火山活动的记录。

---

① 康熙《嘉兴府志》卷二
② 万历《重修嘉善县志》卷十二
③ 嘉靖《广西通志》卷四十

4.2　1513/14 年寒冬

1513/14 年冬季（明正德八年冬）华北暖冬，华东、华中异常严寒，长江中下游的三大淡水湖——洞庭湖、鄱阳湖、太湖均封冻，这是中国历史上罕见的三大湖泊同现冬季封冻且北暖南寒的特例。1514 年中国东部地区大范围春季干旱、夏秋多雨。这是中国小冰期内相对温暖时段的寒冬。

4.2.1　严寒实况

1513/14 年冬季严寒。自 1513 年 12 月起山西平陆黄河段即告封冻直至 1514 年 3 月[①]，12 月长江以南大雪，江西北部、浙江西部持续大雪约 30 天，如江西上饶"十一月雨雪三十日"[②]，浙江常山"十一月雨雪三旬，牛畜冻死"[③]。

隆冬时节寒潮强劲，1514 年 1 月安庆府"十二月雪杀竹木花草三之二"[④]，洞庭湖、鄱阳湖和太湖全都封冻，湖南岳阳"大雨雪洞庭湖冰合，人骑可行"[⑤]，江西湖口"彭蠡冰合可通行人"[⑥]，江苏吴县"十二月大寒太湖冰，行人履冰往来者十余日"[⑦]，而且封冻甚坚实，称"震泽（太湖）冰，腹坚"[⑧]。同时安徽南部、江西北部的河道冰封，如安徽舒城"十二月河冰厚二三尺余，往来人马渡于上"[⑨]，江西高安"十二月十一日（1 月 16 日）锦江冰合可胜重载"[⑩]。长江三角洲的湖荡、河道皆封冻，无锡"十二月溪河水冰，人行冰上如履平地，七日后乃解"[⑪]，宜兴"溪河大冰数日不解，男妇

---

① 万历《平阳府志》卷十

② 康熙《新修上饶县志》卷一

③ 万历《常山县志》卷一

④ 正德《安庆府志》卷十七

⑤ 隆庆《岳州府志》卷八

⑥ 康熙《湖口县志》卷八

⑦ 康熙《具区志》卷十四

⑧ 康熙《常州府志》卷三

⑨ 万历《舒城县志》卷十

⑩ 崇祯《瑞州府志》卷二十四

⑪ 康熙《常州府志》卷三

老幼扶携负载于冰上者稳如平地，迫至七日后亦有因而误陷于冰者"[1]，浙江嘉善记载
"冰凝二十余日"[2]，可见太湖周边河道冰封可载行人约 7 天、河面结冰则达 20 余天。
该年冬季降雪量大[3]，如江西崇仁"十二月大雨雪深五六尺"[4]、波阳"雪片如掌，平
地积深三四尺"[5]，浙江湖州"十二月大雪丈许"[6]等。此外还有许多连日大雪寒冻致
竹木、人畜冻死的记述，如浙江江山"冬连日大雪，寒冻极甚，林木俱瘁，有经春不
生长者"[7]等，南昌等地出现冻雨[8]。上述许多记载见于明代的方志，属于当时人记当
时事，尽管所述简略，但可信度很高。

　　1513/14 年冬季的寒冷现象主要集中于华东、华中地区，华南地区未见寒冷记载，
而华北平原甚至显示冬暖。

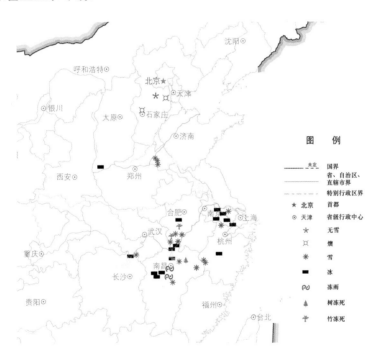

图 4—2—1　1513/14 年冬季寒冷的历史记录分布

---

① 万历《宜兴县志》卷十
② 万历《重修嘉善县志》卷十二
③ 嘉靖《常熟县志》卷十
④ 康熙《抚州府志》卷一
⑤ 康熙《饶州府志》卷三十六
⑥ 同治《湖州府志》卷四十四
⑦ 天启《江山县志》卷八
⑧ 康熙《南昌郡乘》卷五十四

4.2.2 寒冬气候特征值的推算

试由河湖封冻和毛竹冻害记录推断极端最低气温。

（1）由河、湖封冻记录推断

1514 年 1 月洞庭湖、鄱阳湖和太湖全都封冻，且冰面能承载车马通行，这现象为 20 世纪以来所未见，故推论 1514 年 1 月长江中下游地区的极端最低温度应低于 20 世纪的极端最低值。按中国南方河流封冻的临界温度–15℃～–13℃[44]来推断，上述湖面封冻地点 1514 年 1 月的最低温度应低于–15℃。又据现代鄱阳湖冰情研究[45]知，彭泽的湖面曾于 1969 年 2 月冰冻、冰面可通行人，其时彭泽最低气温为–18.9℃，但冰况不如 1514 年 1 月严重，故推断 1514 年 1 月的最低温度应低于–19℃。

（2）由毛竹冻害记录推断

1513 年 12 月安徽桐城、宿松、太湖、潜山、安庆等多处地方大雪竹类寒冻致死①，但受冻的竹类品种和冻伤程度并不确知。谨依据现代研究指出的南方毛竹冻害发生于最低气温–15℃[52]和竹类冻死的极端最低温度为–16℃[53]来推断，可认为发生毛竹冻死的安徽安庆等地 1514 年 1 月的极端最低气温可能为–16℃。由气象观测记录知，桐城、宿松、太湖、潜山、安庆各地 1957～2000 年 1 月的极端最低温度值分别是–15.0℃、–9.9℃、–11.9℃、–10.8℃、–9.4℃，估计 1514 年安徽南部 1 月的最低温度比现代的极端最低记录更低约 1～5℃不等。

4.2.3 气候概况

1513/14 年冬季北暖南寒。华北平原冬暖，河北正定"地燠如春"②、大城"冬燠如春"③，北京"今冬无雪"④。严寒记录主要集中于华东、华中地区。

寒冬之后的 1514 年，中国东部地区春季干旱、夏秋多雨。春季陕西、河北、黄淮、江淮地区皆干旱，"顺天、河间、保定、庐、凤、淮、扬旱"⑤，而秋季转为多雨并有水

---

① 康熙《新修上饶县志》卷一
② 光绪《正定县志》卷八
③ 光绪《大城县志》卷十
④ 《明实录·武宗实录》卷一百七
⑤ 《明史·五行志》三

灾危害，如河北廊坊"秋潦道路行舟"^①、容城"七月霪雨害稼潋没数百口"^②，河南沈丘"秋大水"^③、滑县"秋大水"^④。江苏北部虽有"夏旱"^⑤，却又有"秋大水"^⑥。长江中游及华南地区夏多雨，湖北武昌"大水，民居漂流田禾潋没殆尽"^⑦，福建上杭"五月大水至谯楼前"^⑧。广东初夏即多雨，南雄、始兴"夏四月大水"^⑨，封开"夏大水"^⑩，秋有台风为患，"八月阳江飓风伤稼殆尽"^⑪。川、黔各地也呈现局地春旱和夏秋季多雨的特点^{⑫⑬}。

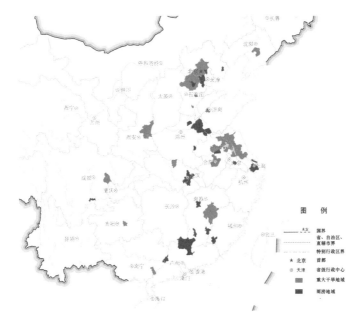

图4—2—2　1514年重大干旱（橙色）和雨涝（深蓝色）地域分布

---

① 天启《东安县志》卷一
② 康熙《容城县志》卷八
③ 嘉靖《沈邱县志》卷一
④ 顺治《滑县志》卷四
⑤ 嘉靖《靖江县志》卷四
⑥ 顺治《徐州志》卷八
⑦ 乾隆《武昌县志》卷一
⑧ 康熙《上杭县志》卷十一
⑨ 嘉靖《南雄府志》卷一
⑩ 天启《封川县志》卷三
⑪ 嘉靖《广东通志》卷七十
⑫ 嘉靖《马湖府志》卷七
⑬ 嘉靖《贵州通志》卷十

4.2.4　可能的影响因子简况

（1）太阳活动

1513 年位于 1512～1524 年的太阳活动周内，是该周太阳活动极小年之后 1 年，记为 m+1。该活动周峰年是 1519 年，太阳黑子相对数估计为 80，强度中等（M）。

（2）火山活动

1513 年火山活动很少，仅有大西洋佛得角群岛 Fogo 火山的级别为 1 级的小喷发，喷发物只能在近地面大气层中。但更早的 1512 年尚有两次较大的火山活动，分别是小巽他群岛的 Sangeang Api 火山和班达海的 Gunungapi Wetar 火山的喷发，二者喷发级别为 3 级（VEI=3↑），其火山灰柱可达对流层顶部甚至进入平流层，或有可能在平流层散布开来形成火山尘幕，对太阳辐射起遮蔽作用。

4.3　1620/21 年寒冬

1620/21 年冬季（明泰昌元年冬）严寒多雪，降雪范围广、雪期长、雪量大，积雪深厚，南北方冻雨多有发生，汉水、澧水，以及洞庭湖等常年无冰封的江河湖泊水面均告封冻。1621 年全国大范围多雨。这个寒冬被当作中国气候进入小冰期第 2 个寒冷阶段的标志。

4.3.1　严寒实况

1620 年秋季冷空气活动早，10 月 20 日江西瑞昌即降初雪[①]。入冬后多次强寒潮接连发生，自 1620 年 12 月中旬至 1621 年 2 月下旬，河北、山西、陕西、河南、山东、安徽、江苏、浙江、江西、湖北、湖南、四川等地皆大雪连绵且极严寒。初冬的大雪记载见于河北、山东、安徽、湖北一带，如河北容城"十一月暴风骤雪，行人死者甚

---

① 康熙《瑞昌县志》卷一

众"①，安徽巢湖"十一月下旬大雪连绵不息，至次年二月初旬始霁"②，湖北石首"十一月至春二月大雪七十余日"③。隆冬的大雪寒冻记录则广布于黄河流域、江淮、江南地区，如陕西渭南"冬大雪至仲春始霁，人多冻死"④，安徽繁昌、当涂"大雪自十二月十五日（1 月 7 日）至正月终止（2 月 20 日）始霁，雪深七八尺，压颓村市房屋不计其数，野鹿獐麂几绝"⑤。而晚冬的雪寒记录则仅见于江南、华南，如江苏吴县"正二月雨雪连绵"⑥，湖南临湘"大雪自正月至终不绝"⑦，广东阳江、高要"春二月雨雪"⑧。由历史记录可见各地冬季降雪期和积雪期普遍长达四十天以上，类似九江"正月大雪四十日，虎兽多饿死"⑨这样记载的地点众多，如安徽安庆、望江、潜山、宿松、太湖、桐城，湖北罗田、浠水、广济、阳新、鄂州，湖南安乡、临澧，江西彭泽、九江等地[5]。此外还有诸如"大雪五十天""大雪七十天""春雪百日"和"大雪弥月"的记述，分别见于安徽无为、含山、和县，湖北石首、常德、汉寿和河南确山、汝南等地的地方志书中[5]。其间记述"雪深丈余"的地点就有江苏淮安、宜兴和安徽霍邱、舒城、阜阳、亳州、太和、怀远、凤阳等，另有许多地点的记载为"平地积雪四五尺""三四尺"不等，详见图 4—3—2、图 4—3—3。

多次强寒潮的接连南下以致出现江河湖泊水面的结冰或封冻。黄河封冻"东至灵宝，西至潼关"⑩，山西永济、芮城"冬大雪至数十日，河冰车马可渡。明年正月末（1621年 2 月 20 日）始解"⑪。长江水面有结冰，湖北武汉"冬大雪、江水冰"⑫，汉水封冻，汉阳"汉水冰合"⑬、钟祥"正月大雪，汉水冰冻，冰坚可渡"⑭。洞庭湖及周边河道

① 乾隆《容城县志》卷八
② 康熙《巢县志》卷四
③ 乾隆《石首县志》卷四
④ 康熙《陕西通志》卷三十
⑤ 康熙《繁昌县志》卷二
⑥ 崇祯《吴县志》卷十一
⑦ 康熙《临湘县志》卷一
⑧ 康熙《阳江县志》卷三
⑨ 康熙《彭泽县志》卷十四
⑩ 顺治《阌乡县志》卷一
⑪ 乾隆《蒲州府志》卷二十三
⑫ 康熙《武昌府志》灾异
⑬ 同治《续辑汉阳县志》卷四
⑭ 康熙《钟祥县志》卷十

冻结，湖南岳阳"人畜树木鱼鳖冻死无数，洞庭冻结可行"[1]、临湘"江河冻结可行"[2]。湖南境内的澧水冻合，安乡、澧县"鱼多冻死，河冰可行车"[3]，汨罗江"冻结，人马可行"[4]。其他如益阳、宁乡、安化、浏阳等地多有"池鱼冻死"的记述。

1620/21 年冬季南、北方多次发生大范围冻雨，而且十分严重。1621 年 1 月山东兖州、鱼台、郓城、曹县、阳谷等地严重冻雨，如郓城"雨冰，地上凝数寸厚，大树压折填塞道路"[5]，而定陶县所记之"大雨冰，地厚尺许"[6]则更是鲜有所未闻，今人难以想象。严重的冻雨为害也见于陕西和河南，如陕北子长"雨木冰，木枝坠"[7]，河南淮阳"木冰折木"[8]等。冻雨在长江中下游地区屡有发生，如湖北广济，湖南安化、长沙，江西丰城、南昌以及浙江江山等地，"木结冰，乳枝俱折"[9]的情形大致类似（图 4—3—1）。

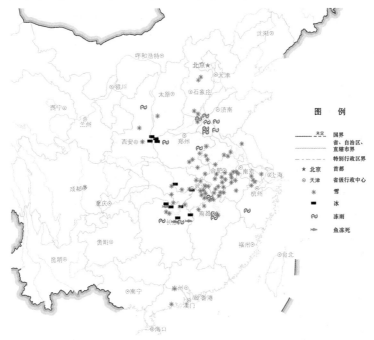

图 4—3—1　1620/21 年冬季寒冷的历史记录分布

① 康熙《岳州府志》卷二
② 康熙《临湘县志》卷一
③ 康熙《临湘县志》卷二
④ 乾隆《平江县志》卷二十八
⑤ 崇祯《郓县志》卷七
⑥ 顺治《定陶县志》卷七
⑦ 雍正《安定县志》灾祥
⑧ 康熙《续修陈州志》卷四
⑨ 天启《江山县志》卷八

这个冬季各地酷寒伤害极重，北方的"人多冻死"、南方的"民多发屋为薪、鸟兽冻死"之类的记述频见于各类历史文献。

严冬之后华南春寒，许多寒冷情景是 20 世纪所未见的，如地处北回归线以南的广东高要竟然会 3 月份下雪，南海之滨的阳江记载"春寒冽异常，大雪半日亦异事也"[①]。

4.3.2　寒冬气候特征值的推算

（1）最低气温值的推断

试由河湖结冰记录推断冬季最低气温值。

现代黄河灵宝至潼关段的封冻在 1958 年、1964 年曾有发生，1958 年 1 月极端最低气温是陕县–16.5℃、灵宝–17.0℃、潼关–18.2℃、韩城–14.8℃，1964 年 1 月极端最低气温是陕县–7.7℃、灵宝–7.6℃、潼关–18.2℃。鉴于 1621 年 1 月封冻的时间更长且冰层更坚厚，推断 1621 年 1 月潼关的最低气温应低于 1958 年和 1964 年的记录，可能在–20℃以下。

1621 年 1 月汉阳汉水"冰冻坚结"，其冻结程度比现代的更严重，现代汉水封冻在 1955 年、1977 年均有发生，1977 年钟祥、汉口的极端最低温度分别为–15.3℃和–18.1℃。故推论 1621 年汉口最低温度应更低于–18.1℃。

据 1621 年洞庭湖"冻结可行"[②]和湖南境内多处河流"鱼多冻死，河冰可行车"[③]等情景，按南方河流封冻的临界温度–15℃～–13℃[44]来估计，1621 年 1 月岳阳、平江、澧县最低温度分别为–15℃、–13℃和–16℃左右，比这三地点的现代极端最低气温记录–11.8℃（1956 年 1 月 23 日）、–9.8℃（1967 年 1 月 16 日）和–13.5℃（1977 年 1 月 30 日）更低约 3℃左右，而位于 28°N 地带的湖南安化、宁乡等地极端最低气温，约在–13℃左右，比现代当地极端最低温度记录安化–11.3℃、宁乡–10.0℃更低约 2℃～3℃。

（2）初雪日期的推断

南方初雪日期偏早。江西瑞昌"霜降前三日（10 月 20 日）雨雪"[④]，比现代（1951～1980 年）最早初雪日期 11 月 15 日提早 25 天。

---

① 康熙《阳江县志》卷三
② 康熙《岳州府志》卷二
③ 康熙《临湘县志》卷二
④ 康熙《瑞昌县志》卷一

（3）降雪日数的推断

1620/21 年冬季各地方的史料中有许多诸如"大雪七十余日"或"自某日至某日大雪连绵不止"之类的记述，由于无法确认这些记述究竟是指连续降雪日数或是指降雪初终期之间的降雪日数总和，故姑且称之为"降雪日数"。采用各地记载的持续大雪日数和由"大雪"的起讫日期估算的"日数"综合绘图（图 4—3—2），可见"降雪日数"最多的是长江中、下游沿江地带，两个高值中心分别位于湖北南部和安徽中部，日数达 100 天以上。

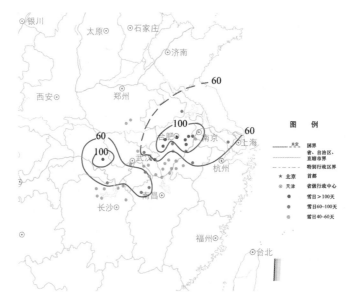

图 4—3—2　1620/21 年冬季历史记载的持续降雪日数分布

（4）最大积雪深度的推断

史籍中有关积雪深度的记载只是一个大致估计，如"雪深三尺"等，并不能等同于现代气象观测标准的测量值。将史料所记的 1620/21 年冬季积雪深度标示于图（图 4—3—3），看来即使古人的目测估计有误差，但所记的 1621 年积雪深度也足以令人瞠目。"雪深"达 300 cm（即"雪深丈余"）的地点主要在安徽北部和江苏南部。这些"雪深丈余"地点的现代（1951～2000 年）最大积雪深度记录是：宜兴 30 cm、平湖 15 cm、阜阳 41 cm、亳县 21 cm，皆与史籍记载相差甚大。然而本例的雪深历史记载虽看似有点夸张却也并非全是妄言，太湖地区的民谣"天启元年，雪撞撩檐"[①]和

———————————

① 同治《长兴县志》卷九

安徽桐城等地"雪深与檐齐"①的情景描绘即可为"雪深丈余"等记载的真实性作证。

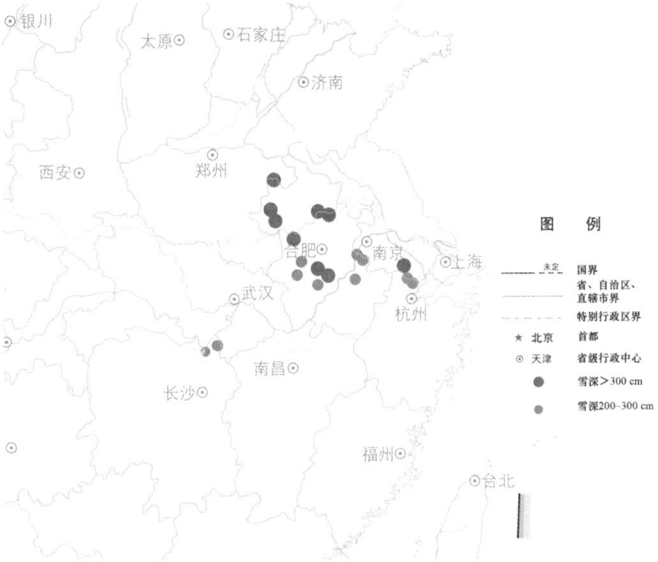

图4—3—3　1620/21年冬季历史记载的积雪深度的记录分布

4.3.3　气候概况

1620/21年冬季多雪，降雪范围广、雪期长、积雪深厚，南北方冻雨多有发生。汉水、澧水以及洞庭湖等常年无冰封的河湖水面均告封冻。华南地区春季寒冷。

1621年全国大部分地区多雨，仅河北平原和山东部分地区出现春旱、多沙尘天气且秋季又有局地旱，云南有严重春旱。

夏季河北平原和黄河下游、黄淮、江淮地区持续多雨、多暴雨，以致黄河、淮河、运河大泛溢，如江苏淮安"六月霖雨不止，里河堤岸冲倒灌入三城，平地深一丈"②、淮阴"五月霆雨，河淮交溢"③等。黄河中游的陕西等地夏秋多雨造成水灾，如渭南"七月大雨弥月，渭北一带河水泛溢"④、大荔"黄河溢，水及城下"⑤等。长江中游的湖南、江西有局地水患。广东、广西为另一条夏季多雨地带。

---

① 道光《续修桐城县志》卷二十三
② 天启《淮安府志》卷二十三
③ 康熙《清河县志》卷一
④ 光绪《新续渭南县志》卷十一
⑤ 康熙《朝邑县后志》卷八

1621 年夏秋沿海地区的台风活动不详。

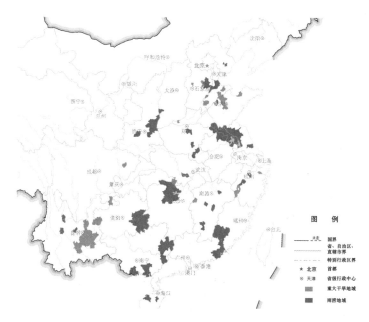

图 4—3—4　1621 年重大干旱（橙色）和雨涝（深蓝色）地域分布

4.3.4　可能的影响因子简况

（1）太阳活动

1620 年位于 1619～1633 年的太阳活动周内，是该太阳活动极小年后的第 1 年，记为 m+1。1621 年记为 m+2。该活动周的峰年是 1626 年，其太阳黑子相对数估计为 100，强度为中强（MS）。

（2）火山活动

1620～1621 年全球无重大火山活动记录。回溯到 1618 年、1619 年也如此，仅有一些喷发级别在 2 级或以下的火山活动，其喷发指数 VEI≤2。

（3）海温特征

1618～1619 年有强厄尔尼诺事件发生，1620 年为该强厄尔尼诺年结束后的第 1 年，即非厄尔尼诺年，相应的赤道中东太平洋海温开始变冷。

4.4 1654/55 年寒冬

1654/55 年冬季（清顺治十一年冬）南、北方各地俱严寒。东北、华北大雪封户，黄海结冰，黄淮、江淮、苏浙河流封冻，闽粤霜雪为害。冰雪天气持续时间长，1654 年冬季的寒冷一直持续到 1655 年春末。这次寒冬以 30.5°N 东海海冻和江苏、浙江橘树、樟树冻死以及江西橘柚园遭毁灭性的冻害为寒冷的标志性事件，出现在小冰期最寒冷阶段。寒冬之后，1655 年全国大范围多雨。

4.4.1 严寒实况

1654/55 年冬季冷空气活动提早，明代学者谈迁曾记述 1654 年异常提早的严寒景况：“（苏州一带运河）十月冻舟，吴门冰厚三寸有奇，各舟募壮士斫冰，日行三四里。始冰于十月未闻之也”①。

1654 年入冬后多次强寒潮狂袭南北大地。其中十一月的强寒潮给东北、华北带来罕见的大雪严寒，辽宁各地“十一月大雪深盈丈，雉兔皆避入人家”②，河北各地“大雪封户，人至不能出入，多冻死者”③，山东各地大雪，或称“平地数尺，人多冻死”④⑤，或称“大雪房倾，人皆穿洞而出”⑥，“黄河之腹坚，往来通车马。吴、越、淮、扬河冻几数千里，舟不能行者月余”⑦。江淮、江南河湖水面冻结，如苏北东台“十一月河冰厚尺余，人行冰上两浃旬”⑧，上海青浦“冬至（12 月 22 日）泖淀冰，人行冰上”⑨，富春江上游“十一月大雪，冻坚厚，至正月不解”⑩。寒潮影响到福建，仙游“大

---

① 明·谈迁《北游录》
② 康熙《盛京通志》卷七
③ 乾隆《河间府新志》卷十七
④ 顺治《招远县志》卷一
⑤ 乾隆《诸城县志》卷三
⑥ 康熙《登州府志》卷一
⑦ 顺治《萧县志》卷五
⑧ 康熙《淮南中十场志》卷一
⑨ 康熙《青浦县志》卷八
⑩ 康熙《遂安县志》卷九

雪四十余日，草木皆枯"[1]、福州"冬大霜连下五十余日，人畜冻死无算"[2]、漳州"冬大寒，陨霜"[3]，以及广西南宁、封开、扶绥、来宾等地"十一月大雪积数寸"[4]，广东出现冻雨，惠来"十一月二十六日（1655 年 1 月 3 日）陨霜成冰，三日不解"[5]。

继后，十二月初的强寒潮使得太湖流域和江南大小河湖水面冰冻更加坚厚：上海浦江"十二月初三（1 月 10 日）起，严寒大冻，河中冰坚盈尺，行者如履平地。浦中叠冰如山乘潮而下，冲舟立破，数日始泮"[6]，宝山"十二月初一至十五（1655 年 1 月 8 日—22 日）奇寒，河冰彻底"[7]。太湖周边如吴江、乌程、武进等地皆一致记载"太湖冰厚二尺，连二十日"[8]、"运河（冰冻）腹坚"[9]。同时，浙江北部及江西、安徽各地，如嘉兴、桐乡、宁波、慈溪、余姚、绍兴、婺源等地河道皆有"江水亦冰，经月舟楫不通"[10]或"河冰合，月余不解"[11]。同时海面结冰，苏北连云港"十二月初二日（1655 年 1 月 9 日）东海冰，东西舟不通，六日方解"[12]，南至浙江海盐（30.5°N）竟也"十二月大雪，海冻不波"[13]。

1654/55 年冬季最有典型意义的寒害事件是江西橘柚园种植遭受毁灭性的冻害，以致此后一度很少再有种植。清代学者叶梦珠曾记述："江西橘柚向为土产，不独山间广种以规利，即村落园圃家户种之以供宾客。自顺治十一年甲午冬严寒大冻，至春橘柚橙柑之类尽槁，自是人家罕种，间有复种者，每逢冬寒辄见枯萎。至康熙十五年丙辰十二月朔奇寒凛冽，境内秋果无有存者，而种植之家遂以为戒矣。"[14]当年还有浙江衢县"橘树冻死垂尽"[15]、淳安"橘死樟枯"[16]和江苏吴江"橘柚死者

①　康熙《仙游县志》卷七
②　清·海外散人《榕城记闻》
③　康熙《龙溪县志》卷十二
④　康熙《南宁府全志》祥异
⑤　乾隆《潮州府志》卷十一
⑥　清·叶梦珠《阅世编》卷一、卷七
⑦　嘉庆《淞南志》卷二
⑧　乾隆《吴江县志》卷四十
⑨　康熙《武进县志》卷三
⑩　康熙《宁波府志》卷三十
⑪　康熙《婺源县志》卷十二
⑫　顺治《海州志》卷八
⑬　康熙《海盐县志》补遗
⑭　清·叶梦珠《阅世编》卷一、卷七
⑮　民国《衢县志》卷一
⑯　康熙《遂安县志》卷九

过半"①。同时还有浙江武义的亚热带乔木樟树遭冻枯死②，安徽贵池、石台等地"竹木冻枯"③"竹木六畜多冻死"④等（图4—4—1）。

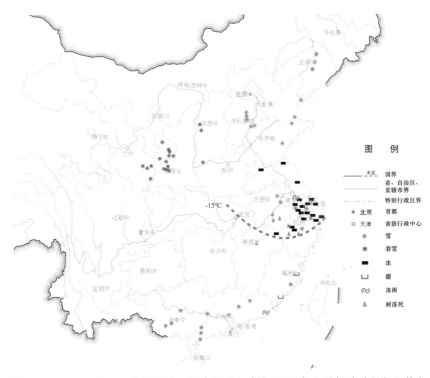

图4—4—1 1654/55年冬季寒冷的历史记录分布和1655年1月极端最低气温推断

1655年春季仍寒冷，尤其西北地区霜雪不断。直到5月9日（四月初四）尚有山西离石、临县等地"夜雨雪三尺，树枝尽压折"⑤"雪盈尺"⑥，陕西岐山、凤翔、扶风、麟游等地"大雪杀禾"⑦，甘肃崇信5月8日"雪深三尺，繁霜杀树"⑧，天水5月9日"大雪深四尺，秦州降黑霜杀麦"⑨，甘肃甘谷5月13日"大雪"⑩，庆阳、灵

① 乾隆《吴江县志》卷四十
② 康熙《续修武义县志》卷十
③ 康熙《贵池县志略》卷二
④ 康熙《石埭县志》卷二
⑤ 民国《临县志》卷三
⑥ 康熙《永宁州志》卷八
⑦ 顺治《岐山县志》卷一
⑧ 顺治《崇信县志》卷下
⑨ 康熙六年《陕西通志》卷三十
⑩ 康熙《伏羌县志》

台、合水、环县、正宁、宁县、清水、徽县和陕西关中、汉中以及河南商丘等地皆有类似的大雪记载[5]。

4.4.2　寒冬气候特征值的推断

试由河海结冰和竹木冻害记录推断冬季最低气温值。

（1）由海冰记录推断

1655 年 1 月 9 日海州（连云港）"东海冰"[①]，这可能与港口附近淡水注入有关。现代海州湾并无类似的海冰事件发生，气象资料（1951～2000 年）表明，连云港的极端最低气温值是–14.9℃（1967 年 1 月），但海面却未结冰。可引为参考的是，比海州湾更偏北约 2.5 纬度的莱州湾 1969 年 2 月和 1979 年曾出现海冰[24][25]，位于黄河入海口的垦利最低气温是–17.7℃和–17.1℃、羊角沟最低气温是–20.2℃和–15.0℃。然而由这些现代气象记录却无法推断出 1655 年 1 月连云港出现"海冰"时的最低气温值。1655 年 1 月南至 30.5°N 的浙江海盐出现"海冻不波"[②]，由当时正值大雪天气推知，这是由于雪降至低温海面而生成"初生冰"现象[42][43]，但现代海盐没有类似事件发生。综上所述，仅可推断 1655 年 1 月苏北、浙北沿海地方的最低气温远远低于现代的极端记录。

（2）由河湖冰冻记录推断

1654 年苏州河道早在 11 月下旬即封冻阻航、冰厚三寸的情况近代未曾有过。1655 年太湖坚厚冰层维持 20 天的情形也是 20 世纪不曾出现的。由中国南方河流冰封的最低气温低于–15℃～–13℃[44]来推断，鉴于当年河冰坚实等情景，认为河冰地点的最低温度应远低于–15℃，各地最低气温的估计值如表 4—4—1 所示。

1655 年各处水面的冰冻坚厚程度为现代所未见。太湖、大运河和上海周边河道冰冻彻底，以及太湖冰厚二尺等情形皆无现代的实例可资对比。据近 60 年太湖周边地区的 1 月份极端最低温度的记录：上海–10.1℃（1977 年 1 月 31 日）、苏州–8.3 ℃（1958 年 1 月 16 日）、嘉兴–11.9 ℃（1977 年 1 月 31 日），故推论 1655 年 1 月的最低气温值应比这些现代记录更低。

---

① 顺治《海州志》卷八
② 康熙《海盐县志》补遗

（3）由竹、树冻害推断

有关柑橘树冻害临界温度指标的研究指出，当气温降至-12.4℃时树势严重冻伤、植株有死亡可能[47][48]。由 1655 年 1 月吴江等地点橘树冻死过半[①]、衢县橘树全部冻死[②]的记述推断，吴江的最低气温应达-12℃以下，衢县、遂安可达-13℃。至于江西橘柚园种植事业完全为冻害摧毁的事，仅见于清代叶梦珠的记述[③]，具体地点却未指出。推论这冻害发生地的最低气温应在-13℃以下。

据樟树生长的温度条件研究，其冻死的温度为-15℃[49]，故由浙江武义、遂安樟树受冻枯死的记载可推断当地 1655 年 1 月极端最低气温达-15℃。

由竹类生存的气象条件知，南方毛竹受冻致死的极端最低温度是-16℃[53]，1655年 1 月安徽贵池、石台出现"竹冻枯"[④][⑤]，故此二地当年最低温度的推断值为-16℃。

1654/55 年寒冬最低气温值推断结果如表 4—4—1 所示。

表 4—4—1　1655 年 1 月长江下游地区最低气温推断值及其与现代极端最低温度值
（1951～2000 年）的对比

地点	1655 年 1 月最低气温推断值 $T^{推}_{min}$（℃）	现代极端最低气温 T_{min}（℃）和出现日期（年.月.日）	差值 $\Delta T = T^{推}_{min} - T_{min}$（℃）
婺源	-15	-11.0　1967.1.16	-4.0
宁波	-14	-8.8　1955.1.12	-5.2
苏州	-15	-8.3　1958.1.16	-6.7
上海	-14	-10.1　1977.1.31	-3.9
东台	-17	-11.8　1958.1.16	-5.2
衢州	-15	-10.4　1970.1.16	-4.6
安庆	-16	-9.4　1969.1.31	-6.6

4.4.3　气候概况

寒冬之后的 1655 年气温偏低。春季寒冷，尤其西北地区霜雪不断、终雪日期推迟。当年山西、陕西、甘肃多处地方的终雪日期是 5 月 9 日—13 日，而现代（1971～2000

---

① 乾隆《吴江县志》卷四十
② 民国《衢县志》卷一
③ 康熙《续修武义县志》卷十
④ 康熙《贵池县志略》卷二
⑤ 康熙《石埭县志》卷二

年）平均终雪日期和最晚终雪日期的记录：西安为 3 月 17 日和 4 月 12 日、天水为 3 月 28 日和 4 月 29 日、庆阳为 3 月 30 日和 4 月 24 日，故 1655 年春季的终雪日期比现代记录的平均终雪日期更晚 43～57 天，比现代极端最晚终雪日期更晚 15～27 天。1655 年秋季冷空气十分活跃，10 月 23 日—25 日的强冷空气活动带来大范围的霜冻，以致江苏吴县"陨霜三朝谷秕歉收"[1]，浙江武义"大霜三日荞麦禾豆悉槁"[2]、淳安"陨霜杀菽粟"[3]。

1655 年大范围多雨，仅陕西和山西南部、河南、山东有局地夏旱，安徽、浙江以及广东有局地秋旱。自春至夏长江流域和江淮地区持续多雨，如湖南长沙、湖北崇阳、河南扶沟、安徽颍上等地多有"春雨连月"[4]"春霪雨弥月不止"[5]记述。夏秋时节华北连续大雨，如河北迁安"六、七月霪雨大水"[6]，山西垣曲"夏秋多雨，阴霾不晴，大雨时沛"[7]，引起滦河、漳河和黄河的决溢（图 4—4—2）。

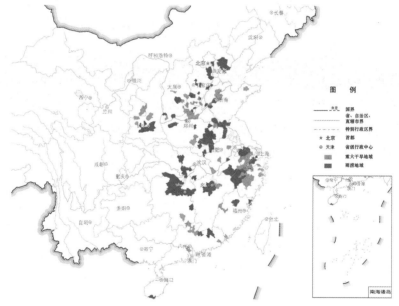

图 4—4—2 1655 年重大干旱（橙色）和雨涝（深蓝色）地域分布

---

① 康熙《吴县志》卷二十一
② 嘉庆《武义县志》卷十二
③ 康熙《淳安县志》卷四
④ 乾隆《善化县志》卷三
⑤ 顺治《颍上县志》卷十一
⑥ 康熙《迁安县志》卷七
⑦ 康熙《垣曲县志》卷十二

1654/55 年冬中国的严寒天气是北半球众多地区的寒冷表现之一,可与全球许多地方的寒冷事件相呼应,如日本和西欧皆出现严冬。可见这一时期的大气环流型具有极地涡旋的范围扩大、中纬度阻塞高压的频率增加和经向度增强的特点。不过北美的早期文献记载 1654/55 年的冬季北美并无冷暖异常,仅有 1655 年 4 月寒冷的记录[57]。故由此可以推断该冬季的极地涡旋仅略有偏心,尚未出现由于极涡的明显偏心而致北美冬暖而欧亚寒冷的情形。

4.4.4 可能的影响因子简况

(1)太阳活动

1655 年位于 1655～1666 年的太阳活动周内,是该周的太阳活动极小年,记为 m。该活动周的峰年为 1660 年,其太阳黑子相对数仅估计为 50,强度很弱(WW)。

(2)火山活动

1654/55 年冬季之前,全球重大火山活动的记录不多,中等规模以上的火山喷发仅有 1653 年 12 月 31 日的印尼 Gamalama 火山喷发,喷发级别为 3 级(VEI=3↑)。其他如日本 Asama 火山、意大利 Etna 火山和 1654 年 2 月意大利 Vesuvius 火山的喷发级别都在 2 级以下(VEI≤2)。另外,1655 年虽有新西兰 Egmont 火山的喷发,级别达到 4 级(VEI=4),但喷发日期不详,不便深入讨论它与寒冬的关联。

(3)海温特征

1655 年有厄尔尼诺事件发生,强度为中等(M)。1654 年即为厄尔尼诺年的前 1 年,对应于赤道中、东太平洋海温升高的情形。

4.5 1656 年 2 月的晚冬严寒

继 1654/55 年的严冬之后,1655/56 年冬季中国东部地区仍寒冷,尤以冬季的后半段严寒最甚。1656 年(清顺治十三年)2 月强寒潮天气连续袭击中国东部,长江以南广大地区普降大雪、竹木冻死、河湖冰冻,河流封冻南至福州,华南霜雪冻害严重。这寒冷还延续到了 1656 年春季。这是小冰期鼎盛时段的冬季后半段异常严寒的实例。

4.5.1 严寒实况

1655/56 年冬季中国东部地区寒冷，至 1656 年农历正月，苏南溧水等地的河道仍冰封，须民夫万人凿冰才得开通漕运[①]。冬季后半期尤其严寒，1 月 30 日—2 月 14 日多股寒潮冷空气相继南下，造成长江以南广大地区冰雪寒冻，浙江金华地区之东阳"大雪至丙申二月，积冻不解，道路不行，竹木冻死过半"[②]、永康"正月初五起雨雪至廿日（2 月 14 日）止，雪深五尺，树木尽枯"[③]。

由文献记载可推演 2 月 9 日—14 日引起江西、浙江、福建、广东的大范围寒害的强寒潮天气过程如下：先是 2 月 9 日江西九江"大雪，平地五尺许"[④]。10 日福建各地遍降大雪，同安"正月十六日大雨雪，深尺许"[⑤]、莆田"正月十六日大雨雪"[⑥]、将乐等地"积厚二尺余，旬日不消，瓦溜冻冰成条"[⑦]，福州则有"山上积雪至一丈，平地五尺。十六日地冻冰，河水凝结，可载行人"[⑧]的记载，德化"天寒大雪，平地五尺许，故老相传以为从前未见"[⑨]，仙游、武平、上杭、漳浦、连城等地皆有平地积雪厚二三尺不等的记载[⑩⑪⑫⑬⑭]。继后广东省境也普降大雪，如韶关"大雪四日夜，凝冰尺许木尽枯"[⑮]、五华等地"大雪数寸厚，墙屋压颓，果木冻死"[⑯]，粤西之封开"正月大雪树木皆冰，有垂条如碧琉璃，深山积至半月方消"[⑰]，大埔的记录称"正月雨雪连

---

① 康熙《溧水县志》卷一
② 康熙《新修东阳县志》卷四
③ 康熙《永康县志》卷十
④ 乾隆《德化县志》卷十七
⑤ 康熙《同安县志》卷十
⑥ 康熙《兴化府莆田县志》卷三十四
⑦ 康熙《延平府志》卷一
⑧ 清·海外散人《榕城记闻》
⑨ 康熙《德化县志》卷十六
⑩ 乾隆《仙游县志》卷三十五
⑪ 康熙《武平县志》卷九
⑫ 康熙《上杭县志》卷一
⑬ 康熙《漳州府志》卷三十三
⑭ 康熙《连城县志》卷一
⑮ 康熙新修《曲江县志》卷十
⑯ 康熙《长乐县志》卷一
⑰ 康熙《开建县志》卷九

日，较前明万历乙卯（1615 年）更深尺许，岭南罕见"①。强寒潮还影响到海南岛，载海"正月寒霜大作，岁荒民饥遇冻多死，兽畜鱼鸟多殒没，椰榔凋落草木枯"②（图4—5—1）。

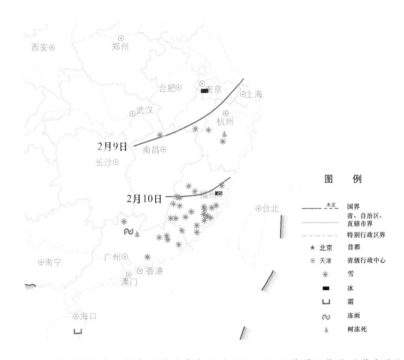

图 4—5—1 1656 年 2 月寒冷的历史记录分布和 2 月 9 日—10 日降雪日期线（紫色线）逐日移动

4.5.2 寒冬气候特征值的推断

（1）最低气温值的推断

试由河流结冰和竹木冻害记录推断冬季最低气温值。

a. 由河流封冻记录推断 1656 年 2 月福州"河水凝结可载行人"③，这是现代所未见的现象。现代福州的极端最低气温记录为–1.7℃（1951～2000 年）出现在 1991年 12 月，当时河流水面虽出现结冰，但冰况远未能承载行人，由此推知 1656 年 2 月之最低气温应当远低于–1.7℃。若按南方河流封冻的临界温度的–15℃～–13℃[44]推断，

---

① 乾隆《潮州府志》卷十一
② 康熙《乐会县志》卷一
③ 清·海外散人《榕城记闻》

再考虑到冰厚可载行人，则福州 1656 年 2 月的极端最低气温应当更低许多，甚至达－13℃，而现代福州 2 月极端最低气温仅 0.1℃ 。

b. 由竹木冻害记录推断　据浙江东阳"竹木冻死过半"①的记录，由竹类冻死温度为－16℃[53]推断，1656 年 2 月当地极端最低气温应在－16℃左右，这与现代（1951～1990 年）金华 2 月极端最低气温－8.9℃相比，至少还更低 7℃。

据浙江武义"樟木尽枯"②的记录来推断，当地的最低气温应在－15℃以下。

据海南琼海县"寒霜大作、椰椰凋落"③的记录，由槟榔、椰子冻害的温度条件[50]推断，1656 年 2 月最低气温应在 2℃以下。另由霜冻发生的气象条件知，当时最低气温应达 0℃，然而现代琼海 2 月的极端最低气温仅为 7.2℃（出现在 1972 年），由此推断海南 1656 年 2 月的最低气温至少比现代的极端值还低 7℃左右。

（2）最晚终雪日期的推断

1656 年江西宜丰迟至 4 月 2 日仍有降雪，这与宜丰现代（1951～2000 年）最晚终雪日期 4 月 2 日（1972 年）相近。

4.5.3　气候概况

1656 年春季持续寒冷，直到暮春冷空气活动仍强盛，河北馆陶④、河南虞城"三月五日（3 月 30 日）陨霜杀麦"⑤，江西宜丰"三月初八日（4 月 2 日），风雪如冬"⑥，安徽萧县"三月异霜杀麦"⑦，浙江嵊县也出现"三月陨霜杀草"⑧，表明春季寒潮天气系统的强劲和影响地域之广。

寒冬之后，1656 年中国春季北方干旱，夏秋大范围多雨，川黔有局地干旱。

1656 年春季和初夏北方干旱少雨，甘肃庆阳、平凉"夏五月不雨"⑨，山西南部

---

① 康熙《新修东阳县志》卷四
② 嘉庆《武义县志》卷十二
③ 康熙《乐会县志》卷一
④ 康熙《馆陶县志》卷十二
⑤ 顺治《虞城县志》卷八
⑥ 民国《盐乘》卷十一
⑦ 顺治《萧县志》卷五
⑧ 康熙《嵊县志》卷三
⑨ 乾隆《静宁州志》卷八

"春夏大旱至四月终方雨"①，河南开封"春大旱"②。然而入夏之后河北多雨，江淮、长江流域和江南广大地区以及广西、广东皆多雨。两湖盆地农历五月和闰五月皆大雨，如江西修水"闰五月间大雨洪水"③，浙江北部和江苏、安徽多为"夏五月大雨水"④、"闰五月霖雨伤禾"⑤"大雨淹没禾稼"⑥，珠江三角洲各地"夏大雨"⑦，广西柳城"大水"⑧。秋季更见大雨水患，如湖南郴州"秋雨连日，山崩水涌"⑨、永兴"秋七月霖雨连沛"⑩。另外，川南—黔北有局地干旱⑪⑫（图4—5—2）。

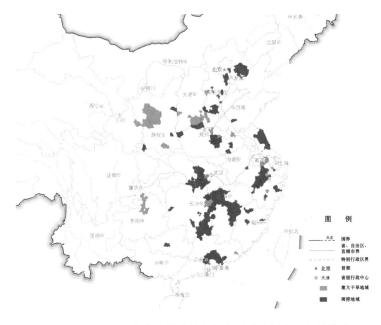

图4—5—2　1656年重大干旱（橙色）和雨涝（深蓝色）地域分布

① 康熙《吉州志》卷下
② 顺治《祥符县志》卷一
③ 康熙《宁州志》卷一
④ 雍正《常山县志》卷十二
⑤ 嘉庆《东台县志》卷七
⑥ 康熙《蒙城县志》卷二
⑦ 康熙《南海县志》卷三
⑧ 乾隆《柳州府志》卷一
⑨ 康熙《郴州总志》卷十一
⑩ 乾隆《永兴县志》卷十一
⑪ 道光《綦江县志》卷十
⑫ 道光《遵义府志》卷二十一

4.5.4   可能的影响因子简况

（1）太阳活动

1656 年位于 1655～1666 年的太阳活动周内，是该周太阳活动极小年之后 1 年，记为 m+1。该活动周的峰年是 1660 年，太阳黑子相对数估计为 50，强度为很弱（WW）。

（2）火山活动

1655 年的重大火山活动有远东堪察加半岛的 Ksudach 火山爆发，喷发级别为 4 级（VEI=4），这次强火山活动喷出物可突破对流层顶进入平流层，而且其喷发物的体量很大，达 $10^8 m^3$。此前 1653 年 12 月 31 日有印尼 Gamalama 火山爆发，喷发级别为 3 级（VEI=3↑），表明其火山尘等可能进入到平流层，形成尘幕对太阳辐射起到遮蔽作用。

（3）海温特征

1655 年有中等强度的厄尔尼诺事件发生，1656 年为厄尔尼诺事件结束之后的第 1 年。

4.6   1670/71 年寒冬

1670/71 年冬季（清康熙九年冬）奇寒，华北、华东、华中大雪四十日以上，黄河封冻、淮河冰坚两个月、长江冰冻，河湖结冰南界接近 27°N，山东、河南井水结冰，果木、竹、树、鸟兽冻死，直到 1671 春季仍多雪严寒。1671 年气候异常，大范围干旱少雨、夏秋异常高温酷热、年内温度变化幅度之大十分罕见。这是小冰期寒冷阶段的典型寒冬之一，又是冬季严寒且夏季异常炎热的极端特例，还是继寒冬之后中国东部大范围严重干旱（而不是多雨）的特例。

4.6.1   严寒实况

1670/71 年冬季强寒潮频发，罕见的冰雪寒冻记载十分丰富（图 4—6—1）。1671

年 1 月初的强寒潮急骤降温，自华北至江南遍降大雪，河北、山东、河南、安徽各地频现井水结冰"井泉冻"[1][2][3][4]。其后 1 月中旬、1 月下旬—2 月上旬和 2 月上旬—中旬又有多次强寒潮冷空气相继南下，以致长江中下游及江南广大地区大雪连绵不断，雪日延续 40～60 天，如山东威海"大雪平地丈余"[5]，安徽宣城、南陵"冬大雨雪深数尺，越月不止"[6]，湖北大冶、咸宁等地"大雪四十余日"[7]，江西湖口等地"冬大雪数十日"[8]，湖南湘潭"冬大雪自十月廿八日至十二月廿四日益剧"[9]、耒阳等地"大雪六十日"[10]，还有称"积雪四十日"的如江西临川等地[11]。1670/71 年冬季雪量奇大，当时人记述有"浙江及常、镇等处雪丈许，往京朝觐北上一路雪深七八尺"[12]。文献中除普遍记为"大雪数尺""深五六尺"外，还有许多积雪深厚的生动记述，如山东郯城"十二月大雨雪，平地皆深丈余，凡庄村林木之处，雪之所聚高皆与之齐等，室庐尽为埋没，百姓多自雪底透窟而出"[13]。各地持续降雪日数和积雪深度的记录详见文献[5]（图 4—6—2、图 4—6—3）。

1671 年 1 月，黄海沿岸结冰范围南至 35°N，苏北赣榆"平地冰数寸，海水拥冰至岸，积为岭，远望之数十里若筑然"[14]，这样的海岸冰况记述史籍中实不多见。

内地河、湖冰冻十分严重，黄河之龙门至华阴段"黄河结冰桥，人往来如坦途"[15]。淮河之盱眙"淮河坚冻，往来车马行冰上者两月"[16]。最为罕见的是安徽东至县的冰冻记载"长江几合，匝月不解"[17]，这虽然并非指长江干流几乎封冻，但长江的流量如此

① 康熙《唐县新志》卷二
② 康熙《寿光县志》卷一
③ 康熙《开封府志》卷三十九
④ 康熙《蒙城县志》卷二
⑤ 乾隆《威海卫志》卷一
⑥ 康熙《宁国府志》卷三
⑦ 康熙《大冶县志》卷九
⑧ 康熙《湖口县志》卷八
⑨ 光绪《湘潭县志》卷九
⑩ 康熙《耒阳县志》卷八
⑪ 康熙《抚州府志》卷一
⑫ 清·姚廷遴《历年记》
⑬ 康熙《郯城县志》卷九
⑭ 康熙《重修赣榆县志》卷四
⑮ 康熙《韩城县续志》卷七
⑯ 康熙《盱眙县志》卷三
⑰ 乾隆《东流县志》卷七

巨大，即使以江中沙洲隔出的非主航河道的冰冻而论，这样的冰冻情形也是中国历史记载所未见的。类似的冰冻情景也出现在长江与鄱阳湖相通的地段，如江西彭泽"长江冻几合"①、星子"寒凝异常，江水冻合"②、湖口"彭蠡湖梅家洲冰合，可通行人"③。至于江南各地主要河流、湖泊，其封冻记述很多，如浙江绍兴府 1 月 13 日"连日盛寒各邑江河冰合舟不通"④，同日嘉善 "河港坚凝如平地，舟楫不通"⑤，安徽望江"湖池冻冰约六七尺，冰上牛马通行"⑥，江西临川"河冰可渡"⑦，湖南湘乡"河冻冰坚"⑧、宁乡"冰坚可渡"⑨、攸县攸水和沩水冻合"人马驰驱，经旬不解"⑩，以及位置更南的耒阳"邑之大江，人俱履冰而渡"⑪，衡山县记载"江水冰合厚尺余，舟不可行，湖南所未尝有也"⑫。其中湖南耒阳和衡山县所记的湘江封冻河段，其纬度尚不到 27°N，堪称中国河流封冻的最南地点，这次发生于康熙九年的湘江封冻事件被康熙十二年编修的县志记载，属于"当时人记当时事"，其可信性很高。史籍中记载河流封冻的地点有：江苏淮阴、盱眙，安徽萧县、东至，浙江绍兴，江西湖口、彭泽、星子、都昌、临川、东乡和湖南湘乡、宁乡、攸县、衡山、耒阳等。

该冬季发生井、泉冰冻的地域很广，如山东曹县"盛寒井水皆冻，从所未见"⑬，还有唐县、开封、杞县、尉氏、寿光、曹县、蒙城、萧县、徐州等地，大致在 33°N～38°N 地带。

严寒致树木冻死的记载广及山东、江淮、江南地域。其中山东果树受冻损害尤重：潍坊"果树冻死殆尽"⑭、文登"果树竹木冻死几尽"⑮、郯城"花果之类冻死绝种"⑯。

① 康熙《彭泽县志》卷十四
② 同治《星子县志》卷十四
③ 康熙《湖口县志》卷八
④ 康熙二十二年《绍兴府志》卷十三
⑤ 光绪《重修嘉善县志》卷十二
⑥ 康熙三十四年《望江县志》卷十一
⑦ 康熙《抚州府志》卷一
⑧ 康熙《湘乡县志》卷十
⑨ 康熙《新修宁乡县志》卷二
⑩ 康熙《攸县志》灾祥
⑪ 康熙《耒阳县志》卷八
⑫ 康熙《衡山县志》卷二十六
⑬ 光绪《曹县志》卷十八
⑭ 乾隆《潍县志》卷六
⑮ 康熙《山东通志》卷六十三
⑯ 康熙《郯城县志》卷九

江南则广有柑橘竹木冻死，如湖南湘乡"柳树、樟树、柑橘树俱冻死"[①]，衡山县"六畜冻死、竹半枯"[②]。江西高安"大木樟树枝枯叶脱一望皆秃，入春不发至四月始萌芽"[③]。当然也有许多林木的损害是由于雪量过大被压折所致，如江西黎川"雪深数尺，居民墙屋压毁，山中竹木尽折"[④]，南丰、资溪等地情状亦皆类似（图4—6—1）。

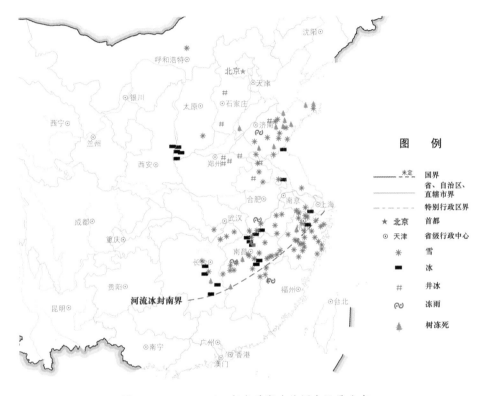

图4—6—1　1670/71年冬季寒冷的历史记录分布

4.6.2　寒冬气候特征值的推断

（1）最低气温值的推断

试由河流结冰和竹木冻害记录推断冬季最低气温值。

---

① 康熙《湘乡县志》卷十
② 康熙《衡山县志》卷二十六
③ 道光《高安县志》卷二十二
④ 康熙《新城县志》卷一

a. 由河流封冻记录推断 1670/71 年冬季江河冰冻情形是历史上少见、近代所未见的。陕西韩城黄河段的封冻"龙门至华阴黄河结冰桥，人往来如坦途"①现象实为历史少见；历史上淮河"封冻"之记录虽然多见，但这次盱眙河道却是"坚冻"且能够承载车马往来达两月之久②，其坚冻时间之长也是历史上少有的；安徽东至的长江水面冰冻且"匝月不解"③的记载乃历史上所仅见。其他江南各地大小河湖港汊的封冻记载甚多，由记载的河流封冻地点江苏淮阴、盱眙，安徽萧县、东至，浙江绍兴，江西湖口、彭泽、星子、都昌、临川、东乡和湖南宁乡、湘乡、攸县、衡山、耒阳等来看，湖南耒阳"邑之大江，人俱履冰而渡"④和衡山县"江水冰合厚尺余，舟不可行"⑤所记的湘江封冻河段的纬度尚不及27°N，堪称中国史载河流封冻的最南地点。鉴于这次封冻时间长、冰层厚达尺余，根据中国南方河流封冻时最低气温应达–15℃～–13℃[44]来估计，应取其下限值，故推断衡山县 1671 年 1 月的极端最低气温为–15℃以下。

b. 由树木冻害记录推断 据柑橘受冻害的温度条件[47][48]，由湖南湘乡柑橘冻死的记录可推断湘乡的最低气温应远在–12℃以下。

据樟树受冻害的温度条件研究，其冻死的温度为–15℃[49]，由江西高安发生的大樟树受冻落叶、入春不发芽⑥和湖南湘乡樟树冻死⑦的记载，推断高安和湘乡二地的最低温度应分别在–12℃和–15℃以下。

另外据南方毛竹冻害的气象条件[52]，由湖南衡山县的竹林受冻半枯⑧的记录来推断，也可推得衡山县最低气温值为–15℃，这和由衡山河流封冻得出的推断温度–15℃一致。其邻近的衡阳现代（1951～2000 年）的极端最低气温是–7.9℃（出现在 1972 年 2 月 9 日），故 1670/71 年冬季的极端最低气温至少比现代最低气温极端记录更低7℃。

（2）降雪日数的推断

将各地记载的持续大雪日数和由"大雪"的起讫日期估算的"日数"权作"持续降雪日数"，一并用作绘图（图 4—6—2）。此图上可见降雪日数的高值区有两处，

① 康熙《韩城县续志》卷七
② 康熙《盱眙县志》卷三
③ 乾隆《东流县志》卷七
④ 康熙《耒阳县志》卷八
⑤ 康熙《衡山县志》卷二十六
⑥ 道光《高安县志》卷二十二
⑦ 康熙《湘乡县志》卷十
⑧ 康熙《衡山县志》卷二十六

一为北方的山东等地，另一为横亘于长江以南的湖南—江西—浙江地带。这个分布特点与中国现代的年降雪日数分布图的特点相一致[10]，与1620/21年冬季的降雪日数分布（图4—3—2）相比，1670/71年冬季大雪日数的高值区更为偏南。

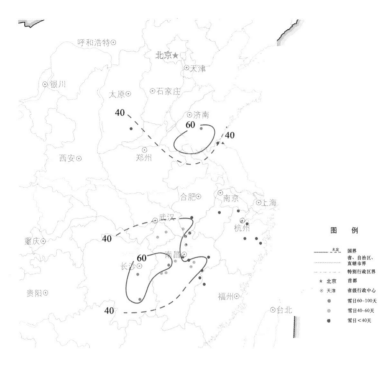

图4—6—2 1670/71年冬季历史记载的持续降雪日数分布

（3）积雪深度的推断

1670/71年冬季记载"大雪平地数尺"的地点甚多，如山东郯城"平地皆深丈余"[①]当为极端之情形。据郯城气象记录（1951～2000年），最大积雪深度的极端值亦仅25 cm，约合0.8尺，与史料所记"丈余"（>330 cm）无法相比，显然史料所载的"雪深"不乏记述者的感官印象而非实际测量。不过，江南的降雪量尤其大，如浙江临海的积雪"丈许"[②]、丽水"山中深丈余"[③]、景宁"坳中盈几丈余"[④]、绍兴"连雪浃旬、积高数尺，越地古未之闻"[⑤]。这样的特大暴雪和深厚积雪确是近代难于想见的。兹将历史

---

① 康熙《郯城县志》卷九
② 康熙《台州府志》卷十四
③ 康熙《处州府志》卷十二
④ 同治《景宁县志》卷十二
⑤ 康熙二十二年《绍兴府志》卷十三

记载的各地的积雪深度换作厘米（cm）表示，如"雪深三尺"估作 100 cm、"积雪六七尺"估作 230 cm 等，然后绘成图 4—6—3，可见积雪最深的地带有两处，一为山东半岛和苏北、皖北，另一为广大的江南地带，其中积雪深达丈余的有山东威海、井冈山地区、太湖地区和浙江中部，这分布特点与中国现代年最大积雪深度的分布特点[10]很相似。

图 4—6—3   1670/71 年冬季历史记载的积雪深度分布

4.6.3   气候概况

1671 年中国东部大范围干旱少雨，这和常见的寒冬之后夏季大范围多雨的情形不同。该年自春至夏华北地区严重干旱，河北、山西各地多记有"三至六月不雨"[①]，或"三月不雨至五月"[②]，或"夏旱至七月方雨"[③]。黄淮、江淮地区旱期更长，自春至秋皆大旱，如盱眙"自春三月不雨至秋八月"[④]。长江中、下游及江

① 康熙《唐山县志》卷一
② 康熙《迁安县志》卷一
③ 康熙《文水县志》卷一
④ 乾隆《盱眙县志》卷十四

南各地自夏至秋大范围严重干旱，如上海"四至七月亢旱，港底生尘"①，江西北部"六月旱至十一月河井皆竭"②，湖北"夏五月不雨至于八月"③，浙江"五月十三日无雨晴至八月十六日微雨"④，安徽南部"夏大旱连月不雨，毒热如焚"⑤。当年仅广东、广西夏季多雨，左江、右江出现水灾，另外山东等地有些小范围的大雨成灾。

1671 年夏季酷热，有华北和长江中下游两大片高温区。华北高温区如河北卢龙"七月朔炎热如炽"⑥、定州"秋七月大热如熏灼"⑦、邢台"大热，七月初二日暍死者数百人"⑧、永年"五、六月奇暑"⑨，山西运城"夏大热人多病者"⑩、芮城"夏热甚，人有暍死者，至八月犹热"⑪，且万荣、临猗同样炎热⑫⑬。长江中下游的高温区如湖北大冶"夏五月不雨至于八月，时炎赫如焚，树木立枯，民多暍死"⑭，江西新建"六月酷暑行者多毙"⑮，安徽宣城"夏大旱连月不雨，毒热如焚民有暍死者"⑯、南陵"夏热如焚"⑰，江苏武进"夏酷暑人有暍死"⑱、仪征"夏酷热"⑲、泰兴"异暑，民有暍死道路者"⑳，浙江湖州"五月至七月异常大燠，草木枯槁，

① 康熙《上海县志》卷一
② 康熙《浮梁县志》卷二
③ 康熙《大冶县志》卷四
④ 康熙《金华府志》卷二十五
⑤ 康熙《宁国府志》卷三
⑥ 康熙《永平府志》卷三十七
⑦ 康熙《定州志》卷五
⑧ 康熙《邢台县志》卷十二
⑨ 康熙《永年县志》卷十八
⑩ 康熙十二年《解州志》卷九
⑪ 康熙《芮城县志》卷二
⑫ 康熙《荣河县志》卷八
⑬ 康熙《临晋县志》卷六
⑭ 康熙《临晋县志》卷六
⑮ 乾隆《新建县志》卷二
⑯ 康熙《宁国府志》卷三
⑰ 嘉庆《南陵县志》卷十六
⑱ 康熙《高淳县志》卷三
⑲ 道光《重修仪征县志》卷四十六
⑳ 康熙二十七年《泰兴县志》卷一

人暍死者众"①等。

1671 年夏秋近海台风较活跃，影响广东沿海的台风记录有 7 月 12 日（六月初七日）、7 月 26 日（六月廿一日）、9 月 23 日（八月廿一日）、10 月 11 日（九月初九日）和 11 月 14 日（十月十三日）等五次[5]。最晚的一次已近初冬。

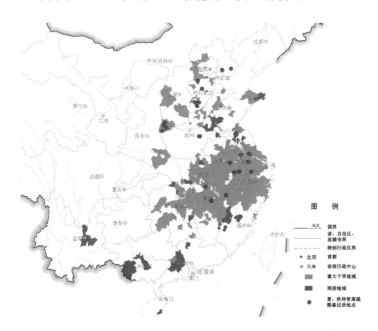

图 4—6—4　1671 年重大干旱（橙色）、雨涝（深蓝色）地域和夏、秋异常高温酷暑的记载地点（●）

4.6.4　可能的影响因子简况

（1）太阳活动

1671 年位于 1666～1679 年的太阳活动周，处于太阳活动相当平静的蒙德尔太阳活动极小期内，在该周太阳活动峰年之前 2 年，记为 M–2。该周峰年 1675 年的太阳黑子相对数估计为 60，强度为弱（W）。

（2）火山活动

1670/71 年寒冬之前，全球重大火山活动不多，1670 年仅有尼加拉瓜的 Masaya 火

---

① 光绪《乌程县志》卷二

山级别为 3 级的喷发（VEI=3）。其余的皆为 1～2 级的，如西南太平洋的 Aoba 火山，日本的 Tokachi 火山、Aoga-Shima 火山、Zao 火山、Sakura-Jima 火山，以及意大利的 Vesuvius 火山喷发活动等。这样的喷发活动，其火山灰达到的高度仅及对流层的中、下层。

（3）海温特征

1671 年是强厄尔尼诺年，1670 年即为强厄尔尼诺事件的前 1 年。对应于赤道中东太平洋海温异常增高的情形。

4.7　1690/91 年寒冬

1690/91 年冬季（清康熙二十九年冬）中国南北方各地尽皆严寒。黄河干流、支流封冻，淮河干流、支流和巢湖、黄浦江封冻，汉水、洞庭湖、沅水、湘江及其支流等皆封冻。华南冰雪为害，海南岛椰子、槟榔冻死殆尽。1691 年夏秋中国大范围干旱。这是小冰期寒冷鼎盛阶段的典型寒冬之一，又是寒冬之后出现大范围严重干旱而非大范围多雨的特例。

4.7.1　严寒实况

1690 年入冬后，多次强寒潮相继南袭，华北各地"十二月寒甚"[①②]，黄淮、江淮和江南地区大范围河流封冻，华南遭受霜雪冻害。其中最强盛的两次席卷南北大地的寒潮过程分别发生在 12 月 28 日—1 月 3 日和 1691 年 1 月 26 日—2 月 5 日。

在 1690 年 12 月 28 日—1691 年 1 月 3 日的强寒潮天气过程中，黄河中游河道冰封，陕西韩城"黄河结冰桥"[③]，河南孟县至原阳段"冻黄河，月余始解"[④⑤⑥]，黄河

---

① 乾隆《怀安县志》卷二十二
② 康熙《西宁县志》卷一
③ 康熙《韩城县续志》卷七
④ 康熙《怀庆府志》卷一
⑤ 康熙《原武县志》卷末
⑥ 康熙《孟县志》卷七

下游的涟水河段"黄河冰冻四十日，骡马通行如大道"①。淮河的支流颍河"自十一月
廿九日江河冰合，南北舟楫不通，至次年正月二十日冰始开"②，即封冻期自1690年
12月29日至1691年2月17日，长达50天。淮河的另一支流洇水"冰坚，次年二月
始解，计六十余日"③。巢湖"十二月初三日（1月1日）湖冻至正月十五（2月12
日）方解"④，湖面冻结40多天。汉水支流淅水和丹江于12月29日以后"河水皆冻
徒车而行"⑤。寒潮冷空气前锋于12月29日到达河南南阳—安徽阜阳一线，南阳"大
雨雪井泉冻"⑥、阜阳"江河冰合"⑦；12月30日到达巢湖—南京一线，南京"大雪
积阴五十日方霁"⑧；1月1日巢湖冰冻⑨；1月2日苏州"雪，明日更盛"⑩；1月3
日吴县"始河冻，不通舟楫者五十日"⑪。同时昆山"河冻月余"⑫，宝山"大河俱冻
彻底，半月始解"⑬，上海"黄浦冰"⑭，安徽无为、舒城等地河道及浙江北部的平湖、
桐乡、湖州、余姚、江山等地"河道冻绝"⑮⑯。在同一场寒潮冷空气影响下，位于河
南境内的"洇河、丹江冰结如石，行者若履实地，明年春深冰始解冻"⑰。湖南岳阳
"洞庭湖冰冻，人可步行过江"⑱，而且流入洞庭湖的沅水和湘江也冻结，"沅州流
水皆冰合"⑲，衡阳"冬大冰四十余日方解"⑳、郴州"冬大雪，冰厚数尺，次年二

① 雍正《安东县志》卷十五
② 康熙《重修颍州志》卷十九
③ 民国《商水县志》卷二十四
④ 雍正《巢湖县志》卷二十一
⑤ 康熙《淅川县志》卷八
⑥ 康熙《南阳县志》卷一
⑦ 康熙《重修颍州志》卷十九
⑧ 雍正《江浦县志》卷一
⑨ 雍正《巢湖县志》卷二十一
⑩ 清·许治《眉叟年谱》
⑪ 康熙《吴郡甫里志》卷三
⑫ 道光《昆新两县志》卷三十九
⑬ 嘉庆《淞南志》卷二
⑭ 光绪《上海县札记》卷三十
⑮ 嘉庆《桐乡县志》卷十二
⑯ 康熙《余姚县志》卷五
⑰ 康熙《内乡县志》卷十一
⑱ 乾隆《岳州府志》卷二
⑲ 乾隆《沅州府志》卷四十九
⑳ 乾隆《衡阳县志》卷十

月始解"①，河流结冰记录的最南地点江永②，已位于 25°N 以南，另外广东连县"潆水冻合厚尺许"③。广东、广西大范围霜雪，"杀树冻畜"④"深潭鱼多冻死"⑤，从化"霜雪屡下，树叶尽枯，果木杀伤甚众，明年荔枝不熟"⑥。海南岛的临高则出现"霜萎槟椰殆尽"⑦。这寒潮前锋逐日移动的日期线如图 4—7—1 中紫色线所示。

另一次强寒潮于 1691 年 1 月 26 日—2 月 5 日大致沿同一路径向南侵袭，南北各地普降大雪。

这两次强寒潮致使各地树木冻死甚多，仅记录竹冻死的地点即有江苏盱眙，安徽无为、舒城，湖北房县等地；记录橘橙果树冻死的有安徽当涂、阜阳，江苏高淳，河南内乡，湖南新晃、芷江等地，记录冻雨的有上海，江苏吴江、常州、仪征，安徽泾县，浙江武义，江西瑞金等地[5]（图 4—7—1）。

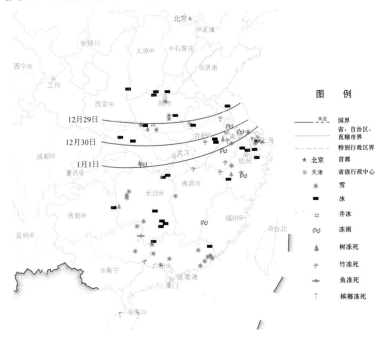

图 4—7—1 1690/91 年冬季寒冷的历史记录分布

注：紫色线为寒潮前锋移动日期线。

---

① 乾隆《郴州总志》卷二十九
② 道光《永明县志》卷十三
③ 乾隆《连州志》卷八
④ 嘉庆《潮阳县志》卷十二
⑤ 乾隆《怀集县志》卷十
⑥ 雍正《从化县新志》卷二
⑦ 康熙《临高县志》卷一

1691 年春季仍低温寒冷，寒潮频发致使山西、河南、湖北各地 3～4 月降雪不断（详见第 5 章第 2 节"1691 年的春寒"）。

4.7.2　寒冬气候特征值的推断

试以冬季河湖水面冰封和竹木冻死的记录推断 1690/91 年冬季的最低气温值。

（1）由河流封冻记录推断

1690/91 年冬季如前所述淮河和汉水支流、洞庭湖以及太湖、钱塘江流域乃至湖南的河道封冻实况比现代的冰封事件严重得多，无论是封冻持续时间或是冰层坚厚程度皆如此，如上海附近"河冻月余"[①]"大河俱冻彻底"[②]，无为"河冰数尺"[③]，郴州"冬冰厚数尺，次年二月始解"[④]等都是现代未出现的。故认为 1691 年 1 月的最低温度应低于这些地点的现代（1951～2000 年）极端最低温度值（即阜阳–19.0℃、岳阳–11.8℃、巢湖–13.2℃、吴县–8.3℃、嘉兴–8.9℃）。根据有关中国南方河流结冰的临界最低温度为–15℃～–13℃[44]来推断，1691 年 1 月湖南境内河流封冻最南地带郴州、资兴、衡阳的 1 月最低温度应为–14℃左右。以郴州为例，即使其推断值为–14℃，也比现代的极端最低温度–5.9℃（出现在 1977 年）更低约 8℃左右。

（2）由树、竹冻害记录推断

1690/91 年冬，安徽当涂"橘橙冻死"[⑤]，按柑橘"树势严重冻伤的温度指标是–12.2℃"[48]，据此记载来推算，当涂最低温度应远低于–12℃。

1690/91 年冬有竹类冻死的记录，如江苏盱眙"冬酷寒竹尽槁"[⑥]，安徽舒城"竹木冻毙"[⑦]、无为"竹尽枯"[⑧]等。据竹类冻死的最低温度为–16℃的研究结论[53]，推断这些地点 1691 年的最低气温应在–16℃以下。按这一估计，1691 年 1 月这些地点的最低气温比现代极端最低气温更低。

---

① 道光《昆新两县志》卷三十九
② 嘉庆《淞南志》卷二
③ 乾隆《无为州志》卷二
④ 乾隆《郴州总志》卷二十九
⑤ 康熙《当涂县志》卷三
⑥ 光绪《盱眙县志稿》卷十四
⑦ 雍正《舒城县志》卷二十九
⑧ 乾隆《无为州志》卷二

海南岛临高椰树、槟榔树遭霜冻，"蒌榔椰殆尽"①足见伤害之严重，而椰树在日最低气温低于8℃时即有寒害发生[50]。由于当时是严霜，由霜形成时的温度条件为0℃来估计，当年临高的最低气温应在0℃左右，这比现代极端最低温度2.7℃（1974年）更低2℃多。

将以上各项分析综合汇成表4—7—1，可见190/91年冬季比现代（1951～2000年）最寒冷的冬季还更冷，长江中、下游各地1月的极端最低温比现代同期极端值更低约2～8℃不等，海南临高1月最低气温比现代更低近3℃。

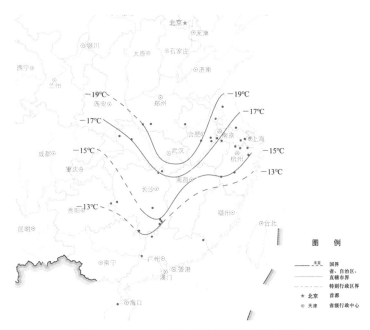

图4—7—2　1691年1月极端最低气温推断

表4—7—1　1691年1月最低温度的推断值与现代极端最低温度值（1951～2000年）的对比

地点	1691年1月最低温度推断值 $T_{min}^{推}$（℃）	现代极端最低气温实测值 T_{min}（℃）	出现年份	差值 $\Delta T = T_{min}^{推} - T_{min}$（℃）
江苏 盱眙	−17	−13.2	1969年	−4.8
上海 青浦	−15	−10.0	1977年	−5.0
安徽 无为	−16	−10.8	1977年	−5.2
安徽 舒城	−16	−14.3	1977年	−1.7

① 康熙《临高县志》卷一

续表

地点	1691 年 1 月最低温度推断值 $T_{\min}^{推}$（℃）	现代极端最低气温实测值 $T_{\min}$（℃）出现年份		差值 ΔT= $T_{\min}^{推}-T_{\min}$（℃）
湖南 衡阳	−14	−7.0	1955 年	−7.0
湖南 郴州	−14	−5.9	1977 年	−8.1
湖南 江永	−14	−5.9	1977 年	−8.1
海南 临高	0	2.7	1974 年	−2.7

4.7.3　气候概况

1691 年初，寒冬过后继又春寒，3～4 月河南、湖北等地降雪不断。

1691 年自春至夏，华北、西北、黄河中下游广大地区大旱，如"直隶七十有七州县旱"[①]，山西"平阳府属及泽州、沁水、介休俱旱"[②]、襄垣"三月旱至六月不雨"[③]，陕西"关中大旱，渭水仅尺许"[④]、山阳"水泉大涸，丰河断流"[⑤]，山东"自春不雨至于夏六月"[⑥]，河南"自春正月至夏五月不雨"[⑦]"河内大旱，沁水竭"[⑧]。黄淮地区春大旱、长江下游夏旱。还有广东严重春旱，高州府"春不雨，江水断流"[⑨]。当年仅江西北部有春雨偏多、云南有局地秋雨。

1691 年寒冬之后出现了大范围严重干旱，而非大范围多雨。据笔者对最近 500 年寒冬与其后夏季降水对应关系的统计分析，只有少数寒冬之后夏季出现大范围干旱的，而 1690/91 年寒冬即为此类特例之一（参见 5.2.3）。

---

① 光绪《重修天津府志》卷五
② 雍正《山西通志》卷一百六十二
③ 乾隆《重修襄垣县志》卷九
④ 乾隆《再续华州志》卷六
⑤ 乾隆《直隶商州志》卷十四
⑥ 民国《沾化县志》卷七
⑦ 康熙《林县志》卷十二
⑧ 康熙《河南通志》卷四
⑨ 乾隆《化州志》卷九

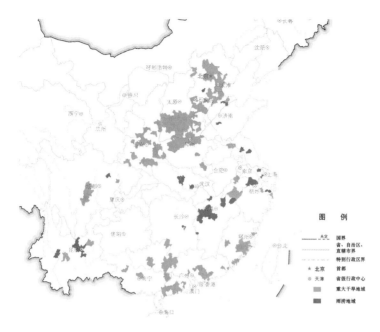

图4—7—3 1691年重大干旱（橙色）和雨涝（深蓝色）地域分布

1691年有蝗虫大范围发生，伴随大范围的干旱和蝗灾，又有饥荒出现，河北、河南等地还有瘟疫发生。详见5.2.3和图5—2—3。

4.7.4 可能的影响因子简况

（1）太阳活动

1690年位于1689～1697年的太阳活动周内，是该周太阳活动极小年1689年后的第1年，记为m+1。该太阳活动周峰年1693年的太阳黑子相对数估计为30，强度为极弱（WWW）。

（2）火山活动

1690年全球火山活动记录较多，喷发级别为3级的有爪哇Guntur火山喷发（VEI=3）、班达海的Banda Api火山喷发（VEI=3↑）和堪察加的Koshelev火山（VEI=3↑）以及墨西哥Colima火山等，还有千岛群岛的Chikurachki火山的4级喷发（VEI=4），其喷发的火山灰都能到达平流层。另外还有若干规模较小的火山喷发（VEI≤2）。

（3）海温特征

1690年处于两次厄尔尼诺事件之间，这两次强厄尔尼诺事件分别发生于1687/88年和1692/93年。显然，1690年对应于赤道中、东太平洋海水温度较低的情形。

4.8　1745/46 年寒冬

1745/46 年冬季（清乾隆十年冬）严寒，东部地区出现大范围降雪和冻雨，洞庭湖结冰，长江中游和江南果木普遍冻害。其寒冷程度稍逊于其他历史寒冬极端事件，是出现在小冰期内相对温暖时段的寒冬实例。这次寒冬之后的 1746 年夏季中国东部地区大范围多雨。

4.8.1　严寒实况

1745 年 12 月至 1746 年 3 月寒潮冷空气活动频繁，降雪范围广，河北、山东至广西柳州皆寒冷多雪，且安徽、湖北、湖南、江西等地柑橘、樟、竹严重冻害（图 4—8—1）。据历史文献记载推知其间主要的强寒潮活动有两次，其实况略述如下。

第一次强寒潮于 1745 年 12 月初袭击长江流域，出现大雪和严重冻雨。重庆大足"十一月初十日（12 月 2 日）大雪二日，积深六七寸许"①，湖北英山"十一月大雪树竹冻死甚多"②、崇阳"大雪，冰厚尺余，文庙县署古柏俱冻死"③、广济"大雨雪平地积三四尺"④，安徽望江"雪深数尺冻死林木无数"⑤，江西余江"冬月大雪冰冻，橘柚竹樟皆枯，鸟雀无栖"⑥、丰城"十一月雨木冰（冻雨）"⑦、乐平"雨雪三日平地深三尺许，树木冻枯"⑧，湖南岳阳"大雪深数尺湖水皆冰"⑨、长沙等地"雪深数尺杀花竹果木蔬菜几尽"⑩、永兴"十一月大雪盈尺历未睹闻，樟、橙、橘柚皆凋

---

① 乾隆《大足县志》卷十
② 乾隆《英山县志》卷二十六
③ 同治《崇阳县志》卷十二
④ 嘉庆《湖北通志》卷四
⑤ 乾隆《望江县志》卷三
⑥ 乾隆《安仁县志》卷二
⑦ 乾隆《丰城县志》卷十六
⑧ 道光《乐平县志》卷十二
⑨ 嘉庆《巴陵县志》卷二十九
⑩ 乾隆《长沙县续志》卷六

枯"①，福建宁德出现"大霜，荔枯几尽"②。这次寒潮冷空气直达广西，"十一月柳州雪"③。

另一次强寒潮发生在乾隆十一年正月，自正月初一（1746 年 1 月 22 日）起华北各地开始大雪，山西浮山"正月朔日雨雪"④，河北肃宁"岁旦雪盈尺"⑤，继后长江中下游大雪、冻雨。江苏苏州、昆山、吴江，浙江湖州和江西宜春等地皆有冻雨发生，寒冻灾害严重，如江西丰城"正月雨木冰，树折，古樟多枯死"⑥、贵溪"正月大雪，樟木、橙柚尽冻折"⑦，同时还有河道冻结，如上海奉贤"正月严寒，河冰彻底"⑧。

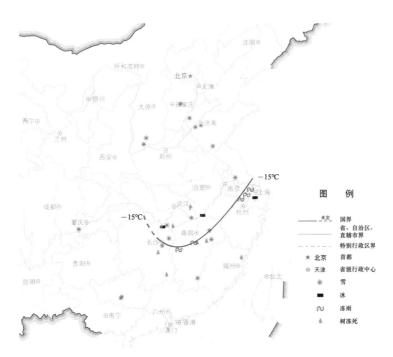

图 4—8—1　1745 年冬季寒冷的历史记录分布和 1745 年 12 月最低温度推断

---

① 乾隆《永兴县志》卷十二
② 乾隆《福宁府志》卷四十三
③ 乾隆《柳州府志》卷一
④ 乾隆《浮山县志》卷三十四
⑤ 乾隆《肃宁县志》卷十
⑥ 乾隆《丰城县志》卷十六
⑦ 乾隆《贵溪县志》卷五
⑧ 光绪《江东志》卷一

直到 1746 年初春 3 月，寒冷天气仍持续，安徽望江"春大雪，二月至三月冰厚六七寸"[①]。南下的冷空气致使南岭北侧的江西会昌（25.5°N）"二月二十九日（3 月 20 日）雨雪"[②]。

1745/46 年冬季降雪范围广，除华北多雪外，南至广西柳州、四川秀山皆雪，而且降雪量甚大，如秀山竟然"大雪压坏官民庐舍数十所"[③]，这是现代未曾见识的。

这次寒冬发生在小冰期的相对温暖阶段，是在相对温暖的气候背景下出现的寒冬实例。

4.8.2　寒冬气候特征值的推断

1745/46 年寒冬的一个特点是冬季的前半段尤其寒冷，1745 年 12 月的强烈降温和温度的低值最值得关注。

谨对该年冬季的最低气温值试作推断。

（1）由柑橘冻害记录推断

1745 年 12 月江西余江和湖南永兴分别有橙、橘、柚受冻"皆枯"[④]和"枯凋"[⑤]的记录，若将这冻害程度估计为柑橘树枝干冻伤和地上部分冻死，依据宽皮类柑橘发生冻害的临界温度为–12℃～–9℃的研究结论[47]，可推断余江和永兴二地 1745 年 12 月的最低温度应在–12℃以下。上述冻害发生于 1745 年 12 月，据现代气象灾害记录[25]，1991 年 12 月下旬的强寒潮曾使江西等地的柑橘冻死面积达 38%，余江的极端最低温度为 –15.1℃，这冻害情形近乎 1745 年 12 月的或尚未达"皆枯"程度，故推断 1745 年 12 月江西余江的极端最低气温当更低于–15.1℃。

（2）由樟树冻害记录推断

1745 年 12 月江西余江和湖南永兴樟树受冻凋枯[⑥⑦]，1746 年 1 月下旬樟树再次冻害，江西丰城"古樟多枯死"[⑧]、贵溪"樟木尽冻折"[⑨]，按樟树在低于–15℃时受冻枯

---

① 乾隆《望江县志》卷三
② 乾隆《会昌县志》卷三十四
③ 光绪《秀山县志》卷三
④ 乾隆《安仁县志》卷二
⑤ 乾隆《永兴县志》卷十二
⑥ 乾隆《安仁县志》卷二
⑦ 乾隆《永兴县志》卷十二
⑧ 乾隆《丰城县志》卷十六
⑨ 乾隆《肃宁县志》卷十

死[49]的温度条件来推断，1745 年 12 月余江、永兴的最低气温可达–15℃；而丰城 1746
年 1 月的气温极端低值为–15℃以下。按现代永兴 12 月极端最低温度为–8℃（1991 年
12 月 29 日）、丰城 1 月极端最低温度记录为–10.5℃（1977 年 1 月 5 日）和现代樟树
冻伤情况[24]，1745/46 年冬永兴、丰城二地 12 月和 1 月的最低气温应当比现代极端记
录更低。

（3）由竹类冻害记录推断

1745 年 12 月竹类遭受冻害的记录地点有湖北英山，湖南长沙、湘乡，江西余江
等地，所记为"冻死甚多""皆枯""几尽"等，依据南方毛竹一般在最低气温达–15℃
时发生冻害[52]和竹类冻死的极端最低温度为–16℃[53]的结论，推断这些地点的最低气
温应当低达–16℃～–15℃。这比现代（1951～2000 年）这些地点的 12 月同期极端最
低气温值更低。

综合以上各项分析汇成表 4—8—1，可知 1745/46 年冬季比现代（1951～2000 年）
最寒冷的冬季还更冷，长江中游两湖盆地 12 月的极端最低温比现代同期极端值更低，
最多有达 7℃，1746 年 1 月最低气温比现代更低约 6℃左右。

表 4—8—1　1745 年 12 月和 1746 年 1 月各地最低温度推断值及其与现代同期极端最低气温记录
（1951～2000 年）的对比

	英山	长沙	永兴	余江	丰城	贵溪
1745 年 12 月 推断最低温度（℃）	–15 （竹）	–15 （竹）	–15 （樟）	–16 （竹）	—	—
现代 12 月 极端最低气温（℃）	–10.6	–9.7	–8.0	–15.1		
ΔT（℃） （推断值–现代值）	–4.4	–5.3	–7.0	–0.9		
1746 年 1 月 推断最低温度（℃）	—	—	—	—	–16 （樟）	–14 （樟）
现代 1 月 极端最低气温（℃）	—	—	—	—	–10.5	–7.5
ΔT（℃） （推断值–现代值）	—	—	—	—	–5.5	–6.5

4.8.3　气候概况

1745/46 年冬季寒潮强劲、极其严寒，其后 1746 年无明显的冷暖异常，也未见重大台风活动的记载。

1746 年全国大范围多雨，两个多雨中心地带分别位于黄淮地区和两湖盆地，东北地区也多雨，但华北、华南有局地干旱。该年多雨带的季节性移动特征很明显。夏初，雨带位于南岭—长江之间，桂、湘、赣多大雨，广西"桂林等府属于四月二十七八等日雨水过多，江水暴涨"①，湖南沅陵"四月大雨，河水骤涨"②，江西丰城"四月浃旬大雨如注"③；然后雨带北移至江淮地区，安徽"颍州府雨，自四月至七月，六属俱大水"④，太和"四月大雨，至七月终方霁"⑤。继后雨带又北移，山东寿光"夏五月大雨，弥河溃溢"⑥，莒县、临沂等地"五月至七月大雨"⑦，诸城、兖州、高密连续大雨。夏秋时节雨带滞留于黄淮地区，江苏淮安、盱眙"六月，黄淮并涨，堤堰不没者数寸"⑧，河南太康"自六月至七月大雨，平地水深数尺，浸塌民庐"⑨，商水、扶沟等地"秋七月，雨水害稼"⑩，同时，辽宁多雨，"奉天所属地方六月初旬大雨连绵，承德等县山水骤发，……六月间，阴雨连绵，河水涨发，田禾被淹，庐舍塌坍"⑪。

在 1746 年初的严寒之后，中国东部地区呈现大范围多雨的特点，这是过去 500 年间多见的中国东部寒冬与夏雨相对应[29]的典型事例。

---

① 嘉庆《广西通志》卷二
② 乾隆《辰州府志》卷六
③ 嘉庆《丰城县志》卷三
④ 乾隆《颍州府志》卷十
⑤ 乾隆《太和县志》卷一
⑥ 嘉庆《寿光县志》卷九
⑦ 乾隆《沂州府志》卷十六
⑧ 乾隆《淮安府志》卷二十五
⑨ 乾隆《太康县志》卷八
⑩ 乾隆《陈州府志》卷三十
⑪ 民国《奉天通志》卷三十三

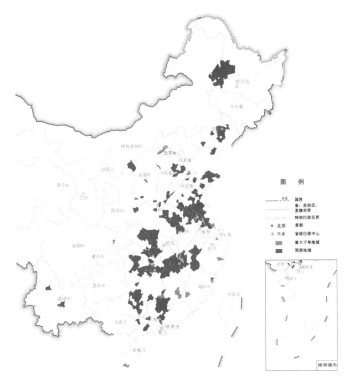

图 4—8—2　1746 年重大干旱（橙色）和雨涝（深蓝色）地域分布

4.8.4　可能的影响因子简况

（1）太阳活动

1745 年位于 1744～1754 年的太阳活动周内，是该周太阳活动极小年后的第 1 年，记为 m+1。该太阳活动周峰年 1750 年的太阳黑子相对数为 83.4，强度为中等（M）。

（2）火山活动

1745 年全球无重大火山活动，当年虽有爪哇 Merapi 火山喷发和意大利 Etna 火山、Vesuvius 火山继前一年的继续喷发，但它们的喷发级别较低，仅为 2 级（VEI=2），亦即其喷发物所达高度仅及对流层的中下层，其影响很有限。

（3）海温特征

1745/46 年冬季位于两次厄尔尼诺事件之间，1744 年有中等强度的厄尔尼诺事件，1747 年有强厄尔尼诺事件发生。所以 1745 年是厄尔尼诺年的后一年。1746 年又是下一次厄尔尼诺年的前 1 年，它们对应于赤道中、东太平洋海温相对较低的情形。

4.9　1796年2月的晚冬严寒

1795/96年冬季的后期，即1796年（清嘉庆元年）2月，南、北方各地大范围严寒。2月中旬的冰雪寒冷记录自河北延布至广西。河北、山东等地严寒，井水冻结，江苏、浙江、江西、福建等省大雪奇寒，果树、竹木、麦苗冻死，太湖流域河湖封冻。1796年夏季中国东部大范围多雨、西部干旱。这是小冰期相对温暖阶段结束转向寒冷阶段时的后冬严寒实例。

4.9.1　严寒实况

1795/96年冬季的严寒主要出现在这冬季的后半期1796年2月份，这大范围严寒是1796年2月12日—19日（正月初四至十一日）的强寒潮天气过程所致。由各地的寒冷记录和降雪日期可推演这次寒潮冷空气的动态过程：2月12日冷空气前锋到达北京，据清代宫廷档案北京《晴雨录》记载，上午9时开始微雪；14日北京降雪增强；15日河北各地气温急剧降低，天津蓟县"严寒花木多枯"[1]，河北玉田、卢龙、滦县、昌黎等地"正月初七、八、九日严寒井冻、花木多枯"[2][3]；2月16日冷气团前缘过山东，掖县等地"正月初八严寒三日井有冰"[4]；2月17日冷空气到达南京、上海一带，南京降雪[5]、无锡"初九日大风拔木，雪深五尺许"[6]、吴江"大雪三日"[7]、昆山"初九初十两日大冷，烟管菜缸亦结冰花"[8]、青浦"丙辰丁已（2月17日、18日）雪，大寒河冰"[9]、浙江嘉善"初九日大风大雪昼夜不止"[10]、乐清"正月九日

---

① 道光《蓟州志》卷二
② 嘉庆《滦州志》卷一
③ 同治《昌黎县志》卷一
④ 道光《再续掖县志》卷三
⑤ 清宫档案《江宁晴雨录》
⑥ 嘉庆《无锡金匮县志》卷三十一
⑦ 道光《分湖小识》卷六
⑧ 嘉庆《贞丰拟乘》卷下
⑨ 光绪《青浦县志》卷二十九
⑩ 嘉庆《重修嘉善县志》

陨霜，木冰"①、海盐"正月九日大风，雪冻凝不解"②。冷气团在浙江南部盘桓多日，2月18日—19日温州等地连日出现霜害和冻雨：瑞安"正月初十陨霜杀植"③、温州"正月十一严寒陨霜杀植塘河冻，沸汤落地成冰，盛水磁瓶尽裂"④、黄岩"大雨雪如油"⑤、温岭"雨冰"⑥，福建沙县降米雪或霰，"正月溪南雨冰形如盐，菜蔬俱损"⑦，是这次寒害记录的最南地点。

受这次强寒潮侵袭，太湖流域出现水面封冻，如江苏吴县"河冻不开"⑧、昆山"冰坚厚旬日始解"⑨、吴江"河冻半月不开"⑩，浙江嘉善"凝冰二十日，湖荡可徒行"⑪、平湖"东湖冰坚，旬有二日乃泮"⑫，另外还有江西分宜"大雪冰结厚尺余"⑬。同时竹木和农作物遭受冻害，如江西高安"雨雪凝冰杀菜麦，樟树尽折"⑭、永丰"正月雨雪大冻树多摧折"⑮，安徽祁门"霜雪寒冻麦枯"⑯，江苏江阴"大雪寒甚冰柱长几至地，树木冻死"⑰，浙江海宁"大雪奇寒鸟雀及果木皆冻死"⑱、德清"正月大雪深数尺，竹木有冻死者"⑲、绍兴"大木多冻死"⑳、黄岩"正月橘树、麦苗多

① 光绪《乐清县志》卷十三
② 光绪《海盐县志》卷十三
③ 嘉庆《瑞安县志》卷十
④ 道光《瓯乘拾遗》卷下
⑤ 光绪《黄岩县志》卷三十八
⑥ 嘉庆《太平县志》卷十八
⑦ 道光《沙县志》卷十五
⑧ 嘉庆《贞丰拟乘》卷下
⑨ 光绪《周庄镇志》卷六
⑩ 道光《分湖小识》卷六
⑪ 嘉庆《重修嘉善县志》
⑫ 嘉庆《平湖县续志》卷三
⑬ 道光《分宜县志》卷二十七
⑭ 道光《高安县志》卷二十二
⑮ 同治《永丰县志》卷三十九
⑯ 道光《祁门县志》卷三十六
⑰ 道光《江阴县志》卷八
⑱ 清《海昌丛载》卷四
⑲ 道光《武康县志》卷一
⑳ 道光《会稽县志稿》卷九

死"①、乐清"寒甚，杀菜麦"②。此外，史籍中还有一些未指明降雪日期的记载，如广西象州"絮雪盈尺"③和四川高县、筠连"大雪""群山积雪厚五寸"④等。若这些实为正月的降雪，则可见这次寒潮影响范围之广（图4—9—1）。

　　这次后冬严寒发生在小冰期中的相对温暖时段即将结束时，尽管其冰雪寒冻程度不及小冰期寒冷阶段的寒冬事件，但此番寒冷却令人强烈震撼。如当时人的著述称昆山"正月丙辰、丁巳两日大风雪寒甚，百年来所未有也"⑤，对温州陨霜事记有"温俗地暖从无此寒，时称为乌霜冻"⑥等，反映了在温暖气候背景下的人们对异常寒冬天气的惊愕。

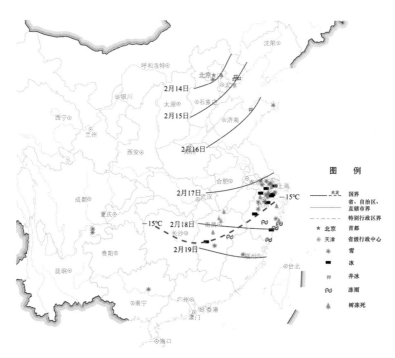

图4—9—1　1796年1～2月寒冷的历史记录分布和1796年2月15日—19日大雪日期线（紫色线）及1796年2月最低温度推断（红色虚线）

---

① 光绪《黄岩县志》卷三十八
② 光绪《乐清县志》卷十三
③ 同治《象州志》灾祥
④ 嘉庆《高县志》卷五
⑤ 光绪《周庄镇志》卷六
⑥ 道光《瓯乘拾遗》卷下

4.9.2　寒冬气候特征值的推断

试由河湖封冻和竹木冻害记录推断最低气温值。

（1）由河流封冻记录推断

1796 年 2 月长江中下游支流及太湖流域诸多河湖结冰，封冻时间约 10～20 天，如江苏昆山封冻约 10 天"冰坚厚旬日始解"[①]、吴江 15 天"河冻半月不开"[②]、浙江嘉善 20 天"凝冰廿日"[③]等，且冰层坚厚、冰面可通行人。此番情景即使在 1951～2000 年间最寒冷的 1977 年 1 月也未曾出现过，故可认为 1796 年 2 月的月平均气温和最低气温值应低于现代（1951～2000 年）该地区的 1 月份气温记录的最低值。据气象观测资料，1977 年 1 月太湖及周边地区出现河、湖结冰时，上海极端最低气温为–10.1℃、杭州–8.6℃、平湖–10.6℃，推断 1796 年 2 月的最低气温应当低于此值。由中国南方河流封冻的温度条件–15℃[44]来推断，1796 年 2 月吴江、嘉善、平湖等地最低气温应达–15℃，至于江西分宜的"冰结厚尺余"[④]的记录若是指袁水江面封冻，则可推断分宜的最低气温约为–15℃以下。

（2）由竹木冻害记录推断

这次晚冬寒害记录中确指发生"竹冻死"的有浙江德清[⑤]等地，记橘树冻死的有浙江黄岩等地[⑥]。由南方毛竹冻死的温度条件为最低气温低于–15℃[52]，推断当时德清最低温度应低于–15℃。由橘树地上部分冻死的温度条件推断[47][48]，估计浙江黄岩最低气温为–12℃。至于江西高安的樟树受损"雨雪凝冰，樟树尽折"[⑦]，尚难于认定是冻雨压折或低温冻伤，若为低温冻伤，则由樟树冻伤的气象条件为–8℃、冻死为–15℃[49]推断，江西高安（樟树冻害）最低温度或可为–11℃。由此可见，上述地点 1796 年 2 月份最低温度显然远低于现代 2 月份的极端最低气温记录，这差值 ΔT 约–6～–5℃。

---

① 光绪《周庄镇志》卷六
② 嘉庆《贞丰拟乘》卷下
③ 嘉庆《重修嘉善县志》
④ 道光《分宜县志》卷二十七
⑤ 道光《武康县志》卷一
⑥ 光绪《黄岩县志》卷三十八
⑦ 道光《高安县志》卷二十二

将以上各项分析推断汇成表4—9—1，可见1796年2月苏南、浙北、赣中的最低气温比现代2月的极端最低温度更低约5℃～6℃左右（表4—9—1）。

表4—9—1 1796年2月各地的最低温度推断值及其与现代气象记录（1951～2000年）的对比

		上 海	苏 州	杭 州	黄 岩	宜 春
1796年2月		−13	−14	−16	−12	−13
最低温度推断值（℃）		（河冰）	（湖冰）	（毛竹）	（柑橘）	（河冰）
现代2月极端最低温度	平均值（℃）	2.4	2.4	2.7	4.2	4.3
	极端值（℃）	−7.9	−8.7	−9.6	−6.3	−7.3
推断值 − 现代极端值 ΔT（℃）		−5.1	−5.3	−6.4	−5.7	−5.7

4.9.3 气候概况

1795/96年冬季的后半期十分寒冷，1796年2月寒潮异常强劲，造成大范围严寒。其他季节温度状况无异常。

1796年中国东部地区大范围多雨。夏秋黄淮、江淮地区皆多雨，自春至秋黄河下游持续多雨，山东"春涝"[①]，"雨自四月至于七月"[②]，且雨势甚大，如滕县"六月大雨如注七昼夜"[③]；黄河下游"六月河决丰县，沛、铜、萧诸县皆水灾"[④]。淮河流域之泌阳、淮阳等地"夏大霖雨"[⑤]，江苏高邮"上河田淹没"[⑥]。汉水流域二月至四月"无晴日""汉水连涨，月不消""群山雨水弥漫"[⑦]。长江中游春夏皆多霖雨，以致湖北监利、松滋等地江堤决[⑧]，以及枝江"六月十三日大水灌城，深丈余"[⑨]。长江上游多雨，引发洪水，如合川"六月大水入城"[⑩]。八月黄河中下游和江淮仍多雨，山东"雨

---

① 道光《文登县志》卷七
② 光绪《峄县志》卷十五
③ 道光《滕县志》卷五
④ 同治《徐州府志》卷五
⑤ 道光《泌阳县志》卷三
⑥ 道光《续增高邮州志》
⑦ 同治《荆门直隶州志》卷十一
⑧ 同治《松滋县志》卷十二
⑨ 光绪《荆州府志》卷七十六
⑩ 嘉庆续修《合州志》卷二

水过多，蒙沂诸水涨发"①。陕西关中雨水充足，岐山润德泉出②。然而西部地区却雨水偏少，陕北、甘肃有春夏大旱③④，贵州遵义府、平越州等也大旱⑤⑥。

1796年夏秋沿海台风活动的记录较多，如7月5日（六月初一）侵袭广东中山、9月1日（八月初一）侵袭浙江平阳、象山、温州等地，以及10月11日—17日（九月十一至十七日）接连影响珠江三角洲的台风等[5]。

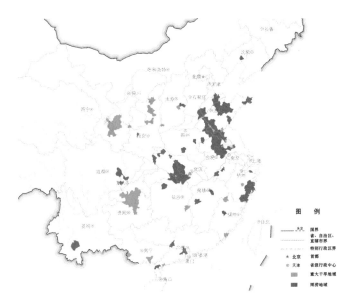

图4—9—2 1796年重大干旱（橙色）和雨涝（深蓝色）地域分布

4.9.4 可能的影响因子简况

（1）太阳活动

1796年位于1784～1798年的第4太阳活动周内，1796年是该周太阳活动极小年1798年的前2年，记为m–2，该活动周峰年1788年的平均太阳黑子相对数130.9，强

---

① 嘉庆《邳州志》卷五
② 光绪《岐山县志》卷一
③ 嘉庆《洛川县志》卷一
④ 光绪《甘肃新通志》卷二
⑤ 道光《遵义府志》卷二十一
⑥ 光绪《平越直隶州志》卷一

度为强（S）。

（2）火山活动

在这次后冬严寒之前，1795 年有重大火山活动，如阿留申群岛的 Westdahl 火山喷发，级别为 4 级（VEI=4），即所喷出的火山尘可突破对流层顶进入平流层，而且其喷发物的体量极大，达 $10^9\,\mathrm{m}^3$。另一次同属阿留申群岛的 Isanotski 火山喷发，喷发级别为 3 级（VEI=3↑），其喷发物能达到或突破对流层顶。之前有 1794 年 6 月意大利 Vesuvius 火山的 3 级喷发，喷出火山灰达 $10^8\,\mathrm{m}^3$。

（3）海温特征

1796 年位于两次强厄尔尼诺事件之间，前一次厄尔尼诺事件发生在 1791 年，强度为极强（VS），后一次厄尔尼诺事件发生在 1803/04 年，强度为很强（S+）。1796 年对应于赤道中、东太平洋海温相对较低的情形。

4.10　1861/62 年寒冬

1861/62 年冬季（清咸丰十一年冬）十分严寒。长江流域及江南广大地区大雪寒冻，河湖坚冰，竹木、橘柚、樟树冻死。这是在 1850 年以后，欧洲、许多地区气候代用记录（指树木年轮、物候、冰芯等）表明气候开始转暖[18]，而中国大陆仍然隆冬严寒的典型事例。这次寒冬之后的 1862 年全国大范围降水偏少，呈北旱南涝的分布格局。

4.10.1　严寒实况

1861/62 年的隆冬时节，中国秦岭淮河以南广大地区酷寒。1862 年 1 月 24 日—30 日的寒潮异常强劲，以致四川、湖北、湖南、江西、安徽、江苏、上海、浙江以及贵州、云南、广西、广东广大地区暴雪，积雪深数尺乃至丈余；河湖水面冰封时间长达半月乃至月余；井水冰冻，其中湖北英山（30°44′N）出现的井水结冰可能是迄今所知"井水冰"记载的最南地点；还有树木冻死等许多寒冷记录为历史罕见，20 世纪所未见。这次强寒潮天气过程可由各地降雪日期的史料记载得以复原。

由历史文献记载[5]推演的冷空气逐日向南移动的过程是：1 月 25 日降雪出现地点

位于江西湖口—上海松江一线[①②]；1月26日位于四川高县—湖北通山—安徽广德—浙江湖州一线[③④⑤⑥]，27日位于湖南保靖—江西余江—浙江诸暨一线[⑦⑧⑨]，28日位于江西贵溪—新干[⑩⑪]，至30日即到达腾冲—广东吴川、饶平一线[⑫⑬]（图4—10—1）。大雪区

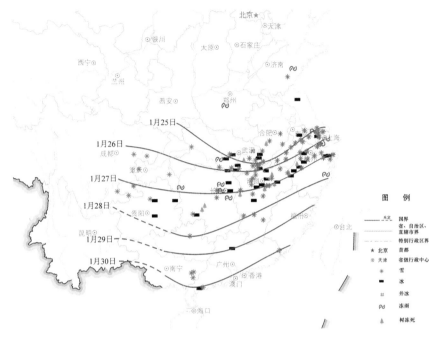

图4—10—1　1862年1月寒冷的历史记录分布和1月24日—30日
降雪日期线（紫色线）的逐日移动

① 同治《湖口县志》卷十
② 光绪《娄县续志》卷十二
③ 同治《高县志》卷五
④ 同治《通山县志》卷二
⑤ 光绪《广德州志》卷五十八
⑥ 同治《长兴县志》卷九
⑦ 同治《保靖志稿辑要》卷四
⑧ 同治《安仁县志》卷三十四
⑨ 光绪《诸暨县志》卷十八
⑩ 同治《贵溪县志》卷十
⑪ 同治《新淦县志》卷十
⑫ 光绪《永昌府志》卷三
⑬ 光绪《饶平县志》卷十三

南至贵州福泉，广西玉林、陆川、北流，广东电白、吴川[5]。这次寒潮的影响范围甚广，直达云南和海南岛，海南定安"正月天冻，灯油凝成白脂"①，向来冬日阳光明媚的腾冲"自正月初一至初六日（1月30日—2月4日）阴霾甚寒"②。这次强寒潮过程各地连降大雪4～5天，雪量大，如江西星子"十二月廿六日（1月25日）大雪连下五日，至三十日止，平地雪深七八尺、丈余不等，小屋封门人不能出"③，湖南平江"十二月大冰雪平地雪深三尺"④，安徽太湖县"冬十二月大雪平地数尺"⑤，江苏吴江"冬十二月大雪两昼夜积至八尺"⑥，上海金山"冬十二月二十七日大雪三昼夜，深三四尺"⑦，浙江宁波"二十六日大雪深五尺"⑧"大雪积质六尺，河胶不流"⑨。

这次寒潮的强烈降温致使南方大小河湖冰封冻结达15～30天，许多文献记述了冰上车轿行人往来如同陆地的情景，可见湖冰冻结之坚实。如江西瑞昌"赤湖冰坚，徒舆往来似陆"⑩，波阳"十二月二十七至三十日大雪寒甚，河尽冻，冰坚数尺可行车，积雪数日不解路绝行踪，连抱古木皆枯，河鱼陷冰中立死，山中獐兔诸兽多有冻死者，七日后始稍解"⑪，进贤"坚冰厚六七寸，长江大河可过车马，即急湍亦冻"⑫。湖北咸宁"湖面冰结尺许，车夫担脚竟有履冰而行者"⑬。湖南平江"河水冰坚可渡"⑭，宁乡"冰厚尺许"⑮，武冈"坚冰三寸厚，池塘可行逾旬不解"⑯。安徽太湖县"十二月湖冰合弥月不解，负重履其上坚若平陆"⑰。江苏吴江"冬十二月河荡

---

① 光绪《定安县志》卷十
② 光绪《永昌府志》卷三
③ 同治《星子县志》卷十四
④ 同治《平江县志》卷五十
⑤ 同治《太湖县志》卷四十六
⑥ 光绪《黎里续志》卷十二
⑦ 民国《重辑张堰志》卷十一
⑧ 光绪《镇海县志》卷三十七
⑨ 同治《鄞县志》卷六十九
⑩ 同治《瑞昌县志》卷十
⑪ 同治《鄱阳县志》卷二十一
⑫ 同治《进贤县志》卷二十二
⑬ 同治《咸宁县志》卷十五
⑭ 同治《平江县志》卷五十
⑮ 同治《续修宁乡县志》卷二
⑯ 同治《武冈州志》卷三十二
⑰ 同治《太湖县志》卷四十六

尽冻半月不开，杨家荡、龟漾诸大泽皆结厚冰，乡民负米往来如履平地"①，宜兴"冰合，太湖中月余方解，冰厚盈尺，居人皆凿冰汲水"②，昆山"大小河港胶冻历时半月余，人畜树木冻毙无数，相传百余年来无此严寒甚雪"③。上海黄浦江十二月廿六日"冰，至正月十四始解"④，青浦"泖湖、大蒸塘、白牛荡皆冰半月不解，人行冰上"⑤。浙江宁波"河胶不流至同治元年正月中旬始通舟楫"⑥。值得指出的是湖北英山（30°44′N）"大雪至次年正月不止，井有冰"⑦，这是迄今所知中国井水结冰记录的最南位置。此外还另有一些是池塘结冰现象，如贵州铜仁、广东吴川的记录等[5]。

同时，许多地方出现冻雨和雨淞，记录的地点有江西临川、丰城、都昌，湖北监利，湖南醴陵、浏阳、平江、保靖，江苏太仓，上海川沙、嘉定、宝山等地[5]。同时伴有柑橘、柚、樟、竹等冻死，如江西新干"柑橘树木根株尽坏"⑧，宜黄"柑柚之属皆冻死"⑨。江西星子"百年大樟树俱冻死"⑩，丰城"老樟多枯死"⑪，余江"樟竹橘柚俱冻死"⑫等。

4.10.2　寒冬气候特征值的推断

（1）最低温度的推算

试由河湖封冻和竹木冻害记录推断最低气温值。

① 由河湖结冰推算　史籍记录的南方河、湖结冰地点有：上海、青浦、川沙、吴江、宜兴、长兴、萧山、宁波、宿松、太湖、九江、都昌、永修、波阳、余干、婺源、

---

① 光绪《黎里续志》卷十二
② 光绪《宜兴荆溪县新志》卷末
③ 光绪《昆新两县修合志》卷五十一
④ 同治《上海县志》卷三十
⑤ 光绪《蒸里志略》卷二
⑥ 光绪《镇海县志》卷九
⑦ 同治《六安州志》卷五十五
⑧ 同治《新淦县志》卷十
⑨ 同治《宜黄县志》卷四十九
⑩ 同治《星子县志》卷十四
⑪ 同治《丰城县志》卷二十八
⑫ 同治《安仁县志》卷三十四

贵溪、大冶、黄梅、咸宁、武昌、仙桃、崇阳、蒲圻、临湘、平江、浏阳等[5]。由图4—10—1 可见 1862 年 1～2 月河湖封冻地点的南界西起湖南浏阳、平江，东至浙江江山、宁波，大致沿 28°N～29°N 一线。据"中国南方河流出现封冻的临界气温至少在–15℃～–13℃的研究结论[44]，考虑到当年封冻的河湖结冰坚厚，如鄱阳湖畔的进贤"正月坚冰厚六七寸，长江大河可过车马，即急湍亦冻"①，太湖"冰厚盈尺"②，湖南平江"河水冰坚可渡"③等，以及各处行人负重冰上行走情景，可知其时气温当远低于南方河流封冻的临界温度值了，故推断这些"冰坚"地点的最低温度应远在–15℃以下。另外有些地点虽记有"人行冰上"，由于未指明是河湖结冰或是池塘结冰，所以这些记载未用于此项推算。

② 由树木冻死的记录推算　史籍记载樟树冻死的地点有：浙江建德、兰溪、浦江，江西星子、永修、清江、贵溪、丰城、余江、新干、安义，湖北大冶等[5]，其南界大致为 28°N～29°N 地带。据樟树冻死的界限温度为–15℃[49]，和江西星子、新干、丰城、永修等地的百年老樟树、巨樟被冻死的记录，可推知当年这些樟树冻害地带的极端最低温度值应达到–15℃以下。

史籍记载柑橘冻死的地点有江西宜黄、宜春、清江、余江、新淦等，记载橘柚冻死的地点有江西临川、贵溪，湖南邵阳、武岗等[5]，大致分布于 26°N～28°N 一带。其受冻程度如"柑橘树木根株尽坏"④的记述殊为罕见，按柑橘树地上部分及根株全部冻死的临界温度为–12℃[47]推算，上述柑橘受冻"根株尽坏"地点的极端最低温度应在–12℃以下。若同一地点也有樟树冻死，按樟树冻死的温度指标则可推论这些地点的极端最低气温在–15℃以下。

史籍记载竹冻死的地点有安徽祁门，江西乐平、余江等[5]。依据南方毛竹冻死的界限温度–16℃来推断[53]，上述地点当年的极端最低气温应低于–16℃。

综合上述推断，试绘成 1862 年 1 月的极端最低气温分布图（图 4—10—2），并列表与各地现代气象观测的极端最低气温值（1951～2000 年）相比较，可见 1862 年 1 月各地的最低气温比现代的极端最低记录更低约 4～8℃（表 4—10—1）。

---

① 同治《进贤县志》卷二十二
② 同治《武冈州志》卷三十二
③ 同治《平江县志》卷五十
④ 同治《新淦县志》卷十

图4—10—2　1862年1月由河湖冰封和植物冻害记录推断的极端最低气温（红色线）

（蓝色圆点为用于温度推断的历史记录地点）

表4—10—1　1862年1月最低温度的推断值及与现代极端最低温度值（1951～2000年）的对比

地 点	1862年1月最低温度（℃） 推断值 $T_{min}^{推}$	现代1月极端最低气温（℃） 实测值 T_{min}　出现年份		差 值（℃） $\Delta T = T_{min}^{推} - T_{min}$
上 海	＜-15（河冰）	-10.1	1977年	≈ -5
青 浦	＜-15（湖冰）	-10.0	1977年	≈ -5
苏 州	＜-15（湖冰）	-8.3	1958年	≈ -7
宁 波	＜-15（河冰）	-8.8	1955年	≈ -7
九 江	＜-15（湖冰）	-7.0	1977年	≈ -8
丰 城	＜-15（樟树）	-10.5	1977年	≈ -5
贵 溪	＜-15（樟树 橙）	-7.5	1955年	≈ -8
余 江	＜-16（竹 樟树）	-8.5	1967年	≈ -7
祁 门	＜-16（竹）	-12.4	1967年	≈ -4
咸 宁	＜-15（湖冰）	-8.1	1977年	≈ -7
大 冶	＜-15（湖冰 樟树）	-10.0	1977年	≈ -5
平 江	＜-15（河冰）	-9.8	1967年	≈ -6

（2）积雪深度的推断

1862 年 1 月的降雪量极大。长江流域及江南各地多称"大雪连日"和"积雪四五尺"，如浙江萧山"平地陡深六尺"[①]、富阳"大雪兼旬，平地高五六尺，山中几数丈"[②]，其中江西九江竟称雪深"丈余"[③]。这样深的积雪在长江中游平原地区历史上罕见，也是现代所未见的。图 4—10—3 显示了历史文献记载的各地积雪深度（按 3 尺等于 1 米换算），这些记录主要分布在贵州、湖南、浙江和长江中下游的沿江地带，可见有两个积雪深厚的高值区分别在鄱阳湖和太湖地区，雪深大于 300 cm（图中红圆点所示）。虽然史籍中的积雪深度记述并不能当作气象观测数据看待，但应注意到这些地点现代（1951～2000 年）的最大积雪深度仅 20～30 cm（约合 0.7～0.9 尺），显然二者是完全不能相比的。

图 4—10—3　1862 年 1 月长江中下游各地历史记载的积雪深度记录地点

4.10.3　气候概况

1862 年 1～2 月极其严寒，长江流域及江南广大地区大雪，江湖严重冰冻，其他

---

① 民国三十七年《萧山县志稿》卷十四
② 光绪《富阳县志》卷十五
③ 同治《德化县志》卷五十三

季节未见冷暖异常。

　　1862 年全国降水总体偏少，呈北旱南涝的分布格局。干旱地区偏于北方，河北"春大旱"①"夏旱"②，甘肃"夏旱"③，山西"七月旱"④，陕西"六月渭水涸，人涉而过"⑤，山东"秋大旱"⑥，江淮地区亦夏旱少雨⑦⑧。多雨地带主要在长江中游地区和华南，如湖南吉首"四月久雨经旬"⑨、宁乡"五月连日雨如注"⑩，江西弋阳"五月霪雨"⑪，还有广东"自正月至五月多雨，五月初二大雨连旬"⑫。另外，山东半岛烟台等地有秋雨致灾，"七月大雨连绵河水泛涨"⑬（图 4—10—4）。

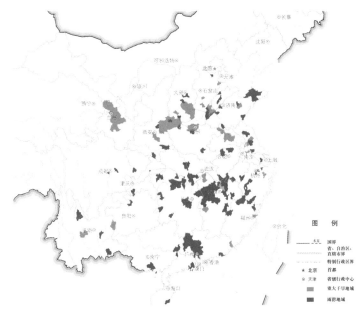

图 4—10—4　1862 年重大干旱（橙色）和雨涝（深蓝色）地域分布

① 光绪《唐山县志》卷三
② 民国《永年县志稿》故事
③ 光绪《重修皋兰县志》卷十四
④ 光绪《长治县志》卷八
⑤ 光绪《新续渭南县志》卷十一
⑥ 光绪《莘县志》卷四
⑦ 光绪《庐江县志》卷十六
⑧ 光绪《再续高邮州志》卷七
⑨ 同治《乾州厅志》卷五
⑩ 同治《安仁县志》卷三十四
⑪ 同治《弋阳县志》卷十四
⑫ 光绪《广州府志》卷八十一
⑬ 光绪《新修登州府志》卷二十三

　　1862年近海台风的记载并不多，但七月初一（7月27日）登陆广州的异常强台风却"比戊申弥烈"[①]，亦即比戊申年（1848年）登陆广州的、人称"百年所未有"的强台风更为猛烈，而且7天之后8月3日又有强台风再次登陆广州[①]。

　　1862年春夏北方地区沙尘暴频繁，且有多次极严重的尘暴事件，如3月26日—27日的东路强寒潮带来的沙尘暴席卷河北、山东、河南、皖北、苏北各地，昼晦如墨、飞沙走石[5]。此外，该年有大范围蝗灾发生，蝗区遍及河北、河南、山西、甘肃、陕南、山东、安徽各地，同时又有瘟疫流行，疫区有南、北方两大片，北方疫区主要在辽宁、河北、山西、河南、山东，南方疫区主要在江苏、上海、浙江、江西、湖南及云南各地。历史记载的蝗灾和瘟疫发生地如图4—10—5所示。

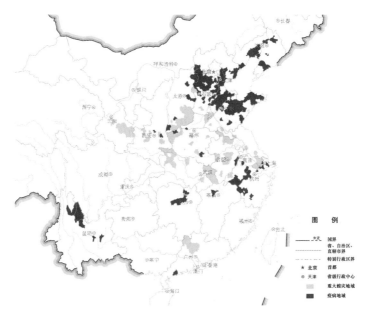

图4—10—5　1862年重大蝗灾（土黄色）和疫病（红色）地域分布

4.10.4　可能的影响因子简况

（1）太阳活动

　　1861年位于1856～1867年的第10太阳活动周内，是该周太阳活动峰年后的第1年，记为M+1。峰年1860年的平均太阳黑子相对数为95.7，强度为中强（MS）。

---

　　① 同治《南海县志》卷二十六

（2）火山活动

1861/62 年冬季之前有若干强火山活动的记录，如 1861 年 12 月 28 日印尼 Makian 火山的 4 级喷发（VEI=4），此喷发持续到 1862 年，其火山灰喷发量很大，达 $10^8 \, m^3$。此外级别为 3 级的喷发有 1861 年 5 月埃塞俄比亚 Dubbi 火山喷发、6 月智利 Chillan 火山和 12 月意大利 Vesuvius 火山喷发（VEI=3），后者的火山灰喷发量，达 $10^7 \, m^3$；再往前追溯还有 1860 年 5 月冰岛 Katla 火山的 3 级喷发，喷出火山灰达 $10^7 \, m^3$，和 7 月千岛群岛的 Alaid 火山喷发，级别为 3 级（VEI=3）。其他的喷发活动都弱，仅为 1～2 级（VEI≤2）。

（3）海温特征

1860 年有中等强度的厄尔尼诺事件发生，1861 年是厄尔尼诺年的次年。相应的赤道东太平洋海温开始下降。

4.11　1892/93 年寒冬

1892/93 年冬季（清光绪十八年冬）中国异常寒冷，南北各省大雪普降，江南的江河湖泊冰封，华南大雪冻害深重。这寒冬的最低温度，包括推断的最低温度和仪器观测的温度记录，均低于 20 世纪以来的极端最低温度记录，堪称近百余年来中国最寒冷的冬季。这次寒冬之后，1893 年全国大部分地区雨水偏多。这是在北半球许多地区的小冰期寒冷气候已告结束，全球大范围转暖之前中国出现的典型寒冬。

4.11.1　寒冬实况

1892 年入冬后强寒潮频频发生，造成 1893 年 1 月 11 日至 2 月 8 日纵贯南北大地的大雪、冰冻奇寒。山西、陕西、河南、山东、江苏、安徽、浙江、江西，以及贵州、四川广大地域出现河湖冰封、井水结冰，福建、台湾、广东、广西、海南岛大雪和动植物冻害。黄河山西—河南段冰封 25 天、行人车马履冰渡，河南—山东沿 35°N～36°N 地带出现井水结冰，太湖流域大小湖泊、河道冰封，江南各地的河流封冻南界达 28°N（温州），北回归线以南地方屡现冻雨[5]（图 4—11—1）。

依据历史文献记载的各地大雪、冰冻、作物冻害发生的日期，可辨识出其间两次主要的寒潮过程。

首次强寒潮过程发生于 1893 年 1 月 11 日—17 日（十一月廿四至三十日），冷空气自山西、陕西南下[①]，1 月 13 日降温、降雪记录首见于四川成都—浙江嘉兴一线，成都"大雨雪连四昼夜，冰条旬余乃解"[②]，向东延伸至江苏，吴江、昆山等地开始出现河流冰冻，浙江嘉兴"运河及湖荡莫不厚结层冰，舟楫不通，往来皆由冰上行走，踏冰游烟雨楼"[③]。14 日降雪记录见于四川井研—浙江瑞安一线[④⑤]。15 日降雪区前沿南移至广西桂平—广东清远—福建厦门一线[⑥⑦⑧]，金门"大雪盈尺"[⑨]、澎湖"大寒"[⑩]，台湾苗栗大雪[⑪]，福建龙岩"二十八日（1 月 15 日）降雪，平地尺余。至十二月初三始解"[⑫]，上杭、永定亦类似[5]。岭南各地相继大雪，广东梅县等地则"积地三四寸，山中积至二三尺"[⑬]，英德"雨雪如棉花，市街厚尺许，山谷中有二三尺厚者经旬不消"[⑭]，东莞等地"大雪平地积二寸余，果木多冻死"[⑮]，四会、郁南、德庆、高明等地情形类似[5]。16 日冷空气继续南移，增城出现冻雨，"夜寒大雨，著处凝结成冰块，大逾寻丈，草木皆萎，物畜多冻毙"[⑯]，广西陆川、北流、容县等地大雪"厚二尺许"[⑰⑱]或"平地尺许"[⑲]，广西扶绥"降下大冰雪，檐瓦路上一片铺满，人号

① 民国《重修安泽县志》卷十四
② 民国《中江县志》卷十五
③ 民国《重修秀水县志稿》
④ 光绪《井研志》卷四十二
⑤ 光绪《瑞安杂志编年录》
⑥ 光绪《浔州府志》卷五十七
⑦ 民国《清远县志》卷三
⑧ 民国《同安县志》卷三
⑨ 光绪《甲午新修台湾澎湖志》卷十一
⑩ 光绪《甲午新修台湾澎湖志》卷十一
⑪ 光绪《苗栗县志》卷八
⑫ 民国九年《龙岩县志》卷三
⑬ 光绪《嘉应州志》卷三十
⑭ 民国《英德县续志》卷十五
⑮ 民国《东莞县志》卷三十六
⑯ 民国《增城县志》卷三
⑰ 民国《陆川县志》卷二
⑱ 民国《北流县志》十二编
⑲ 光绪《容县志》卷二

为奇"[①]，北部湾海滨的合浦始见降雪，"大雪垂檐为玻璃，水面结冰厚寸许"[②]；17 日广东台山发生冻雨[③]、海南岛琼山"大雨霜"[④]。经缀合众多历史记录碎片可绘出降雪开始日期线的逐日移动，显示了寒潮冷空气南袭路径（图 4—11—1）。

另一次强寒潮天气过程发生于 1 月 18 日—27 日。1 月 18 日四川合川即开始降雪，"十二月朔大雪至初五凡五昼夜"[⑤]，安岳"大雪厚二尺"[⑥]、川北蓬溪"大雪积逾尺，严寒檐溜为冰柱"[⑦]、川西邛崃"河水皆冻田水亦冰"[⑧]，还有犍为、黔江、南川等地皆大雪[5]，江西南昌"大雨雪树木冻折禽卵成冰"[⑨]。在这次寒潮过程中上海"浦港冰冻累日不开"[⑩]、青浦"泖淀、吴淞江冻，经旬不解，人行冰上有异肩舆过者"[⑪]，江苏吴县"太湖冰厚尺许虽力士锥凿不能开，船有下湖心者胶固不动粮绝"[⑫]、宜兴"东西两溪及太湖皆冰最厚至六尺许"[⑬]。同时浙江临安、湖州、余姚、慈溪等地皆河流冰封[5]。随冷气团的东移南下，1 月 20 日（十二月初三日）福建长汀即"大雪，平地厚三尺余"[⑭]、金门"雨雪三日"[⑮]，台湾苗栗"十二月朔复大雪"[⑯]、云林"大雪"[⑰]、嘉义"雪下数寸"[⑱]。从这降雪日期线的快速南移，也可见冷气团的强势和深厚。这次的寒潮到达广西时，贺县"大雪约三四寸厚"[⑲]、武宣"大雪，江鱼冻死，榕树皆枯"[⑳]、宾

---

① 民国六年《同正县志》
② 民国《合浦县志》卷五
③ 光绪《新宁县志》卷十四
④ 民国《琼山县志》卷二十八
⑤ 民国《新修合川县志》卷六十七
⑥ 光绪《续修安岳县志》卷四
⑦ 光绪《蓬溪县续志》卷三
⑧ 民国《邛崃县志》卷四
⑨ 光绪《南昌县志》卷五十五
⑩ 民国《上海县续志》卷二十八
⑪ 民国《青浦县续志》卷二十三
⑫ 民国《吴县志》卷五十五
⑬ 民国《光宣荆宜续志》卷十二
⑭ 民国《长汀县志》卷二
⑮ 民国《金门县志》卷十二
⑯ 光绪《苗栗县志》卷八
⑰ 光绪《云林县采访册》
⑱ 光绪《嘉义管内采访册》
⑲ 民国《信都县志》卷五
⑳ 民国《武宣县志》第十五章

阳"大雪,檐垂冰著长一二尺"[1]。

该年冬季有许多罕见的河湖水体冰封的记录。如黄河山西—河南段冰封 25 天,山西平陆"十一月二十七日(1 月 15 日)黄河从杨家湾渡口冰结至潼关,车马往来如土道"[2]、临猗"黄河结冰自龙门至砥柱,行人车马履冰渡"[3],陕西紫阳"汉水为冰"[4],四川广元"河水坚冰"[5]、绵阳"季冬坚冰数日,严寒异常,其灾与六年冬(1880年冬)等"[6],贵州遵义"人行冰上,鱼毙河中"[7]。太湖流域大小湖泊、河道冰封,如吴县"河冻二十余天"[8],"吴淞、娄江及淀山赵田、阳城、巴城诸湖皆胶,冰厚二尺余,人皆履以往来,二旬后冻始介"[9],"浦港坚冰,经旬不解"[10]。浙江余姚"江水皆冰"[11]、临安"河水积冰坚数尺,上可履人,明春始化"[12],直至临海"江河层冰合冻"[13]、瑞安"河冰凝结,冻至彻底"[14],福建连城"河水结冰"[15]。四川邛崃记有"蜀无坚冰,光绪十八年十一月河水皆冻,田水亦冰二三日不解,檐间悬溜悉成冰柱,前后百余年间无此异寒"[16]。此外还有罕见的大范围井水结冰,大致出现在河南—山东沿 35°N～36°N 地带,如山东费县"井皆结冰厚数寸"[17]、莱芜"井底冰"[18],河南南乐"大雪井冰"[19]等。

该年冬季江南、华南、四川动植物冻死伤损甚重。发生榕树冻死的地域很广,如浙

---

① 民国《宾阳县志》灾异
② 民国《平陆县修志采访录》
③ 民国《临晋县志》卷十四
④ 民国《重修紫阳县志》卷五
⑤ 民国《重修广元县志稿》卷二十七
⑥ 民国十一年《绵阳县志》卷十
⑦ 民国《续修遵义府志》卷十三
⑧ 民国《相城小志》卷五
⑨ 民国《昆新两县续补合志》卷一
⑩ 民国《宝山县续志》卷十七
⑪ 光绪《余姚县志》卷七
⑫ 民国《昌化县志》卷十五
⑬ 民国《临海县志稿》卷四十一
⑭ 光绪《瑞安杂志编年录》
⑮ 民国《连城县志》卷三
⑯ 民国十一年《邛崃县志》卷四
⑰ 光绪《费县志》卷十六
⑱ 光绪《莱芜县志》卷二
⑲ 光绪《南乐县志》卷七

江瑞安"凡沿河岸边大榕树枝叶多被霜雪冻煞枯燥，并有百年以上榕树全行冻死者"[①]，广西临桂"城内外榕树巨数围者皆死，次年有复生者"[②]，四川井研"榕树皆死"[③]、广安"州境榕树尽枯"[④]，还有广西宾阳、武宣、贵县、广东英德等地皆有榕树冻死记载[5]。记载竹冻害的有广西临桂"竹树俱萎"[⑤]、荔浦"冻杀竹木"[⑥]和四川峨眉"冻杀竹木无数"[⑦]等。另外还有福建莆田荔枝、龙眼冻死，广西扶绥龙眼枯萎，广东英德桃榔、木棉冻枯死，以及福建连城，广东顺德、开平、恩平和广西武宣、容县河鱼、塘鱼冻死等[5]。异常寒冷还致使海南岛的琼山出现"溪鱼多死浮水面，莉竹尽枯"[⑧]。此外还有北方树木冻害记录，如山西临猗石榴、柿树冻死，山西浮山、新绛、万荣，山东莱芜，江苏高邮、兴化等地许多统称为"山林树木冻枯"的记载[5]。有关当年异常寒冷的一则趣闻是：广西荔浦历来是候鸟的越冬地，可是当年南迁而来的鸟群竟然因大雪严寒而再度南徙，文献记有"冬凫自北举蔽日，下蒲江后数日，雪大异常，冻杀竹木、牛马甚夥，凫又南徙"[⑨]。

1893 年 1 月的异常严寒还见于清代海关文档记述，记载有"一八九三年冬季寒冷一月尤为突出，并降有罕见的大雪，迟至三月未止，使成长的作物遭受巨大的损害"[⑩]。

4.11.2　1893 年 1 月的气候特征值

（1）最低温度值的推断

由河湖封冻、竹木冻害和冻雨记录推断最低气温值。

① 由河冰记录推断　在 1 月 13 日—17 日的强寒潮冷气团控制下，长江以南的江苏吴江、昆山、嘉兴等地"诸湖皆胶，冰厚二尺余，人皆履以往来"[⑪]和"大川巨泽冰坚

① 光绪《瑞安杂志编年录》
② 光绪《临桂县志》卷十八
③ 光绪《井研志》卷四十二
④ 光绪《广安州新志》卷三十五
⑤ 光绪《临桂县志》卷十八
⑥ 民国《荔浦县志》卷三
⑦ 宣统《峨眉县续志》卷八
⑧ 民国《琼山县志》卷二十八
⑨ 民国《荔浦县志》卷三
⑩ 《1892～1901 年海关十年报告·芜湖》
⑪ 民国《昆新两县续补合志》卷一

尺余，河冻半月不开"①，其河湖水面冻结坚实，而且持续时间在半月以上。据中国南方河流封冻的临界温度为–15℃～–13℃[44]来推断，可认为在"冰厚尺余"的太湖地区，最低气温应低于–15℃。当年河流冻结的南界在温州附近（图4—11—1），如瑞安"河水凝结，冻结至彻底"②、温岭"河流尽冻，不能行舟"③，故推断在 28°N 附近地点，1893 年 1 月的最低气温应在–13℃以下。

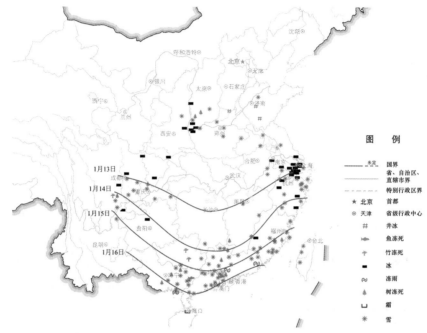

图4—11—1　1892/93 年冬季寒冷的历史记录分布和 1893 年 1 月 13 日—17 日降雪日期线（紫色线）的逐日移动

　　② 由树木冻害推断　1892/93 年冬季华南、西南许多地方榕树受冻。按榕树冻害程度的 6 级划分，Ⅰ级为植株地上、地下部分全部枯死，Ⅱ级为植株地上部分枯死，天气转暖时从茎干基部萌蘖[51]。据现代榕树冻害的调查报告：1991 年 12 月 29 日福建南平山区发生榕树冻害Ⅰ～Ⅱ级，闽北最低气温达–13℃～–8℃[51]；1999 年 12 月 21 日南平榕树冻害Ⅰ～Ⅱ级，最低气温–5.8℃[51]；2008 年湖北宜昌榕树冻害相当于Ⅰ～Ⅲ级，极端最低温度降至–5℃以下[58]；2008 年 2 月 1 日贵州兴义榕树嫩芽、顶芽冻害，

---

　　① 光绪《黎里续志》卷十二
　　② 光绪《瑞安杂志编年录》
　　③ 光绪《太平续志》卷十七

最低气温–6.7℃[59]。相比之下，1893 年 1 月浙江瑞安"百年以上榕树全行冻死者"①、四川广安"州境榕树尽枯"②，冻害当更为严重，据此推断 1893 年浙江瑞安，广东英德，广西宾阳、贵县、武宣、临桂和四川广安、井研等地的大面积榕树冻害应当属于Ⅰ、Ⅱ级，这些地点 1 月最低气温可分别为–13℃～–6℃不等。

至于竹类冻害，不同的竹子类型和竹种的耐低温能力不同。1893 年广西等地发生竹冻害的竹品种虽不能确认，但按竹类分布区划[60]当属华南竹区，若按有关研究指出的"日最低气温– 3.5℃，广东箬竹植株 60%～70% 叶片枯黄"[61]的实例来推算，则 1893 年 1 月广西临桂"竹树俱萎"、荔浦"冻杀竹木"时其最低温度应在–3.5℃以下，而四川峨眉的竹品种不同，其"冻杀竹木无数"时的最低温度还会更低。

该年冬季有热带果树冻害，据荔枝、龙眼遭受冻害的气象指标–4℃[47]来推断，当年出现此类冻害的莆田、扶绥的最低温度应低于–4℃。

③ 由冻雨现象推断的最低温度　1893 年 1 月广东潮州、台山多次出现严重冻雨，台山记载有"十一月甲辰、乙巳等日天寒大雨，雨着地即凝结而为冰，积厚三四寸"③，记录冻雨或雾凇的最南地点是广西北海④，而发生冻雨的临界温度条件正是 0℃，故推断地处北回归线以南的台山（22°15′N）、北海（21°29′N）的最低温度应达 0℃以下。

（2）仪器观测的温度记录

据上海徐家汇观象台的器测气象记录，上海 1892/93 年冬季极端最低气温值出现在 1893 年 1 月 19 日，为–12.1℃，1 月中旬的平均最低气温为–7.1℃[54]，这两项记录均为上海自 1873 年开始气象观测以来的极端最低值。另外还有记载浙江奉化"1 月 16 日和 17 日寒暑表测得华氏 15 度（约合–8.5℃）"⑤，这虽然不是正规的气象观测记录，也未指明观测时间和场所，但由此可见当时天气严寒之一斑。另外香港 1893 年 1 月气象观测的极端最低温度值 0℃（出现于 1 月 18 日），1 月平均气温为 13.7℃，皆为香港自 1884 年有气象仪器观测资料以来的最低值。此外，查早期的气象仪器观测资料[54]还可见另一些 1893 年 1 月极端最低气温记录：广东汕头–0.6℃（1 月 18 日）、广西北海 0℃（1 月 16 日），以及镇江–12.8℃（1 月 8 日）、芜湖–11.7℃（1 月 18 日）、镇海–10.6℃（1 月 19 日）、福州–1.7℃等，这些都是当地自有正式的气象观测记录以来的极端最低值。

---

① 光绪《瑞安杂志编年录》

② 光绪《广安州新志》卷三十五

③ 民国《赤溪县志》卷七

④ 光绪十九年《通商各关华洋贸易总册·北海》

⑤ 光绪《剡源乡志》卷二十四

（3）积雪深度的推断

1892/93 年冬季华南多次降雪，且降雪量十分罕见。如福建西部山区长汀、上杭、永定"大雪平地厚三尺余"[1]、龙岩"平地尺余"[2]，台湾嘉义"雪下数寸"[3]。广东梅县"积地三四寸，山中积至二三尺"[4]，东莞、四会、郁南、德庆、高明等地"大雪平地积二寸余"[5]，广西陆川、北流、容县等地大雪"厚二尺许"[6][7][8]等。华南积雪时间长，如广东英德"经旬不消"[9]、福建龙岩"五日始解"[10]等。将历史记载的雪深尺寸折算为厘米表示，绘成图 4—11—3，此图仅为示意而已，显然史料所记的积雪深度并非

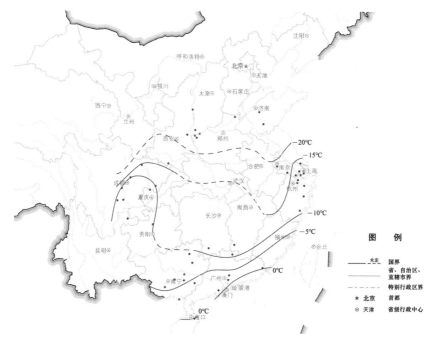

图 4—11—2　1893 年 1 月极端最低温度的复原推断

（蓝色圆点为用于温度推断的历史记录地点）

---

① 民国《长汀县志》卷二
② 民国九年《龙岩县志》卷三
③ 光绪《嘉义管内采访册》
④ 光绪《嘉应州志》卷三十
⑤ 民国《东莞县志》卷三十六
⑥ 民国《陆川县志》卷二
⑦ 民国《北流县志》第十二编
⑧ 光绪《容县志》卷二
⑨ 民国《英德县续志》卷十五
⑩ 民国九年《龙岩县志》卷三

按现代气象观测的标准，可能是视觉印象或特殊地形所致，如台湾新竹"平地高丈余，深山中尤甚"[①]。从图中可见最大积雪深度超过 100 cm 的有三片地域，分别是陕晋豫三角地带、川东南、苏皖南部及浙闽西部。

4.11.3　气候概况

1892/93 年冬季异常寒冷，在此之前 1892 年秋季冷空气活跃，中国东部地区低温，普遍遭受"寒露风"危害，稻谷不实。入秋，燕山北麓即"落霜冻禾"[②]，强冷空气侵袭两湖盆地，致使江西萍乡"秋八月朔（9 月 21 日）天大寒如冬令，晚稻谷亦不实"[③]、宜丰"狂飚竟夕不休，苗皆秀而不实"[④]，湖南醴陵"八月寒，晚稻不实"[⑤]等地皆有此类典型的"寒露风"灾害记载。1892 年初雪日期异常提前，八月二十五日（10 月 15 日）河南渑池即降首场大雪[5]，比现代极端最早初雪日期提前。1893 年其他季节并无明显的冷暖异常。

在此寒冬之前、后，1892 年和 1893 年皆全国大范围多雨。1892 年夏、秋中国东部地区多雨，自辽宁迄河北、山西、山东、河南，及至长江流域多大雨且屡有河湖溢涨之水患，唯江南地区有局地干旱。

1893 年全国普遍雨水偏多，间有局地干旱。东北和河北夏季雨水偏多，记述多有"夏雨连日""七月霪雨连绵七昼夜"等。山西、陕西、甘肃等地风雨调和，雨量丰沛。黄淮地区则先旱后涝，如河南有许昌"夏大旱"[⑥]、鹿邑"秋始旱继潦"[⑦]，安徽五河"雨旸不时，旱涝互见"[⑧]的记载，所以黄淮地区总的降水量近于正常。类似的先旱后涝情形还出现在福建、台湾等地，如台湾嘉义"四月大旱，六月大雨"[⑨]。夏秋多雨地区主要在长江下游至浙江北部，如南京八月"阴雨伤稼"[⑩]、浙江杭州"

---

① 光绪《树杞林志》祥异
② 民国《龙关县志》卷十九
③ 民国《昭萍志略》卷十二
④ 民国《盐乘》卷一
⑤ 民国《醴陵县志》卷一
⑥ 民国《许昌县志》卷十九
⑦ 光绪《鹿邑县志》卷六
⑧ 光绪《重修五河县志》卷十九
⑨ 光绪《嘉义管内采访册》
⑩ 民国《首都志》卷十六

夏秋多雨"[①]、奉化八月霪雨等。另外，华南、西南地区也雨水偏多，如广西玉林"春夏霪雨伤稼"[②]，四川什邡"六月大雨洪水泛涨"[③]，云南姚安"六月霪雨，洪水泛滥，城中水深二尺"[④]（图4—11—4）。

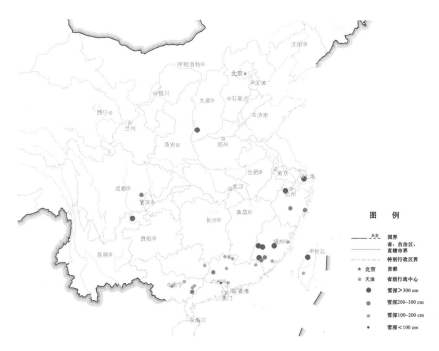

图4—11—3　1892/93年冬季历史记载的各地积雪深度分布

1893年秋季台风活动频繁，侵袭广东阳江的台风就有三次，其日期分别为：9月29日（八月二十日）、10月2日（八月二十三日）、10月8日（八月二十九日），侵袭台湾台东的台风也有三次，分别发生于8月19日（八月初十）、9月10日（八月初一）和10月6日（八月二十七日）[5]。

由本例的寒冷实况、最低温度值推断结果与现代资料对比，认为中国1892/93年冬季是近百余年来的首位寒冬。

从现代寒冷记录[24][25]的对照可见，1954/55年冬季有洞庭湖封冻，局部冰厚30 cm，但太湖、黄浦江却未封冻；2008年1月洞庭湖、鄱阳湖、太湖均未封冻，冻雨发生地

---

① 光绪《于潜县志》卷二十
② 光绪《郁林州志》卷四
③ 民国《重修什邡县志》卷一
④ 民国《姚安县志》卷十二

未达北回归线。至于积雪深度和积雪日数，1954/55 年冬季长江中下游地区积雪一般为 30～70 cm，最深达 100 cm；2008 年 1 月江淮地区最大积雪深度 30～50 cm 都不及 1892/93 年冬，故认为 1892/93 年冬季的冰雪寒冻现象居百年来的首位。

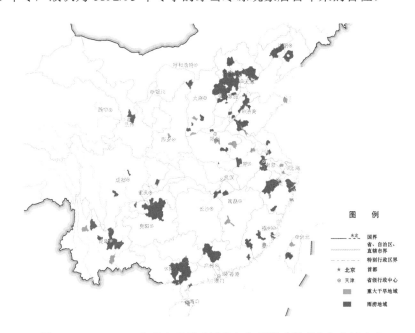

图 4—11—4　1893 年重大干旱（橙色）和雨涝（深蓝色）地域分布

1893 年 1 月的极端最低气温值推断为：苏州–15℃、温州–13℃、台山 0℃以及临桂、广安均低于–6℃；气象观测的极端最低气温，上海–12.1℃、镇江–12.8℃、香港 0℃、汕头–0.6℃、北海 0℃。对比现代最寒冷的 1955 年 1 月的极端最低气温是：上海–9.2℃、温州–2.9℃、桂林–4.9℃、广州 0.7℃；而 2008 年 1 月的极端最低温度仅为：上海–1.8℃、苏州–4.2℃、温州 0.9℃、桂林–1.5℃、广州 4.6℃，这些现代低温记录显然均不及 1893 年 1 月的。如上海 1893 年 1 月的最低温度比 1955 年 1 月的低 2.9℃，比 2008 年 1 月的更低 10.3℃。故认为 1893 年 1 月的温度记录是其后百余年的极端最低值。

1892/93 年寒冬出现在全球冷、暖气候期转折的背景下。关于北半球小冰期结束于何时的讨论持续很久，一度被认为是 1850 年代前后[20]，至少在欧洲、北美许多地方是这样，之后又有多番讨论。笔者曾提出中国的小冰期结束时间是 1890 年代，如 1892/93 年冬季严寒即为例证[22]。之后全球气候开始转暖，中国也多次出现寒冬，在快速增暖时还出现 2008 年 1 月中国南方地区严重冰雪寒冬，但这些低温记录都不及甚至远不及 1892/93 年寒冬的记录。

4.11.4 可能的影响因子简况

（1）太阳活动

1892～1893 年正值 1889～1901 年的第 13 太阳活动周的上升段。1894 年是该周的太阳活动峰年 M，其年平均太阳黑子相对数为 84.9，强度中等（M）。

（2）火山活动

1892 年及其前一年，全球火山活动的记录丰富，但没有重大喷发。1892 年喷发级别为 3 级的火山活动（VEI=3）有 3 次，即 1892 年 4 月 15 日阿留申群岛的 Seguam 火山喷发、6 月 7 日印尼的 Awu 火山喷发和 8 月 28 日阿拉斯加半岛的 Veniaminof 火山喷发，这 3 次喷发的火山尘云有可能突破对流层顶到达平流层。另还有 20 次较弱的火山喷发记录。值得注意的是 1892 年的一些级别为 2 级的火山活动，其喷发物虽只能到达对流层的中层，但火山灰喷发量很大，如 7 月 8 日意大利 Etna 火山喷发，它的火山灰喷发量达 10^6 m³，又如意大利 Vesuvius 火山继上一年 1891 年的喷发，其火山灰的喷发量竟达 10^8 m³。至于这些火山活动是否与 1892/93 年的寒冬有关联，以及如何关联的问题，尚待另外的专门研究。

（3）海温特征

1891 年有极强厄尔尼诺事件发生，1892 年正好是这极强的厄尔尼诺事件之后的第一年、1893 年是之后的第二年，都是非厄尔尼诺年。1892/93 年对应于赤道中、东太平洋海温下降阶段。按有关现代的和过去 500 年的厄尔尼诺事件的相关年份的中国旱涝等级合成图分析结论，厄尔尼诺事件后的第一年对应于中国大范围多雨[27][28]。1892 年全国多雨，正是这一对应关系的呈现。

5 历史春寒和夏季低温极端气候事件

春季寒冷和夏季低温往往直接影响农事活动，历来多受关注。

历史上的春、夏寒冷事例早有记载，只是早期的记载十分简约。这类记述可追溯到传说时代，如发生于公元前 21 世纪的"三苗将亡，夏有冰"[①]，其后如公元前 435 年（周考王六年）"六月雨雪"[②]，公元前 238 年（秦王政九年）"四月寒冻有死者"[③]，公元前 43 年（汉永光元年）"春霜夏寒日青亡光"[④]，公元 106 年（东汉延平元年）"自夏以来阴雨过节，暖气不效"[⑤]，435 年"七月庚辰（北魏）大陨霜，杀草木"[⑥]，695 年（唐证圣元年）"六月睦州陨霜杀草。吴越地燠而盛夏陨霜昔所未有"[⑦]，820 年（唐元和十五年）"八月己卯同州雨雪害秋稼"[⑧]，1129 年（南宋建炎三年）"五月霖雨夏寒"[⑨]"六月寒"[⑩]，1190 年（南宋绍熙元年）"三月留寒至立夏不退"[⑪]，1200 年（南宋庆元六年）"五月亡暑，气凛如秋"[⑫]"夏常风，当夏而寒"[⑬]，1213 年（南宋嘉定六年）"六月亡暑，夜寒"[⑭]等，1314 年（元延祐元年）"三月东平、般阳等郡，泰安、

---

① 《通鉴外纪》引古本《竹书纪年》
② 《史记·六国年表》
③ 《史记·秦始皇本纪》
④ 《汉书·于定国传》
⑤ 《后汉书·殇帝纪》
⑥ 《魏书·灵征志》
⑦ 《新唐书·五行志》三
⑧ 《旧唐书·穆宗纪》
⑨ 《宋史·五行志》三
⑩ 《宋史·五行志》一
⑪ 《宋史·五行志》一
⑫ 《宋史·五行志》一
⑬ 《文献通考·物异考》
⑭ 《宋史·五行志》一

曹、濮等州大雨雪三日，陨霜杀桑"[①]，1349 年（元至正九年）"三月温州大雪"[②]。明、清两代文献记述日渐丰富，事例颇多。从中可见许多春寒事件是冬寒至春季的延续，通常多将之与其前期的寒冬事件连带论述。如 1454 年初的后冬严寒延续至春季，以致太湖地区的草木萌芽时间推迟至清明节后；又如 1691 年初强寒潮频发，3～4 月大雪不断，终霜日期推迟约 1 个月；再如 1860 年初春华北地区大雪严寒 40 余天、江南终雪日期迟至立夏日等。夏季低温有两种情形，一种为夏季异常的强冷空气活动引起急剧的大幅度降温，如 1661 年 6～7 月的冷涌频发，南方地区连续多次急剧降温，江苏宜兴，福建邵武、福州等地炎夏天气陡变"夜雨雪""骤寒霜降""屋瓦有霜"[5]，又如 1832 年盛夏华北大范围严重霜冻、终霜日期提前。另一种为持久阴雨而致的气温偏低，如 1577 年长江中游"自春徂夏阴雨近二百日。六月著绵，不闻蝉鸣"，长江下游"六月连雨寒如冬"；又如 1823 年夏秋伴随大范围持续阴雨出现夏秋低温，上海地区"七月天气如冬"，江西"八月，风冻愈加"等[5]，这样的夏季寒冷情形现今听来似乎难以置信。因此，复原和分析这些现代未曾出现过的历史低温极端气候事件的实况，对增进有关气候异常和灾害防御知识有重要意义。

本章极端事例的选取着眼于低温事件的罕见性，也须史料记述详细、堪作天气过程的复原推断之用，还要兼顾不同的冷暖气候背景来作选择。本章共选取春寒和冷夏事件各三例，其简况如表 5—0—1 所示。不过，春寒事件多有继寒冬发生的，这在第四章寒冬极端事例中有述，如 1655 年春寒，本章不再重述。另外，还有一些罕见的夏季寒冷记述未纳入本章，如 1889 年 7 月 9 日河北永年、成安等地"大风寒如冬令"[③]等，因为推想这些很可能只是一次强冷锋过境引起的剧烈降温的天气过程，冷锋过后很快回暖。此外，还有一些夏秋寒冷事件在本书的其他章节已有论及，本章不再重述，如 1593 年山东多处地点记载的"四月大寒"，见于第 2 章第 3 节；又如 1823 年长江下游地区的夏寒已见于第 2 章第 6 节；再如 1892 年江西、湖南的秋季低温寒露风见于第 4 章第 11 节等。

依本书体例，本章将陈述各例的低温实况，视史料之详略推演事例的天气过程，或定量推断气候特征值，并概述该年夏秋季降水特点，以及可能的影响因子如太阳活动、火山活动和海温特征之简况。

---

① 《元史·五行志》一
② 《元史·五行志》二
③ 光绪《广平府志》卷三十三

表 5—0—1　3 例历史春寒、2 例历史冷夏和 1 例历史春夏低温极端事件简况

年　份	低温实况	降水分布	背　景　条　件		
			太阳活动周位相/峰年强度	重大火山活动	海温特征
春寒 1454 年 明景泰五年	冬季严寒延续到春季，冬末春初大雪 42 天，春季的物候日期较现代推迟 36 天。推断 太湖流域 3 月平均气温比现代更低 3.9℃	中国东部大范围多雨	m–3/中弱	前 1 年（1453）无重大火山活动，前 2 年（1452）有极强的 6 级火山喷发	—
1691 年 清康熙三十年	寒冬之后，春季寒潮频发、大雪不断，山西和浙江终霜日期分别比现代极端最晚日期迟 32 天和 26 天	中国大范围干旱。自春至夏，华北、西北、黄河中下游广大地区严重干旱	m+2/极弱	前 1 年（1690）有四次级别分别为 3、3↑、4 级的火山喷发	处于两次厄尔尼诺事件之间，非厄尔尼诺年
1860 年 清咸丰十年	初春华北地区大雪连绵月余；仲春江淮、江南普降大雪，春季终雪、终霜日期异常推迟。终雪日期迟至立夏日（5 月 4 日），比现代最晚终雪日迟约 30 天，终霜日较现代最晚日期迟 33 天	大范围多雨。夏季长江上、中游，黄河中下游多雨，夏秋黄淮、江淮多雨	M/中强	仅前 1 年（1859）有一次 3 级火山活动	厄尔尼诺年，强度中等
冷夏 1661 年 清顺治十八年	夏季南方多地异常寒冷。6～7 月江苏、福建、广东大范围多次急剧降温、出现霜雪	中国东部呈北旱南涝格局，华北、华中、华东大范围干旱少雨	M+1/很弱	1859～1860 年重大火山喷发活动频繁，级别为 6、4 和 3↑	厄尔尼诺事件的次年
1755 年 清乾隆廿年	长江中下游夏季低温，五谷不熟、木棉不结，湖北六月不闻蝉鸣。初霜日期比现代最早初霜日期提前 1 个月	中国东部地区大范围持续阴雨，梅雨期长、梅雨量大	m/中等	前 1 年（1754）和当年（1755）均有 3～4 级的火山喷发	厄尔尼诺年，强度中等（M+）
春夏低温 1832 年 清道光十二年	春末河北、山东严重霜冻，初夏太湖流域持续低温寒冷，盛夏华北霜冻为害。初霜日期比现代最早初霜日期提前 2 个月	夏季黄河中游和黄淮地区多雨，华北和长江下游、江南、两广干旱	m–1/中弱	前 1 年（1831）有 3～4 级的火山喷发，火山灰喷发量很大	厄尔尼诺年，强度中等（M+）

　　注：太阳活动周位相：峰年记为 M，峰年的后 1 年、后 2 年分别记为 M+1、M+2，极小年记为 m，极小年的前 1 年、前 2 年分别记为 m–1、m–2。

　　由史料记述来复原推断历史温度值是一项新的探索，与冬季极端低温值的推断相比，春、夏季的温度推断更有新的困难，但借助于物候学的研究成果，难题初得纾解：根据中国现代物候的地理变化模式给出的“中国物候的地理推移率”[62]，可以由“物

候期随经度、纬度、高度的推移率估计出任何没有物候观测地方的物候期"[63]，更由于中国的物候期变化对温度变化具有较明显的响应关系，从而可根据物候期变化来推断温度变化，尤其"各地春季物候期的年际波动与春季气温的年际波动具有明显的相关性"[63]，故可依据一些植物物候的研究结论来推断春季气温值。如本书即由 1454 年太湖地区春季物候推迟而推算得 1454 年宜兴 3 月平均气温为 4.4℃，比现代更低 3.9℃ 等。然而，这方法却不适用于夏季温度的推算，故对冷夏事件一般只能作情景描述，但凑巧的是 1755 年史料中有"六月不闻蝉鸣"的记载，借助动物学家提供的蝉鸣与温度关系的研究结果，得以推论当年盛夏时节最高温度在 21.1℃ 以下，这"蝉的故事"也为我们的研究工作平添了趣味（详见本章 5.5.2）。值得指出，有一些历史夏季寒冷事件是现代未见，甚而听来匪夷所思的，但它们却可以得到天气学理论的合理解释，如 1661 年盛夏南方多个地点先后出现霜雪，经缀合这些霜雪现象的时间记录，即可推演得一段似"冷涌"的天气过程，从而为如此反常的夏季霜雪现象作出天气学的解释（详见本章 5.4 节）。而历史上还有一些类似的事例，如 820 年 8 月 31 日陕西关中地区"同州雨雪害秋稼"①，又如 1882 年 8 月 3 日—4 日长江三角洲地区出现的"骤冷有雪"②和"阳湖、无锡雨雪，戚墅堰寸许"③等，这些现今匪夷所思的事例，对我们认识异常气候事件无疑是别有启迪的。为此本章尽可能地将某些历史事例与现代寒冷记录作些对比，相关的资料取自文献[24][25]和国家气候中心的年度全国气候影响评估报告[26]等。

　　寒冷事件与夏季大范围降水分布之间的关联是很引人关注的问题，但本章所述的春寒、冷夏个例的夏季降水分布情形却各式各样：春寒的 1454 和 1860 年夏季呈大范围多雨的形势，而春寒的 1691 年却夏季大范围严重干旱；冷夏的 1661 年对应于中国东部大范围干旱少雨——尤以华北、江淮和长江下游地区夏旱最严重，而同为冷夏的 1755 年和 1823 年则呈现夏季大范围多雨。所以不可能仅由这些有限的个例得出二者关联的结论，何况二者之关联的问题还必须从大气环流型的变化来展开讨论。

　　本章所论的历史事例中有一例春寒（1691 年）与其前期的寒冬相连，有一例冷夏（1755 年）年份有夏季重大雨涝发生，而这两例寒冬和雨涝极端事件已分别在第 4 章、

---

　　① 《旧唐书·穆宗纪》
　　② 民国《青浦县续志》卷二十三
　　③ 光绪《武阳志余》卷五

第 2 章中作为寒冬极端事件和雨涝极端事件作了论述，故本章仅着重于春寒和夏寒实况的复原，而关于年度的气候概况和可能的影响因子的内容则从简，详细内容请参见相关章节。

5.1 1454 年的春寒

1454 年（明景泰五年）年初，中国东部寒冷多雪。2～3 月自塞北至江淮地区大范围寒冻，降雪天气持续 42 天，苏北沿海结冰，太湖诸港连底结冰，严寒天气持续至仲春，以致 1454 年春季的物候日期较现代平均日期推迟 30 余天，呈现明显的春寒。当年夏秋中国东部地区大范围多雨。这是小冰期寒冷气候期开始阶段的典型春寒事例。推断 1454 年 3 月长江下游地区的平均气温较现代 3 月平均气温低 3℃左右。

5.1.1 春寒实况

1453/54 年的冬季中国东部严寒，该寒冬之后继又春寒。

1454 年初春中国东部广受冰雪困扰。自 2 月 11 日（正月初五）至 3 月 25 日[*]（二月十八日）寒潮天气过程接踵发生，江淮、江南大雪天气连续 42 天，降雪范围自北京、河北、山东至江苏、安徽、浙江、江西、湖南。北京"正月积雪恒寒"[①]"春分（3 月22 日）之后京师风雪大作"[②]，河北"正月积雪连阴"[③]，山东"大雪数尺，人畜冻死万计"[④]。江苏北部冰冻严重，如皋"正月大雪竹木多冻死，二月复大雪，冰厚三尺，海滨水亦冻结"[⑤]、靖江"正月雪深三尺"[⑥]，江苏南部冰雪严寒，吴县"正月大雪经二旬不止，凝积深丈余，行人陷沟中，太湖诸港连底结冰，舟楫不通，禽兽草木

---

[*] 1454 年原本实行儒略历，为便于与现代气候记录对比，此处公历日期换作格里高利历表示。
[①] 清·查继佐《罪惟录》帝纪七
[②]《明英宗实录》卷二百三十九
[③] 康熙《大城县志》卷八
[④] 道光《济南府志》卷二十
[⑤] 万历《如皋县志》卷二
[⑥] 嘉靖《靖江县志》卷四

皆死"①、常州"大雪平地深三尺"②、宜兴"大雪平地深五尺余，河冰一月"③。上海"大雨雪连四十日不止，平地深数尺，湖泖皆冰"④。相邻的浙江、安徽、江西普降大雪 40 余天，河流封冻，如浙江嘉善"二月大雪连四十日诸港皆冰结，舟楫不通"⑤、衢州"大雪自正月至于二月，凡四十二日，深六七尺，鸟兽俱毙"⑥；安徽桐城、望江等地"正月积雪恒阴"⑦；江西东北部上饶地区亦大雪，"春大雪四十余日，民绝樵采，禽兽皆死"⑧。大雪寒冷范围延及湖南南部，如衡阳"正月衡州雨雪连绵，伤人甚多，牛畜冻死三万六千蹄"⑨。这些记载主要采自明代编修的地方志书，属于当时人记当时事，其可信程度是高的。

初春南、北方广大地区冰雪寒冻景况延续至 4 月（农历三月），呈现为典型的春寒。北京皇宫记有"春分已过，暖气尚遥"⑩；山东"自去冬至今春，隆寒冱冻，鱼鳖亦死，草不萌，三月初冰犹不解"⑪；江淮地区的直隶凤阳、常州府、河南南阳、彰德府并凤阳、泗州等卫，河南颍上千户所各奏"去冬积雪冻合，经春不消，麦苗不能滋长，夏税子粒无征"⑫；长江下游如南京"自冬徂春，霜雪隆寒甚于北方"⑬，太湖流域物候明显推迟，江苏宜兴等地"草木至清明后萌芽"⑭（图 5—1—1）。

5.1.2 春寒气候特征值的推断

（1）冬末的严寒——2 月最低气温的推断

1453/54 年冬季的后半段，即 1454 年 1～2 月的大雪寒冻情景确实为 20 世纪以来

---

① 崇祯《吴县志》卷十一
② 成化《重修毗陵志》卷三十二
③ 万历《宜兴县志》卷十
④ 正德《松江府志》卷三十二
⑤ 万历《重修嘉善县志》卷十二
⑥ 嘉靖《衢州府志》卷十五
⑦ 顺治《新修望江县志》卷九
⑧ 嘉靖《永丰县志》卷四
⑨《明史·五行志》一
⑩《明英宗实录》卷二百三十八
⑪《明英宗实录》卷二百四十
⑫《明英宗实录》卷二百四十一
⑬《明英宗实录》卷二百四十
⑭ 万历《宜兴县志》卷十

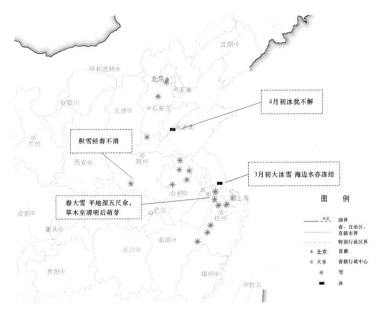

图 5—1—1　1454 年春季寒冷的历史记录分布

所未见，如江苏吴县"太湖诸港连底结冰，舟楫不通"①、如皋"冰厚三尺"②等，同时如皋、东台、仪征等地还发生毛竹冻死（图 5—1—2）。由南方毛竹冻害发生的气温条件为 -15℃[52]，竹类冻死的温度为 -16℃[53]的研究结论来推断，可认为上述发生毛竹冻害的南通等地 1454 年 2 月份的极端最低气温应达 -15℃。而现代上述各地 2 月份的极端最低温度值（1951～2000 年）分别是：南通 -10.8℃、东台 -11.5℃、如皋 -12.1℃、仪征 -15.1℃，由此推知长江三角洲地区 1454 年 2 月的极端最低温度比 20 世纪下半叶的 2 月份极端最低值更低约 2～4℃。

（2）初春 3 月气温值的推断

1454 年春季的温度特征值可依据若干物候学的研究成果来试作推算。所依据的研究结论主要有："物候的同步性规律"[12]、"中国物候的地理推移率"[62]、"春季物候现象的早晚波动主要受春季气温的制约"、"春季物候现象与春季月份的温度的相关系数很高"[63]，以及"长三角地区春季物候的同步性"[64]等。1454 年江苏宜兴等地"草木至清明后萌芽"③是重要的物候推迟证据，只是现代宜兴当地并无物候观测记录，不能建立物候期—温度回归方程以推算出当年的春季温度。不过相距约 200 km 的江苏盐

---

① 崇祯《吴县志》卷十一

② 万历《如皋县志》卷二

③ 万历《宜兴县志》卷十

城却是有物候记录的，依据长三角地区"同一物种在不同地点间（即使相差近 3 个纬度）的年际变化高度一致"[65]的研究结论，则可由现代盐城春季物候与气温的关系来推断 1454 年宜兴的春季温度。兹将"柳树发芽"作为"草木萌芽"的表征，推断如下：

①现代盐城的物候—温度关系　据现代物候记录[62]，江苏盐城（建湖）的"柳树发芽"平均日期为 3 月 9 日—10 日（1967～1976 年，下同），统计分析现代盐城的柳树发芽日期[62]（X）与 3 月的平均温度（Y）资料，可见二者的变化呈明显的线性关系，二者相关系数为 0.843（N=9），其回归方程为：

$$Y= -0.092\,8\,X + 7.65 \tag{1}$$

②1454 年宜兴春季物候期的推算　按"中国物候的地理推移率"，春季垂柳芽开放日期的推移律是：3.88 日/1 纬度，0.78 日/1 经度[62]。由于宜兴位于建湖以南约 2 纬度，而经度相同，故推算得现代宜兴柳树发芽的平均日期较建湖（3 月 9 日—10 日）约提早 7.7 天（3.88 日/度×2 度）是 3 月 2 日。按 1454 年的"清明日"（应当是"平气清明"而非"定气清明"）是儒略历 3 月 29 日，换算成格里高利历即 4 月 7 日（刘浩龙提供），故 1454 年宜兴初春的物候较现代推迟 36 天。

③1454 年宜兴春季温度的推算　研究指出："每年的气候条件不同，但同一年里不同的物候期只是作相应的提前或推迟，这就是物候变化的同步性"[62]，长江三角洲地区不同地点之间的春季物候具有同步性[65]，而且在不同地点同一物种的年际变化也是高度一致的。研究还指出，即使两地相距 3 个纬度，同一物种的春季物候的年际变化的一致性也达到 95%置信水平[65]。宜兴与盐城二地相距约 2 纬度，故可认为不仅二地"柳树发芽"的提前和推迟是同步的，而且二地的"柳树发芽"期的年际变化也应当是高度一致的。由此进而推论宜兴的春季物候期与温度的对应关系和盐城的相似。借用盐城春季物候与 3 月温度的线性回归方程（1）来推算宜兴的温度：将 1454 年宜兴物候推迟 36 天（X =36）代入回归方程（1），便可算得宜兴 1454 年 3 月平均温度（Y）为 4.3℃，此温度推算值比宜兴现代的 3 月平均温度值 8.2℃更低 3.9℃。

以上所作的春季温度估算是基于物候的同步性原理的，故在长江三角洲地区具有代表性，粗略估计 1454 年长江下游地区的 3 月平均气温约比现代更低约 3.9℃。当然，这样的推算是含有不确定性的，其原因有多种，一为将"清明后草木萌芽"的日期仅设定为清明后 1 日，而不是清明后 3 日、5 日等，这样物候延迟天数按最短的后 1 日来估算，会使所推断的温度值偏高；二为采用"柳树发芽"来代表"草木萌芽"，只是权宜做法，因为没有别的现代物候记录可选用。

（3）初春连续降雪天数

1454 年 2～3 月，史籍中明确记载江淮、江南广大地域连续降大雪"四旬""四十二天""四十日"的地点大约有 21 处。但是在现代（1951～2000 年）江苏、浙江、安徽、江西等地 2～3 月份的降雪天数最多的仅为 18 天，连续雪日达 42 天的事例并未出现过，即使按可含有 2～3 天的雪日间断来作统计，亦远未达 40 天之谱。故 1454 年初春的连续降雪天数为现代所未见。

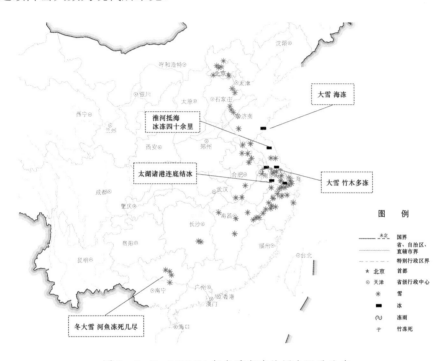

图 5—1—2　1453/54 年冬季寒冻的历史记录分布

5.1.3　气候概况

1453/54 年冬季严寒，而且严寒延续到春季，呈现寒冬之后继又春寒。

该冬季从河北、山东、江苏、安徽、浙江、江西、湖南直到广西均大雪寒冻。《明实录》所载"山东、河南南并直隶淮徐等处，去岁十一月十六日至今（景泰五年正月）大雪弥漫，平地数尺，朔风峻急，飘瓦摧垣，淮河、东海冰结四十余里，人民头畜冻死不下万计"[①]，这概括了 1453/54 年冬季的雪冰寒冻景况。

---

① 《明英宗实录》卷二百三十八

1454 年春季的低温寒冷，由冬季延续至春季的严寒造成东部广大地区农事延误、饥荒和疫病。如"严寒麦苗不发"[1]"东南饥且大疫，苏、松为盛"[2]"淮徐以北疫疠大作，死者不可胜数"[3]等。

1454 年中国东部大范围多雨，仅夏初华北有局地干旱，如"直隶河间、顺德、广平、真定、大名所属州县自春历夏亢旱不雨"[4]，山西"四月大旱祀北岳"[5]，以及山东济南、青州、登州、东昌等府"四五月中亢旱不雨"[6]等。入夏后，长江中、下游多雨，江西北部"五月大雨连日，东北水发甚暴，漂庐舍，溺人甚多"[7]，吴江"入夏大水，田庐漂没过半"[8]，杭州等地"四五月阴雨连绵，江湖泛涨"[9]，上海、苏州等地"夏六月大水，淹浸田禾，经久不退"[10]，安徽安庆"大水漫为巨浸，乘舟入市，阅三

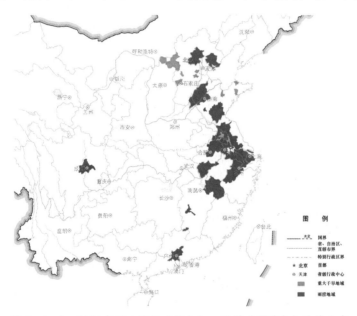

图 5—1—3　1454 年重大干旱（橙色）、雨涝（深蓝色）地域分布

① 《明英宗实录》卷二百四十二
② 嘉靖《昆山县志》卷十三
③ 《明英宗实录》卷二百四十
④ 《明英宗实录》卷二百四十一
⑤ 顺治《浑源州志》卷上
⑥ 《明英宗实录》卷二百四十一
⑦ 康熙《浮梁县志》卷二
⑧ 康熙《吴江县志》卷四十三
⑨ 康熙《仁和县志》卷二十五
⑩ 崇祯《横豁录》卷五

月始平"①，苏南各地皆如此。随后雨带北移，七月苏北宝应、扬州、安徽凤阳、五河等地大水②③④⑤，北京"七月京师霖雨，九门城垣塌决者甚多"⑥。八月山东济南、曲阜大水⑦，"东昌、兖州、济宁三府大雨，黄河泛涨淹没禾稼"⑧。此外，当年广东和四川也有多雨和水灾⑨⑩。

由世界上其他地区的历史气候记录来看，1453/54 年冬季当中国出现寒冬并延续到春季仍寒冷的同时，西欧也出现了冬、春二季连续寒冷，英格兰南部的橡树年轮记录显示出春季橡树生长有受压抑的现象[66]。

5.1.4 可能的影响因子简况

（1）太阳活动

1454 年位于 1443～1457 年的太阳活动周内，该活动周的峰年 1449 年的强度为中弱（WM），1454 年是该活动周极小年的前 3 年，记为 m−3。

（2）火山活动

1454 年的前 1 年 1453 年没有重大火山活动，但其前 2 年的 1452 年有极强的西南太平洋瓦努阿图的 Kuwae 火山强烈爆发，喷发级别高至 6 级（VEI=6），即火山灰喷出物可进入到平流层内，这是火山记录中罕见的，而且喷出的火山灰体量极其巨大，达 10^{10} m³，即 10 km³，这是火山灰喷出量的最高记录。毫无疑问如此巨量的火山尘进入平流层后是能够形成环球尘幕的，而且尘幕的存续时间可达两年以上，显然会对太阳辐射起到明显的遮蔽和降温作用。至于这火山灰尘幕与寒冬、春寒是否有关联，以及如何关联的问题都是值得深入研讨的。

---

① 正德《安庆府志》卷十七
② 道光《重修宝应县志》卷九
③ 乾隆《甘泉县志》卷一
④ 乾隆《凤阳县志》卷十五
⑤ 嘉庆《五河县志》卷十一
⑥《明英宗实录》卷二百四十三
⑦ 道光《济南府志》卷二十
⑧《明英宗实录》卷二百四十四
⑨ 万历《顺德县志》卷十
⑩ 同治《重修成都县志》卷十六

5.2　1691 年的春寒

1691 年（清康熙三十年）春季寒冷。1690/91 年冬季严寒并延续至春季，春雪普降，终霜日期明显推迟。这是在小冰期最盛阶段出现的冬—春持续严寒的典型实例。

5.2.1　春寒实况

继 1690/91 年严冬之后，1691 年春季仍低温寒冷，寒潮频发致使山西、河南、湖北、江苏各地三、四月降雪不断。如山西介休"三月初一日（3 月 30 日）雨雪，冻杀麦苗"[①]的寒潮天气过程也影响到了湖北，以致蒲圻"三月三日（4 月 1 日）下雪"[②]，而且这次寒潮相当强劲，蒲圻一带"各县牛多冻死，有一县仅存三头者"[③]。紧接其后又有寒潮接踵来袭，山西襄垣、武乡等地"三月十四日（4 月 12 日）大雪"[④⑤]，大雪区东至河南杞县[⑥]，另外，苏州"春寒多雪"[⑦]。随后的多次强冷空气活动带来严重霜冻，南、北方各地多有发生，如陕西大荔"四月陨霜害禾稼"[⑧]，以及浙江鄞县"四月初四日（5 月 1 日）陨霜"[⑨]等，严重的霜冻甚至迟至五月中旬，如山西襄垣、武乡等地"五月十一日（6 月 7 日）夜霜"[⑩⑪]。

---

① 康熙《介休县志》卷一
② 民国《蒲圻县乡土志》气候
③ 民国《蒲圻县乡土志》气候
④ 康熙《重修襄垣县志》卷九
⑤ 乾隆《武乡县志》卷二
⑥ 乾隆十一年《杞县志》卷二
⑦ 康熙《吴县志》卷二十一
⑧ 康熙《朝邑县后志》卷八
⑨ 康熙《桃源乡志》卷八
⑩ 康熙《重修襄垣县志》卷九
⑪ 乾隆《武乡县志》卷二

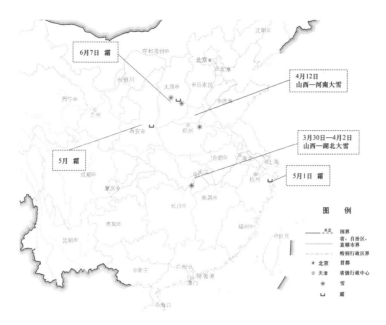

图 5—2—1　1691 年春季霜雪寒冷的历史记录分布

5.2.2　春寒气候特征值的推断

1691 年春季终霜日期异常推迟，这是春季冷空气活动特点的一种反映。

1691 年山西襄垣的终霜日期是 6 月 7 日、浙江鄞县终霜日期是 5 月 1 日。与现代（1951～2000 年）襄垣和鄞县的平均终霜期、极端最晚终霜日期相比，两地 1691 年的终霜日期分别比现代的平均终霜日期更迟 54 天和 38 天，比现代极端最晚终霜日期更迟 32 天和 26 天。

表 5—2—1　1691 年各地终霜日期及其与现代气象记录的对比

	山西襄垣	浙江鄞县
现代平均终霜日期（1951～2000 年）	4 月 14 日	3 月 24 日
现代最晚终霜日期（1951～2000 年）	5 月 6 日	4 月 5 日
1691 年终霜日期	6 月 7 日	5 月 1 日
1691 年终霜日期晚于现代平均终霜日期	54 天	38 天
1691 年终霜日期晚于现代最晚终霜日期	32 天	26 天

　　终霜日期的早迟与温度有一定的关联，虽不能简单地仅仅由终霜日期来推算季节的温度值，但终霜日期的推迟毕竟是春冷空气活跃的反映，指示春季寒冷。

5.2.3　气候概况

　　1690/91 年冬季的严寒延续至春季，造成 1691 年的春季低温寒冷。当年冷空气势力强盛，南北方终霜日期推迟，比现代平均终霜日期迟约 30～40 天（详见第 4 章第 7 节）。

　　1691 年自春至夏，华北、西北、黄河中下游广大地区大旱，黄淮地区春大旱、长江下游夏旱。还有广东严重春旱。当年仅江西北部、浙江北部夏初多雨、云南有局地秋雨（参见 4.7.3）。

　　1691 年寒冬之后出现大范围严重干旱，而不是大范围多雨。据笔者对最近 500 年寒冬与其后夏季降水对应关系的统计分析，寒冬之后夏季大范围干旱的年份是很少的，而 1690/91 年寒冬即为此类特例之一。这或许和当年的海温场条件有关，1691 年正位于两次强厄尔尼诺事件之间，相应的赤道中、东太平洋海水温度较冷，虽尚无确证表明有拉尼娜事件发生，但这样的海温场很可能相应有夏季西太平洋副热带高压偏向东北，以致中国东部地区降水偏少，呈现干旱。

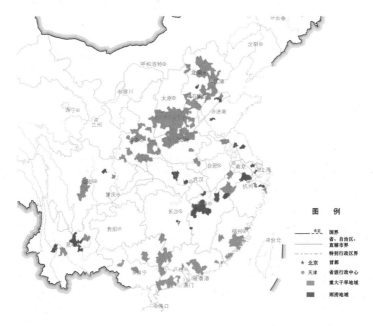

图 5—2—2　1691 年重大干旱（橙色）和雨涝（深蓝色）的地域分布

1691年值得关注的是当年有大范围蝗虫和瘟疫发生。蝗灾遍于河北、山西、陕西、河南、山东等地，而且夏季又有疫病发生，最初是河北"四月瘟疫盛行人多暴死"[①]，继而夏秋山西、陕西、河南、江苏各地多有发生，且以陕西最严重，如关中礼泉"奇荒之后瘟疫盛行"[②]、洋县"民大饥，疫疠横行加护相传"[③]。记载疫病发生的地点主要有：河北永年，山西曲沃，河南正阳、南阳、洛阳、渑池，陕西周至、礼泉、武功、韩城、商县、洛南、洋县和江苏仪征等[5]（图5—2—3）。

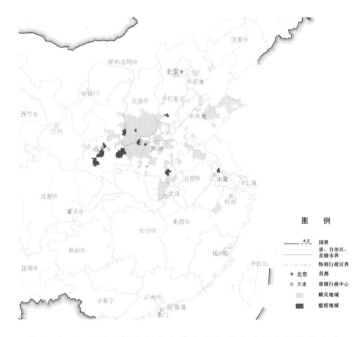

图5—2—3　1691年蝗灾（土黄色）和瘟疫（红色）地域分布

5.2.4　可能的影响因子简况（另详见4.7.4）

（1）太阳活动

1691年位于1689～1698年的太阳活动周内，是该太阳活动极小年后的第2年。记为m+2，该周太阳活动峰年1693年的太阳黑子相对数估计为30，强度为极弱（WWW）。

① 康熙《永年县志》卷十八
② 乾隆《醴泉县续志》卷下
③ 康熙《洋县志》卷一

（2）火山活动

在 1691 年春季以前，1690 年火山活动多，如爪哇 Guntur 火山、墨哥哥 Colima 火山的级别为 3 级的喷发（VEI=3），还有多处规模更大的喷发活动，如班达海的 Banda Api 火山、堪察加的 Koshelev 火山、千岛群岛的 Chikurachki 火山等，这四次喷发指数 VEI 分别为 3↑、3↑、3↑ 和 4，这些喷发活动的火山尘都能达到平流层形成尘幕。另外，还有日本 Oshima 火山的 2 级喷发，喷发的火山灰体量达 $10^7 \, \mathrm{m}^3$。

（3）海温特征

1691 年处于两次强厄尔尼诺事件之间，1687/88 年的厄尔尼诺事件强度为 S+，可信度为 4 级，1692/93 年的厄尔尼诺事件的强度为 S，其可信度为 3 级。1691 年为赤道中、东太平洋海水温度较冷的情形。

5.3　1860 年的春寒

1860 年（清咸丰十年）春季寒潮活动频繁，华北地区大雪严寒 40 天，江淮、江南广大地域普降大雪，终雪日期迟至立夏日（5 月 4 日）之后，是最近 600 年来最晚的终雪日期。这是出现在小冰期第 3 个寒冷阶段的春季寒冷的极端事件。

5.3.1　春寒实况

1860 年春季寒潮冷空气活动频繁。2～3 月山西、河北、山东等地大雪连绵 40 天余。如山西怀仁"春二月雨雪四十日，平地雪深三尺"[①]、寿阳"二月六日（2 月 27 日）雨雪弥月，至三月八日（3 月 29 日）乃晴"[②]，河北获鹿"二月大雪月余"[③]，山东桓台"春大雪，二月初五日阴雪匝月"[④]等。

继后，4～5 月还有两次重大寒潮天气过程，分别是 4 月 2 日—5 日和 5 月 3 日—7 日，致使江淮及其以南广大地区遭受大雪和严寒（图 5—3—1）。缀合多项文献的降雪

---

① 光绪《怀仁县新志》卷一
② 光绪《寿阳县志》卷十三
③ 光绪《获鹿县志》卷五
④ 民国《重修新城县志》卷四

日期记载可见，4月2日—5日的寒潮活动致使江苏、浙江、安徽、江西、湖南普降大雪，首先江西九江"三月十一日（4月2日）大雪"[①]，同日苏州"大雪"[②]，继后浙江黄岩"三月十二日（4月3日）雨雪"[③]、温岭"三月十二日雨霰，十三日（4月4日）大雪，寒甚"[④]、长兴"清明日（4月5日）雨雪"[⑤]。这次降雪的范围北起苏中泰兴，南至湖南南部，衡阳"三月北向雨雪"[⑥]、耒阳"三月雨雪"[⑦]。降雪量颇大，如上海嘉定"三月十三日雪深寸余"[⑧]、江苏江阴"三月大雪盈尺"[⑨]、丹徒"三月十四日（4月5日）清明积雪数寸"[⑩]，安徽无为"雪深二尺余"[⑪]，浙江桐乡"清明节后积雪数寸"[⑫]（图5—3—2）。

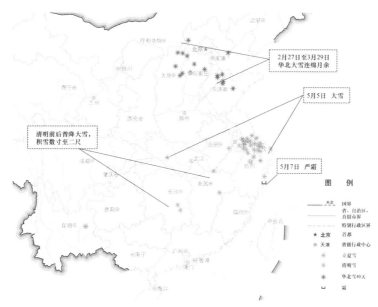

图5—3—1　1860年春季寒冷的历史记录分布

① 同治《湖口县志》卷十
② 同治《苏州府志》卷一百四十三
③ 光绪《黄岩县志》卷三十八
④ 光绪《太平续志》卷十七
⑤ 同治《长兴县志》卷九
⑥ 同治《衡阳县志》卷二
⑦ 光绪《耒阳县志》卷一
⑧ 光绪《嘉定县志》卷五
⑨ 光绪《江阴县志》卷八
⑩ 光绪《丹徒县志》卷五十八
⑪ 光绪《续修庐州府志》卷九十三
⑫ 光绪《石门县志》卷十一

　　另一次强冷空气天气过程于 5 月 3 日—7 日影响了南方地区。该年 5 月 5 日（闰三月十五日）是立夏日，湖北远安"立夏节大雪"[①]，上海松江"立夏日寒如冬令"[②]、嘉定"立夏日寒"[③]，江苏如皋"闰三月十五日立夏雨雪"[④]，而武进则记有"立夏大雪"[⑤]。立夏日降雪的日期线从湖北远安直到苏中如皋（图 5—3—2）。江苏的记载中尚有金坛"闰三月十五先雹后雪，翼日又雹，雨雪兼下"[⑥]、丹阳"闰三月天大雷电，继以雨雪，平地积水数尺"[⑦]等，可见这次冷空气活动引起了"霰"（古人是有可能将"霰"误识为"雹"的）和"雨夹雪"，故推想这是冷空气迅速南下楔入暖气团下方，造成强迫对流抬升而产生的天气现象。伴随这股冷空气继续南下，沿途相继出现霜雪，如浙江慈溪"立夏后大雪"[⑧]，位置更南的黄岩于立夏后 2 日"陨霜"[⑨]。

图 5—3—2　1860 年春季两次重大冷空气前锋的日期线

---

① 同治《远安县志》卷四
② 光绪《松江府续志》卷三十九
③ 光绪《嘉定县志》卷五
④ 同治《如皋县续志》卷十五
⑤ 光绪《武进志余》卷五
⑥ 光绪《金坛县志》卷十五
⑦ 民国《丹阳县志补遗》卷四
⑧ 光绪《慈溪县志》卷五十五
⑨ 光绪《黄岩县志》卷三十八

5.3.2 春寒气候特征值的推断

1860 年春季的寒冷事件中值得注意的是春季终雪、终霜日期的异常推迟。

4 月 2 日—5 日长江下游广大地区出现了持续 3～4 天的降雪，从各地记载来看这并非是偶尔雪花飘飞的情形，如无锡的"连日大雪"[①]，显然是系统性的降雪天气过程。从各地降大雪的日期来看：九江、苏州为 4 月 2 日[②③]，黄岩、温岭为 4 月 3 日[④⑤]。这些显然都是冷空气到达后的急骤降温并降雪，而且是多处地点先后相继降雪，如 4 月 4 日的太仓[⑥]、青浦[⑦]、嘉定[⑧]、温岭[⑨]，4 月 5 日的丹徒[⑩]、丹阳[⑪]等地。这寒潮过程的降雪量不小，如嘉定"雪深寸许"[⑫]，丹徒"积雪数寸"[⑬]，江阴甚至"大雪盈尺"[⑭]。这表明冷气团十分深厚强盛，在其控制之下寒冷天气持续多日，显然会导致这些地区 4 月的平均气温偏低，至少 4 月上旬的平均气温偏低。

1860 年 5 月 5 日—7 日长江中下游和钱塘江流域再次普降大雪，这明显晚于现代的最晚终雪日期（表 5—3—1）。1860 年立夏为 5 月 5 日，这立夏日和立夏日后的降雪，比现代平均终雪日期更迟 58～65 天，比现代极端最晚终雪日期更迟 11～32 天。5 月 7 日浙江黄岩降霜，这比黄岩现代极端最晚终霜日期更迟 33 天。尽管并不能简单地由这种终雪日期、终霜日期较现代记录推迟多少天来推算月平均气温降低了多少度，但这推迟无疑会导致 5 月上旬的气温异常偏低，而且江南地区夏至日及夏至日后的降雪、降霜事件，确是最近 600 年内所仅见的。

---

① 民国《锡金续识小录》卷一
② 同治《湖口县志》卷十
③ 同治《苏州府志》卷一百四十三
④ 光绪《黄岩县志》卷三十八
⑤ 光绪《太平续志》卷十七
⑥ 光绪《太仓直隶州志》卷三
⑦ 光绪《青浦县志》卷二十九
⑧ 光绪《嘉定县志》卷五
⑨ 光绪《太平续志》卷十七
⑩ 光绪《丹徒县志》卷五十八
⑪ 民国《丹阳县志补遗》卷四
⑫ 光绪《嘉定县志》卷五
⑬ 光绪《丹徒县志》卷五十八
⑭ 光绪《江阴县志》卷八

表5—3—1　1860年各地终雪日期及其与现代气象记录的对比

	钟祥	苏州	上海	慈溪
现代平均终雪日期 （1951～2000年）	2月6日	3月6日	3月1日	3月5日
现代最晚终雪日期 （1951～2000年）	4月11日 （1987年）	4月13日 （1980年）	4月24日 （1980年）	4月13日 （1991年）
1860年终雪日期	5月5日	5月5日	5月5日	5月6日
1860年终霜日期 比现代平均日期推迟（天）	89	60	65	62
1860年终霜日期 比现代最晚日期推迟（天）	24	22	11	23

5.3.3　气候概况

1860年的晚冬和春季寒冷，春、夏季大范围多雨，但夏初华北、浙江和广东、广西等有局地干旱。

夏季长江上、中游广大地区持续多雨，黄河中、下游多雨，夏秋黄淮、江淮多雨（图5—3—3）。春季，雨区久驻湖南，邵阳等地"三月、闰三月、四月阴雨六十余日"[①]，

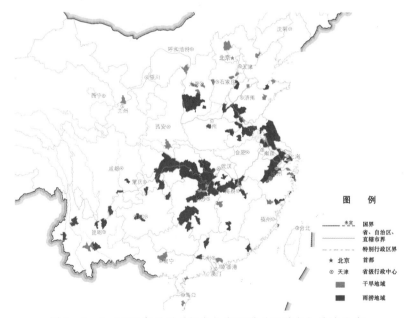

图5—3—3　1860年干旱（橙色）和雨涝（深蓝色）地域分布

---

① 光绪《邵阳县志》卷十

继而长江上、中游成为主要的雨区：重庆"五月、六月久雨、江水泛涨"[①]，湖北宜昌等地"夏五月大雨如注，连日夜不绝"[②]、监利"夏六月初五、六两日，江水骤涨丈余"[③]，"七月霪雨，汉川苦渍淹"[④]。黄淮、江淮地区是另一夏季多雨地带，苏北沛县"六月大雨"[⑤]、淮阴"夏大雨水"[⑥]、淮北蒙城"六月大雨"[⑦]。黄河中、下游的多雨区分别在山西和山东境内，主要是六月中旬的大暴雨。

5.3.4　可能的影响因子简况

（1）太阳活动

1860 年位于第 10 太阳活动周内，是该周的太阳活动峰年（M），年平均太阳黑子数为 95.7 ，强度为中强（MS）。

（2）火山活动

在 1860 年春季之前，全球重大火山活动并不多，记录的仅有 1859 年 9 月 27 日千岛群岛的 Ebeko 火山喷发，喷发级别为 3 级（VEI=3），其他的火山活动都较弱，喷发级别仅 1 级、2 级。

（3）海温特征

1860 年为厄尔尼诺年，强度为中等（M），赤道东太平洋海水温度处于暖位相。

5.4　1661 年的夏季低温

1661 年（清顺治十八年）夏季中国东部冷空气强盛且活动频繁，湖南、江苏、福建、广东多次强烈降温，甚至盛夏时节出现霜雪。发生夏寒的地区同时有严重干旱。这是发生在小冰期第 2 个寒冷阶段的夏季低温极端事例。

---

① 道光《綦江县志》卷十
② 同治《续修东湖县志》卷二
③ 同治《监利县志》卷十一
④ 同治《汉川县志》卷十四
⑤ 民国《沛县志》卷二
⑥ 光绪《清河县志》卷二十六
⑦ 同治《蒙城县志》卷二

5.4.1　夏季低温实况

1661 年从初夏到初秋，中国东部冷空气活动强势且频繁，以致南方地区多次发生异常的霜雪寒冷现象，如湖南沅陵"四月雪，孟秋又雪"[①]，福建福州"五月二十七日（6 月 23 日）屋瓦有霜"[②]，江苏宜兴"六月初三（6 月 28 日）夜雨雪"[③]，江苏太仓"七月初六日（7 月 31 日）忽极寒，有霜并飞雪"[④]等。各地记录的异常的霜雪寒冷现象分别出现于 6 月 23 日、6 月 26 日—29 日和 7 月 31 日前后，历史记述为"不雨而寒"，可见这些霜雪寒冷现象发生时并无降雨天气过程，故如此异常寒冷事件当发生于干冷气团控制之下。这些异常夏寒记录的地点分布如图 5—4—1 所示。

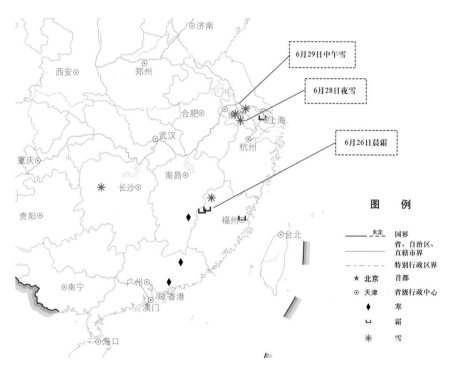

图 5—4—1　1661 年夏季异常寒冷的记录地点和 6 月 26 日—29 日的霜、雪发生日期

---

① 乾隆《辰州府志》卷六

② 清·海外散人《榕城记闻》

③ 嘉庆《增修宜兴县旧志》卷末

④ 道光《璜泾志稿》卷七

其中重要的降温过程发生在 6 月 26 日—29 日，江苏、福建及广东先后出现罕见的强降温和霜雪寒冷现象。除上述者外，相关的记录还有：福建邵武"六月初一日（6月 26 日）骤寒霜降，苎叶尽白；初四日（6 月 29 日）雨雪"[①]，江苏宜兴"夏六月初三（6 月 28 日）夜，雨雪"[②]、金坛"六月初四日（6 月 29 日）甚寒，未时雪"[③]、江阴"六月，日中飞雪"[④]，以及福建泰宁"六月内，不雨而寒，陨霜杀蔬"[⑤]、建宁"六月西南乡阴霜如雪"[⑥]和广东惠阳、龙川"六月大寒"[⑦⑧]等。缀合各地霜雪的发生时间可见，最先是福州（6 月 23 日）降霜，然后是邵武（6 月 26 日）等地降霜，最后是江苏宜兴（6 月 28 日）、金坛（6 月 29 日）降温和降雪。这霜雪现象是自南而北的，不同于通常霜雪现象自北而南随冷空气南下而递次发生。笔者推想这可能是少见的夏季"冷涌"天气过程所致。冷涌发生在对流层下部，低层的冷涌和高空急流向南伸展，遭遇南方的暖气团，首先在偏南的地带产生强对流天气，在冷空气堆占据的地方率先急剧降温，甚至出现降霜（如此例的福建邵武），然后随着强盛的暖气团向北推进，可能在更北的地带出现降雪（如此例的江苏宜兴、金坛）。结果就是由南而北先后出现了霜雪。这和通常冷气团南下时，霜雪现象自北而南先后出现的情形相反。

史料记载还显示，在降温发生之前曾有气温明显升高，异常炎热，如江苏太仓"天极热。七月初六日（7 月 31 日）忽极寒"[⑨]等，这显然是冷气团到来之前，在暖气团控制下的异常暖热。

5.4.2　夏寒气候特征值的推断

1661 年夏季低温事件中值得关注的是降温前后气温的巨大变化。

试采用现代气象记录的旬气温均值、旬最高气温均值和极端最高气温值来估算 1661 年 6 月下旬寒冷事件前后气温的变幅：

---

① 乾隆《福建通志》卷六十五
② 道光《璜泾志稿》卷七
③ 光绪《金坛县志》卷十五
④ 道光《江阴县志》卷八
⑤ 康熙《泰宁县志》卷三
⑥ 康熙《建宁县志》卷十二
⑦ 光绪《惠州府志》卷十七
⑧ 乾隆《龙川县志》卷一
⑨ 道光《璜泾志稿》卷七

据记载，江苏、福建多地 1661 年 6 月下旬在降温事件之前出现异常温暖，故将降温前 1 日的日最高气温借用当地的现代日最高气温平均值来表示，如福州现代（1961～1990年）6 月下旬的日最高气温平均为 31.7℃（极端最高气温为 38.0℃），故拟将福州 1661 年 6 月 26 日（降温前）的日最高气温估计为 32℃，邵武的估计为 31℃（表 5—4—1），而降温后的日最低气温值则权且按成霜的温度条件即≤2℃来估算。

估计 1661 年 6 月下旬降霜记录地点福州、邵武降温前后的气温差约为 29～30℃（表 5—4—1），这两地最低温度则比现代 6 月下旬极端最低气温记录更低 15～16℃。至于江苏宜兴、金坛等地的降雪记载，尚不能用于推断降雪时的地面气温值，但宜兴、金坛现代却未出现过 6 月降雪，所以可推知其当日的最低气温应当更低于现代的极端最低值，表中也列出其现代气温记录以供参照对比。

表 5—4—1　1661 年 6 月下旬寒冷事件的气温估计

		福州	邵武	金坛	宜兴
现代（1961～1990 年）6 月下旬	平均气温	27.1	26.1	25.2	25.4
	平均最高气温	31.7	31.4	28.2	28.5
	极端最高气温	38.0	37.0	36.5	37.3
	极端最低气温	18.0	17.0	13.4	12.9
1661 年 6 月下旬估计值	降温前 1 日最高气温	32	31	28	29
	降温当日最低气温	2	2	<13	<13
	降温前后气温差	30	29	>15	>16
	降温当日最低气温与现代极端最低气温之差	−16	−15	—	—

另一点值得注意的是，在这些夏季的强降温过程中并无降雨发生，故认为这强降温应当是在干冷气团的控制下发生的。

5.4.3　气候概况

1661 年冷空气十分活跃。暮春时节，陕西等地遭受严重霜害，如陕西"春三月阴霜害稼"[①]。入夏后湖南、江苏、福建、广东各地先后蒙受强劲的冷空气侵袭造成夏季

---

① 康熙《凤翔县志》卷十

低温、冷害。但西部地区却有局地的夏季高温，如山西永济、芮城等地"六月旱，极热，人有渴死"[1]，可见该年夏季强冷空气路径偏东。

1661 年中国呈现北旱南涝格局。干旱少雨区范围广大，遍及河北、山西、陕西、河南、安徽和山东、江苏、浙江、湖北部分地区。干旱中心地带为黄河中游、淮河流域和长江下游地区。其旱情十分严重，如河南泌阳"数月不雨，八月颗粒无收"[2]，湖北枣阳"自四月不雨至秋八月，赤地千里，民无颗粒"[3]，安徽萧县"秋大旱，赤地百里，粟粒无收"[4]，上海"夏秋大旱，五月至七月，秋无禾"[5]"自六月初至闰七月中，仅得小雨偶洒，约计十旬亢旱，禾苗枯槁、川渠俱涸，人行河底往来便于平陆"[6]，浙江宁波、嘉兴各府酷旱[7][8]，台州"自五月至十月不雨，民无食"[9]。当年仅江西北部地

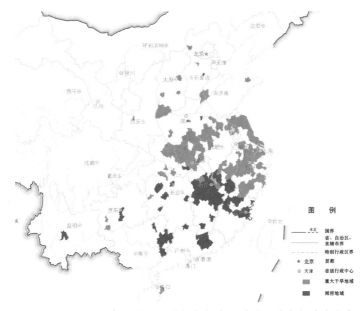

图 5—4—2 1661 年重大干旱（橙色）和雨涝（深蓝色）地域分布

① 光绪《永济县志》卷二十三
② 康熙《泌阳县志》卷一
③ 乾隆《枣阳县志》卷十七
④ 顺治《萧县志》卷五
⑤ 乾隆《嘉定县志》卷三
⑥ 清·叶梦珠《阅世编》卷一
⑦ 康熙《宁波府志》卷三十
⑧ 康熙《秀水县志》卷七
⑨ 康熙二十二年《台州府志》卷十四

区夏季多雨，如江西广信府（上饶）"夏五月至六月久雨霪潦"[①]，夏初福建、广东有局地雨水为害，如福建松溪"四月大水漂没民居"[②]，广东龙川"五月大水浸溢县城"[③]、五华"淫雨城崩"[④]等。

值得注意的是，1661 年夏季低温出现时，这些地区正值干旱少雨区，表明低温是干冷气团所致而非持续降雨之故，这情形和 1755 年、1823 年的冷夏出现在夏季大范围多雨区不同。

5.4.4　可能的外界影响因子简述

（1）太阳活动

1661 年位于 1655～1665 年的太阳活动周内，是该周的太阳活动峰值年的次年，记为 M+1，该周正处于太阳活动低值阶段，其峰年 1660 年的太阳黑子相对数估计为 50，强度为很弱（WW）。

（2）火山活动

1661 年之前，全球火山活动多，西太平洋岛屿和欧洲、南美洲有重大火山活动。1660 年最引人注目的是太平洋岛屿新几内亚 Long Isl 火山极其强烈的喷发，喷发级别是罕见的 6 级（VEI=6），且其火山喷发物的体量极其巨大，达 10^{10} m³，喷出的火山尘能突破对流层顶进入平流层，形成环球的火山尘幕并长时间维持。1660 年 2 月印尼班达海 Teon 火山的 4 级喷发，喷出的火山灰体量达 10^8 m³。另外，还有印尼小異他群岛 Lewotolo 火山喷发（VEI=3↑）、智利 Planchon-Peteroa 火山喷发（VEI=3↑），和 7 月 3 日意大利 Vesuvius 火山的喷发（VEI=3）等。日本有多处火山喷发，大多为 2 级，且持续至 1661 年。

有趣的是，在中国的历史文献中竟然可以找到这其间的许多疑似火山尘降落的记载，如福建建瓯 1661 年"四月雨黑子十余日，焚之有琉璜气，郡城内外数十

---

① 康熙二十二年《广信府志》卷一
② 康熙《松溪县志》卷一
③ 乾隆《龙川县志》卷一
④ 道光《长乐县志》卷五

里皆然"①，邵武"四月雨黑子十余日，焚之有硫磺气。五月，雨黑子如稗实"②等。建宁"五月，每日将夕，满空赤色，虽雨亦然"③。这些都疑似火山尘幕的光学效应。此处仅列举出这样一些可能彼此有联系的事实，至于火山活动对气候异常的影响机制和物理过程等问题，将由另外的专题进行探讨。

（3）海温特征

1660 年有强厄尔尼诺事件发生，其可信程度为 3 级。1661 年是厄尔尼诺年的次年，即非厄尔尼诺年，对应于赤道东太平洋海温开始下降的阶段。

5.5　1755 年的夏季低温

1755 年（清乾隆廿年）夏季低温寒凉，长江中、下游地区六月天气"寒冷如冬"，夏末秋初各地霜冻早发生。这是出现在小冰期相对温暖时段的冷夏和秋季寒冷的实例。

5.5.1　夏秋低温实况

1755 年夏季长江中下游地区伴有持续阴雨同时低温寒凉。长江中游的湖北仙桃"自春徂夏阴雨近二百日。六月著绵，不闻蝉鸣"④，同时长江下游上海一带记载"六月天气如冬"⑤，安徽望江、贵池等沿长江地带"七月大寒可服裘"⑥⑦。北方地区频受冷空气活动侵袭，8 月 21 日（七月十四日）有强冷锋过境，山西长治⑧、长子等地"大

---

① 康熙《建安县志》卷十
② 乾隆《福建通志》卷六十五
③ 康熙《建宁县志》卷十二
④ 光绪《沔阳州志》卷一
⑤ 乾隆《华亭县志》卷十六
⑥ 乾隆《望江县志》卷三
⑦ 乾隆《池州府志》卷二十
⑧ 乾隆《潞安府志》卷十一

风发屋拔木"[1]，引起急剧降温，甘肃合水[2]、山西岢岚[3]、河北涞源[4]等地即出现早霜，表明夏末秋初时节之低温寒冷。

秋季冷空气十分强势，南方的初霜日期异常提前，江苏江阴"八月寒霜早降"[5]、无锡"九月初旬霜早降，大风禾尽死"[6]。夏、秋的低温兼多雨天气导致农作物生长不良、虫害多发生。安徽池州府"虫生伤稼"[7]，上海松江"秋蟓生。五谷木棉皆不熟"[8]，长江中下游"秋霜早降，田尽无收，大江南北七十二县悉告灾"[9]。

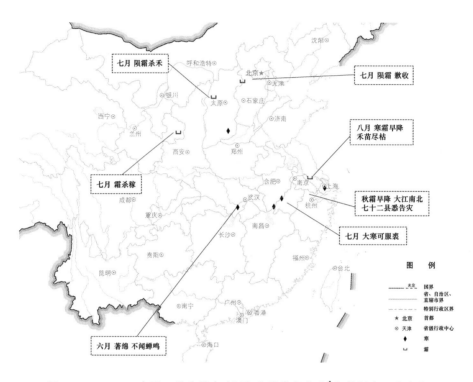

图 5—5—1 1755 年夏、秋季霜冻（凵）和异常寒冷（◆）的历史记录分布

---

① 光绪《长子县志》卷十二
② 乾隆《新修庆阳府志》卷三十七
③ 光绪《岢岚州志》卷十
④ 光绪《广昌县志》卷十一
⑤ 道光《江阴县志》卷八
⑥ 乾隆《锡金识小录》卷二
⑦ 乾隆《池州府志》卷二十
⑧ 乾隆《华亭县志》卷十六
⑨ 乾隆《番禺县志》卷十五

5.5.2　夏秋低温气候特征值的推断

（1）夏季低温特征值的推断

1755 年长江中下游地区夏季寒冷景况有"六月不闻蝉鸣"的记述，按 1755 年农历六月即公历 7 月 9 日—8 月 7 日，正是盛夏蝉鸣时节，何以不闻蝉鸣呢？蝉鸣与温度是否有关系，又可否据此作出温度推断呢？据知，现已有多项关于蝉（Cicadidae，昆虫纲半翅目颈喙亚目蝉科）生活习性的研究表明"蝉鸣与天气情况存在明显的相互关联""对美国的 2 种 17 年蝉的观察发现，当蝉体温过热时，会从背板（tergum）排出多余的水分，进而达到冷却及散热的效果"[*]。研究指出"蝉鸣的强度受到环境因素影响，鸣叫的概率随气温和光照增加而上升。雌性个体基本在气温高于 22 度的晴天才鸣叫。环境温度低于 20 度时，蝉基本不能生存"，蝉鸣声音强度与气象因子间的关系大致是："低于 80℉（26.7℃）时蝉鸣声强度下降很快，而在 70℉（21.1℃）以下，则几乎检测不到蝉鸣。"[66] 笔者被告知："蝉有种间差别但相差不大，可将北美的研究作为中国蝉鸣对气温的佐证和参考"[**]。据国外研究资料，可以看到气温对蝉鸣的影响大致在 20～22℃左右，低于 22℃。查现代气象记录，湖北仙桃 7 月的日最高温度值平均（1959～2000 年）为 32.3 ℃，最低记录是 21.9℃（1986 年 7 月 4 日），次低值是 22.6℃（1993 年 7 月 3 日）。显然 1755 年 7 月的日最高气温不仅低于 32.3℃，甚至更应低于 21.9℃。推断仙桃 1755 年 7 月的日最高气温不足 22℃，试想在接连多日最高气温低于 22℃的夏日穿着棉衣就不足为奇了，且这景象和史料所记的"六月著绵"相符。

（2）秋季初霜日期的推断

初霜日期的异常提前是 1755 年的另一气候特征，表明夏、秋冷空气十分活跃。8 月 20 日—21 日（七月十四日）当强冷空气自北南下时，甘肃、山西、河北（合水、岢岚、涞源等地）8 月 21 日即出现早霜，比现代最早的初霜日期都早，分别比合水、岢岚、涞源三地的现代最早初霜日期提前 10～25 天不等。南方的江苏江阴"八月寒霜早降"[①]，若以寒霜发生在八月中旬（9 月 23 日前后）来估算，这初霜日期比现代最早初霜日期 10 月 22 日提前约 1 个月（表 5—5—1）。

---

*、** 引自中国科学院动物研究所许磊博士给笔者的信（2014 年 8 月 15 日、2014 年 8 月 22 日）。

① 道光《江阴县志》卷八

表5—5—1　1755年秋季各地异常早霜日期与现代气象记录的对比

	合水	岢岚	涞源	江阴
现代平均初霜日期	平均11月25日	11月15日	11月18日	11月13日
现代最早初霜日期	最早9月3日 （1972年）	8月29日 （1979年）	9月10日 （1967年）	10月22日 （1979年）
1755年初霜日期	8月21日	8月21日	8月21日	约9月23日
1755年初霜日期较现代最早提前天数	13天	8天	20天	29天

5.5.3　气候概况

1755年夏季气温偏低，尤其长江中下游地区持续低温，秋季冷空气活跃，初霜提前。

1755年是中国东部地区大范围持续多雨的典型年份（详见本书2.4.2、2.4.3），夏季低温与持续多雨、寡日照相伴出现。江淮地区自春至秋持续多雨，长江流域有早梅雨，而正常梅雨期持续时间长且结束很迟，是18世纪雨量最多、雨期最长的丰梅年份[33]。该年西北甘肃、西南贵州有局地干旱①②，华南之广东和广西春、秋季皆有旱情③④。

1755年位于小冰期的温暖时段[22]，这是春、夏、秋持续大范围久雨且伴有夏秋低温的典型年份。

5.5.4　可能的外界影响因子简述

（1）太阳活动

1755年位于太阳活动周第1周（1755—1766年），是该活动周的极小年m，其太阳黑子相对数仅9.6。该活动周的峰年1761年的平均太阳黑子相对数为85.9，强度中等（M）。

---

① 道光《镇原县志》卷七
② 乾隆《毕节县志》卷八
③ 乾隆《怀集县志》卷十
④ 乾隆《梧州府志》卷二十四

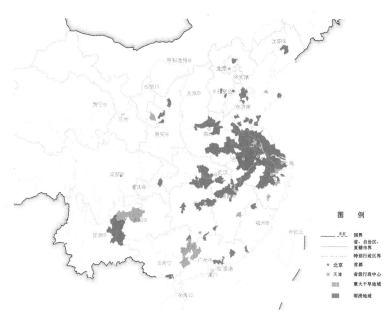

图 5—5—2　1755 年重大干旱（橙色）和雨涝（深蓝色）地域分布

（2）火山活动

1755 年及其前 1 年均有重要火山喷发记录。1755 年的 3 月 9 日意大利 Etna 火山 3 级喷发（VEI=3），秋季 10 月 17 日冰岛 Katla 火山爆发，喷发级别为 4 级（VEI=4），且喷发物体量很大，达 10^8 m³。在此之前 1754 年菲律宾 Taal 火山在 5 月 15 日和 11 月 28 日先后两度喷发，级别均为 4 级（VEI=4），喷出的火山灰体量很大，皆达 10^8m³。至于这些火山喷发活动与 1755 年中国的大范围多雨以及夏秋季的低温是否有关联的问题，待另作研讨。

（3）海温特征

1755～1756 年，有中等强度（M+）的厄尔尼诺事件发生，其可信度为 3 级。1755 年正当厄尔尼诺年，对应于赤道东太平洋海温的暖位相。

5.6　1832 年的夏季低温

1832 年（清道光十二年）夏季气温偏低。四月河北、山东严重霜冻，五月太湖流域持续低温寒冷，盛夏时节山西、河北、山东多地异常阴霜，初秋冷气团活动强劲，东北、华北至华南广大地域的初霜日期异常提前。该年中国华北和江南地区夏季干旱严重，异常的低温出现在干旱少雨区而不是持续多雨地带。这是发生在小冰期第 3 个寒冷阶段的典型冷夏。

5.6.1 夏季低温实况

1832 年夏季冷空气强盛且活动频繁，史籍中初夏强冷空气活动的记载甚多。当强冷空气南下时，途经之河北、山东各地皆出现严重霜冻，如河北卢龙"四月戊寅（5 月 1 日）霜大冻，大风数日"[①]、滦县"四月戊寅阴霜成冻"[②]，山东诸城"夏四月戊寅霜伤麦禾"[③]、胶县"四月初一日阴霜、微冰，损麦"[④]、掖县"四月初一日夜大寒麦苗冻伤"[⑤]、高密"夏阴霜伤麦禾"[⑥]。

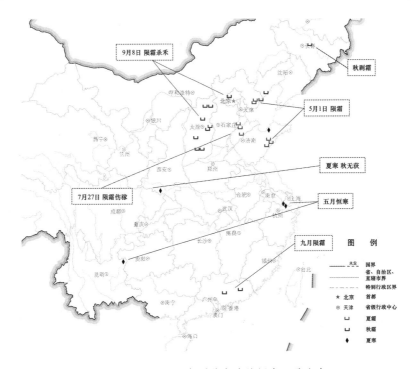

图 5—6—1 1832 年夏秋寒冷的历史记录分布

① 光绪《永平府志》卷三十一
② 光绪《滦州志》卷九
③ 道光《诸城县续志》卷一
④ 道光《重修胶州志》卷三十五
⑤ 道光《再续掖县志》卷三
⑥ 光绪《高密县志》卷十

盛夏五月太湖流域寒冷，记载有嘉善、平湖等地农历五月"恒寒"①②，西南边陲的云南宣威等地"五月寒，禾稼不茂谷半稔"③。

七月的一场强冷空气南袭，致使山西、河北广大地域出现严霜冻害。河北泊头"七月初一日（7月27日）陨霜伤稼"④，山西盂县"七月霜冻杀禾"⑤，山东临邑、宁津等地皆记有"七月初一日陨霜伤稼"⑥⑦。同样的夏季低温也出现在秦巴山区，以致农作物失收，陕西镇巴即记载"夏寒，秋无获"⑧。

1832年秋季仍低温且冷空气强劲。值得提到的是北京延庆和山西寿阳于八月十四日（9月8日）同日发生"陨霜"⑨⑩，吉林、辽宁乃至河北、山西许多地方皆记载有"秋遭霜，无获"⑪、"秋霜杀禾蔬"⑫、"秋霜杀禾"⑬等，以及山西浑源、原平、怀仁、汾阳、定襄、古县、安泽等地的"秋陨霜杀谷"⑭⑮⑯⑰⑱⑲等，这些很可能是同一场强冷空气活动所致。此外，华南竟然也秋季见霜，广东五华、兴宁、龙门等地"秋陨霜杀稻"⑳、"九月陨霜"㉑，更表明秋季冷气团的强劲，直达南岭及以南地区。

---

① 光绪《重修嘉善县志》卷三十四
② 光绪《平湖县志》卷二十五
③ 道光《宣威州志》卷五
④ 民国《交河县志》卷十
⑤ 光绪《盂县志》卷五
⑥ 光绪《德平县志》卷十
⑦ 光绪《宁津县志》卷十一
⑧ 光绪《定远厅志》卷二十四
⑨ 光绪《延庆州志》卷十二
⑩ 光绪《寿阳县志》卷十三
⑪ 民国《永吉县志》卷三十八
⑫ 民国《绥中县志》卷一
⑬ 光绪《临榆县志》卷九
⑭ 光绪《浑源州续志》卷二
⑮ 光绪《续修崞县志》志余
⑯ 光绪《怀仁县新志》卷一
⑰ 道光《汾阳县志》卷十
⑱ 民国《新修岳阳县志》卷十四
⑲ 民国《重修安泽县志》卷十四
⑳ 道光《长乐县志》卷七
㉑ 咸丰《兴宁县志》卷四

5.6.2　夏季低温的气候特征值

1832 年夏季以冷空气活动异常强盛为特征。初（终）霜日期的异常提前（推迟）为历史记录所罕见。以河北泊头和山东临邑、宁津等地的 7 月 27 日"陨霜"记录而论，这些地点的现代平均初霜日期为 10 月下旬，而极端最早初霜日期也仅为 10 月上旬（表5—6—1），1832 年盛夏的 7 月 27 日华北广大地域出现霜冻，显然是极其异常的了。

表 5—6—1　1832 年初霜日期与现代气象记录的对比

	河北 泊头	山东 临邑	山东 宁津	山西 盂县
现代平均早霜日期	10 月 23 日	10 月 20 日	10 月 20 日	10 月 6 日
现代最早早霜日期	10 月 5 日（1992 年）	10 月 2 日（1967 年）	10 月 9 日（1974 年）	9 月 15 日（1974 年）
1832 年初霜日期	7 月 27 日	7 月 27 日	7 月 27 日	7 月 27 日
1832 年初霜日期早于现代平均	88（天）	85（天）	85（天）	71（天）
1832 年初霜日期早于现代最早	70（天）	67（天）	74（天）	50（天）

1832 年的终霜日期较晚，山东胶县、掖县、诸城等地记为 5 月 1 日，这晚于现代（1951～2000 年）山东各地的平均终霜日期 4 月上、中旬，也晚于胶县的极端最晚终霜日期 4 月 26 日。

5.6.3　气候概况

1832 年气温异常，春、夏、秋中国东部地区气温偏低，冷空气势力强劲、霜冻频现，华北终霜日期推迟至初夏、山东初霜日期提前至盛夏，深秋九月南岭以南地区繁霜为害。

1832 年夏季，黄河中游、长江上中游、黄淮地区多雨，华北、长江下游和江南、华南干旱。值得注意的是，该年许多地方的夏季寒冷记录发生于严重干旱地域，而不是在持续多雨地带，仅陕西镇巴、紫阳一带例外，其"夏寒"伴有"阴雨月余"[①]。这表明 1832 年的夏季低温是北方的冷气团势力强盛所致，而不是由于久雨缺少日照。苏州记载"自夏徂秋，恒风不雨"[②]，正好表明冷气团强劲而干冷的特性。由于当年夏季雨带没有适时地向北推移，以致华北雨季推迟，37°N 以北的山东地方"大旱，七月十一日（8 月 6 日）乃雨"[③]，河北各地"大旱，七月十五（8 月 10 日）始雨"[④]。据北京《晴雨录》研究[34]，1832 年北京 6 月、7 月雨量分别为 15.2 mm 和 22.2 mm，仅为多年平均雨量的 20% 和 14%，表明北京初夏、盛夏出现低温时正值干旱少雨。

总之，1832 年由于冷气团的异常强盛造成中国大范围夏、秋季异常寒冷，也正是由于该年夏季冷气团的异常强盛和副热带高压势力偏弱，以致中国北方夏季严重干旱。

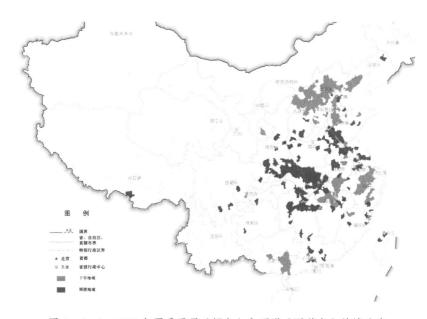

图 5—6—2　1832 年夏季干旱（橙色）和雨涝（深蓝色）地域分布

---

① 光绪《定远厅志》卷二十四
② 宣统《吴长元三县合志初编》
③ 民国《庆云县志》卷三
④ 光绪《保定府志稿》卷三

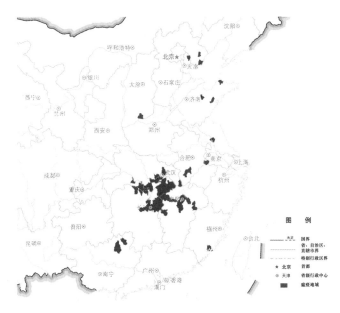

图 5—6—3　1832 年瘟疫地域分布

值得提到的是 1832 年许多地方发生了瘟疫，尤以长江中游的湖北、湖南、江西为重，大致是"自辛卯（1831 年）冬始，至是年（1832 年）秋止"[1]。这瘟疫可能与饥荒有关，传染性强，史载"春夏大饥，疫疠传染，道路相籍，苟延者食肉立起，食梨亦愈"[2]，"以饿受疫者十损其七，有举家尽殁者，有合家受疫而损"[3]。至于这瘟疫是否与气候异常有关，尚待另作研讨。

5.6.4　可能的影响因子简况

（1）太阳活动

1832 年位于第 7 太阳活动周（1823～1833 年）内，是太阳活动极小年 1833 年的前 1 年，记为 m–1。该活动周的峰年是 1829 年，其太阳黑子相对数为 67，强度中弱（WM）。

（2）火山活动

1832 年 2 月堪察加 Gorely 火山和 8 月爪哇 Gede 火山喷发，级别皆为 3 级（VEI=3），

---

① 同治《咸宁县志》卷十五
② 光绪《黄梅县志》卷三十七
③ 道光《汉川县志》卷十四

但前者喷出的火山灰较多，达 $10^7 m^3$。而在此之前则有若干较大的喷发活动，1831 年有菲律宾 Babuyan Claro 火山的 4 级喷发（VEI=4），和 7 月意大利 Campi Flegrei Mar Sicilia 火山的 3 级喷发（VEI=3），这两次喷发活动的火山灰喷出量都很大，均超过 $10^8 m^3$，这些火山喷发物可能进入平流层，在大气层中悬浮更长时间，甚至可达 2 年以上。显然，如此活跃的火山活动背景对气候的影响是值得另作专门研究的。更有趣的是，在中国的历史文献中有许多关于 1832 年出现异常的大气光象、日色青绿的记载，记录的地点大致在 25～39°N 地带，如湖南湘阴"五月，日色照窗壁皆绿，凡十余日"[①]、浏阳"六月，日色青碧"[②]，云南陆良"七月十四、十五日色碧"[③]，四川荣昌县"七月十四日，天色晴明，日不射目，其光照下，皆成绿色，八月十四日又如此"[④]。这些现象的观察日期分别是公历 8 月 9 日、10 日和 9 月 9 日，至于这些日色异常现象与火山尘云的关联尚待进一步确证。

（3）海温特征

1832 年是厄尔尼诺年，有中等强度（M+）的厄尔尼诺事件发生，其可信度很高，为 5 级，对应于赤道中、东太平洋海温的暖位相。

---

① 光绪《湘阴县图志》卷二十九
② 同治《浏阳县志》卷十四
③ 道光《陆良州志》卷八
④ 同治《荣昌县志》卷十九

6 历史暖冬和炎夏极端气候事件

异常温暖的冬季称"暖冬"，历史上时有发生，史籍中通常记载为"冬燠""冬暖""冬无冰（北方地区）"等，如公元前 725 年（春秋鲁惠公四十四年）"不雨雪"[①]，公元前 117 年（西汉元狩六年）"（冬）雨水亡冰"[②]，公元前 86 年（西汉始元元年）"冬无冰"[③]，公元 61 年（东汉永平四年）"京师冬无宿雪"[④]，428 年（南北朝元嘉五年）"秋无严霜、冬无积雪"[⑤]，822 年（唐长庆二年）"冬十月频雪，其后恒燠，水不冰冻，草木萌发如正二月之后"[⑥]，991 年（北宋淳化二年）"冬京师无冰"[⑦]，1170 年（南宋乾道六年）"冬温无雪冰"[⑧]，1200 年（南宋庆元六年）"冬燠无雪，桃李华、虫不蛰"[⑨]、1213 年（南宋嘉定六年）"冬燠而雷，无冰，虫不蛰"[⑩]，1350 年（元至正十年）"冬温，霹雳暴雨时行"[⑪]等。暖冬伴有的物候反常现象，如冬季起蛰、蛙鸣、桃李华、催耕鸟啼、杨柳反青等是温暖事实的很好的佐证，至于史书中多见的冬季桃李开花的单项记载，如 816 年（唐元和十一年）"十二月雷，桃李俱花"[⑫]、1357 年（元至正十七年）"十一月汾州桃杏花"[⑬]等，由于不能证明确系温暖所致，故一般不据以

---

① 《太平御览·咎征部》卷八百七十九，引古本《竹书纪年》
② 《汉书·武帝纪》
③ 《汉书·昭帝纪》
④ 《后汉书·明帝纪》
⑤ 《宋书·王弘传》
⑥ 《旧唐书·穆宗纪》
⑦ 《宋史·五行志》二
⑧ 《宋史·五行志》二
⑨ 《宋史·五行志》二
⑩ 《宋史·五行志》二
⑪ 明·叶子奇《草木子》
⑫ 《旧唐书·五行志》
⑬ 《元史·五行志》二

判别暖冬。此外还有一些短时的异常温暖确属罕见，如 1739 年（清乾隆四年）安徽、江西多处地方记有"除夕炎暑如暑"[①]"除夕酷热如盛夏，人不能任衣，摇扇挥汗，农工多浴溪涧中"[②]"除夕大热，人衣单挥扇，五更严寒大风雪"[③]。不过这异常的温暖仅1~2 天而已，显然是冷锋面前方的暖气团控制所致，冷气团移来便立即转寒，所以这些并不代表冬季的温暖，只是罕见天气而已。本章挑选的研究个例是大范围的事件，其温暖记录须覆盖四个省份以上。暖冬事件不仅出现在气候相对温暖的时段，也可以在寒冷时段发生，最值得注意的是还可能在最严峻的寒冬之前后发生，如 1669/70 年冬季的极端温暖就出现在最寒冷的 1670/71 年冬季之前，这是暖冬与寒冬相连发生的典型案例，也足见那时段的温度变化幅度之大。

表 6—0—1　6 例历史暖冬和炎夏极端事件简况

	年份	温度特点	降水分布格局	背景条件		
				太阳活动周期相/峰年强度	重大火山活动	厄尔尼诺年是/非
暖冬	1616 年明万历四十四年	冬季华北、陕西、安徽异常温暖	北方干旱，江南、华南多雨	M+1/中	无	非
	1669 年清康熙八年	冬季华北、长江流域和江南异常温暖，夏季华东有局地高温，秋季偏暖	黄淮、江淮、长江流域多雨	M+2/弱	有	非
炎夏并暖冬	1636 年明崇祯九年	夏季北方和长江下游高温炎热；冬季北方暖冬、南方寒冬	华北、华南干旱，淮河流域多雨	m+1/中弱	有	非
炎夏	1671 年清康熙十年	夏季华北、江淮和长江中下游高温炎热。北方春、秋季气温偏低	华北、长江中下游地区严重干旱	M−2/弱	有	是
	1743 年清乾隆八年	夏季华北地区高温炎热。春季南、北方气温偏低	北旱南涝，华北干旱，长江流域多雨	m−2/强	无	非
	1870 年清同治九年	夏季华北和中原地区高温炎热，北方春季偏冷、秋季和初冬温暖	华北、华南干旱，长江流域多雨	M/很强	有	非

---

① 乾隆《泾县志》卷十
② 道光《武宁县志》卷二十七
③ 乾隆《分宜县志》卷一

夏季高温炎热事件史书中偶有所见，如814年（唐元和九年）"六月大燠"[①]，934年（后唐清泰元年）"六月京师大旱热甚，暍死者百余人"[②]，1135年（南宋绍兴五年）"五月大燠四十余日草木焦槁，山石灼人，暍死者甚众"[③]和1215年（南宋嘉定八年）"五月大燠，草木枯槁，百泉皆竭，行都斛水百钱，江、淮杯水数十钱"[④]等，但其有关高温的记述简略。据《中国三千年气象记录总集》[5]普查中国历史文献中的炎夏气候事件，将同时有三个省份以上地方出现夏季异常高温酷热记载的作为一次炎夏事件，共查得最近1000年间中国典型炎夏事件19例，当然这些事件并非全国一致的炎夏高温，而多是区域性的。本章将对1636年、1671年、1743年、1870年等4例作研讨。其中，酷热记载最丰富的首推1743年，其影响地域跨北京、天津、河北、山东、山西等五省市。与其他大范围的炎夏事件如1636年、1671年和1870年等相比较，尽管后者的高温地域也达3～4个省份，但以酷热程度、暑热伤害景况和高温范围、持续时间而论，皆未有超过1743年的，1743年的温度测量值也超过了20世纪的夏季极端高温记录，故认为1743年华北地区的炎夏是最近700年以来最严重的夏季高温事件。

由于暖冬和炎夏事件的记载多为现象描述，除了1743年的炎夏事件有温度测量记录可用之外，其他事例皆没有定量的温度记录可用，难于进行温度数据的定量推算，仅本章第5节的1743年炎夏事件详述了温度计测量记录及其认证。故本章的体例略别于前面各章，各节一般未作气候特征值推算，只设有暖冬（或炎夏）实况、气候概况、可能的影响因子简况等三个小节，并酌情将这些历史上的炎夏事件与现代事件做些比较，如指出1743年华北炎夏高温和现代1942年、1999年的夏季高温极端事件，它们在气候特征、所处的太阳活动周位相、火山活动、海平面温度场等方面很相似。

6.1 1616年的暖冬

1616/17年冬季（明万历四十四年冬）华北温暖，陕西和安徽亦呈暖冬。这是小冰期的寒冷时段的暖冬事件。

---

① 《新唐书·五行志》
② 《旧五代史·唐书·末帝纪》
③ 《宋史·五行志》二
④ 《宋史·五行志》二

6.1.1　暖冬实况

1616/17 年冬季华北温暖，《明史》记载北京"冬无雪"[①]，河北鸡泽"冬不冰"[②]，陕西关中澄城、大荔等地"冬燠"[③④]，许多地方出现冬季温暖、桃李冬季开花的物候反常现象，如河北广平府"冬桃李花"[⑤]，陕西黄陵[⑥]等地乃至江淮地区，如安徽桐城、望江、宿松、潜山、安庆各地尚明确记载"冬燠，桃李华"[⑦⑧⑨⑩⑪⑫]（图6—1—1）。

图 6—1—1　1616/17 年冬季异常温暖的历史记录分布

---

① 《明史·神宗纪》二
② 顺治《鸡泽县志》卷十
③ 顺治《澄城县志》卷一
④ 天启《同州志》卷十六
⑤ 光绪《广平府志》卷三十三
⑥ 顺治《澄城县志》卷一
⑦ 嘉庆《续修中部县志》卷二
⑧ 道光《续修桐城县志》卷二十三
⑨ 康熙三十四年《望江县志》卷十一
⑩ 康熙《安庆府宿松县志》卷三
⑪ 康熙《安庆府潜山县志》卷一
⑫ 康熙二十二年《安庆府志》卷十四

有关 1616 年暖冬的历史记载虽数量不多但范围广，北京、河北、陕西和安徽等地皆有记录，所以这个暖冬的事实大致是可以认定的。值得指出的是：这个暖冬出现在小冰期内，是在小冰期的寒冷高峰时段之前几年的异常温暖现象。在这之后四年，即 1620 年就进入小冰期的第 2 个寒冷阶段了，换言之，这是出现在小冰期中相对温暖时段快要结束时的暖冬。

6.1.2 气候概况

1616 年自春至秋无明显的冷暖异常。唯冬季大范围偏暖。

1616 年的夏季降水分布呈北旱南涝格局。干旱区覆盖北方各省，如河北"旱至七月乃雨"①，山西"春夏大旱"②，陕西、甘肃"合省大旱"③④，河南"大旱，自五月至七月初二日始雨"⑤，山东"大旱，青齐尤甚"⑥，而多雨区位于江西、湖南、广东、广西一带（图 6—1—2）。有趣的是，由南方各地点的雨情记载可复原出 6 月 14 日—18 日的暴雨天气的实况情景，且可推断这暴雨是南岭静止锋造成的：江西赣州"五月初一、二、三（6 月 14 日—16 日）霪雨不止，蛟蜃并出，夜水高数丈；初四日灌郡城，东北街市及濒河鲨庐六乡田禾皆没，男妇溺无算"⑦，雩都、信丰、龙南、兴国、瑞金、安远、长宁、会昌皆被水，新干"五月初二平地水涌，冲墙拔屋，蔽江而下"⑧，湖南耒阳"五月初二日水从郴江枫溪发，至初五日突高十余丈涌入城廓，房屋什物洗尽，民多毙于水"⑨，广东南雄"五月初三日洪水涨十余丈，多所漂没"⑩、始兴"五月初三日大水冲陷城池田亩"⑪、福建南平"五月初四日大水冒城，初五日退，初六日复涨加二丈，自西门至东门坏民舍不可胜计"⑫，显示是夏初时南岭静止锋引起的大雨洪水。

---

① 康熙《南皮县志》卷二
② 康熙《临晋县志》卷六
③ 康熙六年《陕西通志》卷三十
④ 乾隆《甘肃通志》卷二十四
⑤ 民国《商水县志》卷二十四
⑥ 康熙三十五年《城武县志》卷十
⑦ 乾隆《赣县志》卷三十三
⑧ 康熙《新淦县志》卷五
⑨ 康熙《耒阳县志》卷八
⑩ 康熙《南雄府志》卷八
⑪ 康熙《始兴县志》卷四
⑫ 康熙《延平府志》卷二十一

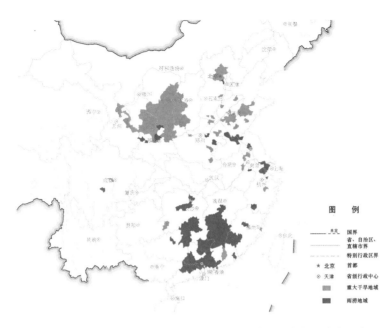

图6—1—2　1616年重大干旱（橙色）和雨涝（深蓝色）地域分布

6.1.3　可能的影响因子简述

（1）太阳活动

1616年位于1610～1619年的太阳活动周内，是该活动周的峰年后1年，记为M+1。该周峰年1615年的太阳黑子相对数估计为90，强度为中等（M）。

（2）火山活动

1616年火山喷发活动达3级的只有2月菲律宾的Mayon火山喷发（VEI=3）和7月南美哥伦比亚Galera火山喷发（VEI=3↑）。此前还有1615年3月班达海Banda Api火山的3级喷发（VEI=3）。1614年没有重大火山活动。

（3）海温特征

1616年位于两次强厄尔尼诺事件之间，是非厄尔尼诺年。1614年和1618/19年都发生了强厄尔尼诺事件。

6.2 1669年的暖冬

1669/70冬季（清康熙八年冬）华北、长江流域和江南地区异常温暖，是为暖冬。在这暖冬之前，1669年夏季华东有局地高温炎热，秋季华北、西北、长江中下游地区异常温暖。1669年是小冰期第2个寒冷阶段最冷的寒冬（1670/71年冬季）到来之前的异常温暖年份。

6.2.1 暖冬实况

1669/70年冬季大范围异常温暖。山西、上海、安徽、湖北、湖南、福建、四川各地都有冬季温暖的记载，尤其是物候的反常。如山西"冬十一月草木生芽寸许"[①]，上海"十二月天暖异常，梅花、蚕豆花无不遍开"[②]，湖北崇阳"冬起蛰，虹见，蛙鸣，桃李华，催耕鸟啼"[③]，湖南衡山"冬桃李实，园笋成林"[④]，福建宁化"十二月桃尽花，杨柳放青"[⑤]，四川西充"桃、李、梅、杏俱冬花"[⑥]（图6—2—1）。此"十二月"已是1670年1月，应是"隆冬时节"竟然如此暖象遍生。

6.2.2 气候概况

1669年气温异常，春寒、夏秋热、冬暖。春季冷空气异常活跃，北方春寒：4月中旬的强冷空气致使山西吉县黄河段"河冰复结"[⑦]，山东"大雪"[⑧]，山西中部地区5月12日—14日连降严霜、5月19日—22日降雪，"积二尺余，牛羊冻死，大

---

① 康熙《吉州志》卷下
② 清·曾羽王《乙酉笔记》
③ 乾隆六年《崇阳县志》卷十
④ 康熙十年《衡山县志》卷二十六
⑤ 康熙《宁化县志》卷七
⑥ 康熙《西充县志》卷九
⑦ 康熙《吉州志》卷下
⑧ 康熙《莱阳县志》卷九

图6—2—1　1669/70年冬季异常温暖和1669年夏秋炎热的历史记录分布

树压折无数，凌冽如冬"①。1669年夏、秋季均异常温暖。夏季华东局部地区出现高温炎热，散见的记述如浙江海盐"夏大热、多渴死"②，安徽怀远"夏大热"③。秋季也出现大范围的物候异常，这些异常记录广布于华北、西北和长江中下游地区，如河北肥乡"秋，杏再花"④，甘肃康县、武都"九月桃生花"⑤，上海崇明"十月二十日（11月13日）大燠，夜雷电"⑥，浙江湖州"十月大燠"⑦，安徽当涂"十月荠花荣，桃、李、木芍药俱华，蝇蚋群集，蛇出"⑧等。随后即是暖冬。值得注意的是，这样大范围的秋季和冬季异常温暖的现象出现在小冰期最冷的寒冬年1670年之前一年。

---

① 康熙《辽州志》卷七
② 康熙《海盐县志》补遗
③ 雍正《怀远县志》卷八
④ 雍正《肥乡县志》卷二
⑤ 康熙《阶州志》灾祥
⑥ 康熙《崇明县志》卷七
⑦ 光绪《乌程县志》卷二十七
⑧ 康熙《太平府志》卷五

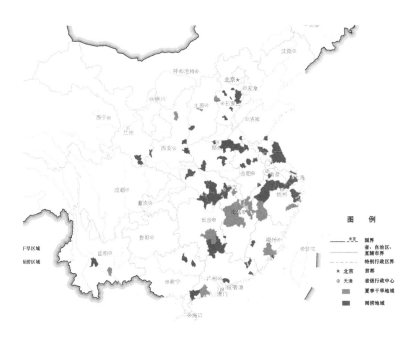

图6—2—2　1669年夏季干旱（橙色）和雨涝（深蓝色）地域分布

1669年降水偏多。黄河下游、黄淮、江淮、长江流域多雨，如湖北"夏，汉水骤涨，杨腾溃决，巨浪稽天，田庐漂溺"①，安徽南部"五月晦后连日大雨，宣、泾、宁、太诸山蛟并发，平地水丈余，漂庐舍，坏桥堤，人畜溺死无算"②，河南"夏霪雨三月，开封、归德、汝宁伤禾为甚"③、杞县"六月霖雨百日"④，山东西南部水患，鱼台"七月河水泛溢至城堤，伤稼"⑤，以及浙江"九月湖州、宁波、绍兴大水"⑥等。此外，江南地区有局地干旱，江西九江、上饶、宜春、吉安和福建安溪、南安、惠安以及湖南衡阳等地皆有干旱[5]。

1669年近海台风活动频繁，最早的台风侵袭日期是4月1日。广东新会"是岁飓风凡六：三月初一日（4月1日）飓作，五月三日复作，六月五日、十六日、二十日一月三飓，七月二十六日又作"⑦，而其他地点还有八月、九月的台风记载，如顺德"六

---

① 乾隆《沔阳州志》卷二十六
② 乾隆《宁国府志》卷三
③ 康熙九年《河南通志》卷四
④ 乾隆十一年《杞县志》卷二
⑤ 乾隆《鱼台县志》卷三
⑥ 康熙《浙江通志》卷二
⑦ 康熙《新会县志》卷三

月飓，秋八月又飓，九月又飓，皆坏船舰屋宇伤人"[1]，潮州"夏六月，秋七、八月连飓，海溢东厢堤溃"[2]。其中以 9 月 20 日（八月廿六日）的台风影响最广：揭阳"八月廿六日，大水涌流，决村所及之处，人畜死者过半"[3]，宝安"八月二十六日飓风大作，所有新盖围屋尽行吹毁"[4]。登陆台风的强度很大，如广州"夏六月至秋八月，飓风暴雨者四，吹倒归德门内六叶重光石亭一座，又吹落光塔顶上葫芦顶"[5]，番禺"飓风六、八、九月凡三作，吹落六榕寺塔顶并毁陈子壮三阶复始牌坊，坏公私船舰甚多"[6]，肇庆"飓风，（城）四角楼基俱圮"[7]。

6.2.3 可能的影响因子简述

（1）太阳活动

1669 年位于 1666～1679 年的太阳活动周内，在该周太阳活动极小年 1666 年之后，记为 m+2，该周太阳活动峰年 1675 年的太阳黑子相对数估计为 60，强度为弱（W）。

（2）火山活动

1669 年有日本 Zao 火山的 3 级喷发，3 月 25 日意大利 Etna 火山的喷发也为 3 级（VEI=3），但火山灰喷发量较大，达 10^7 m^3。在此之前 2 年 1667 年 9 月 23 日有极为强烈的日本北海道 Shikotsu 火山喷发，喷发级别为 5 级（VEI=5、极强），其喷发物到达的高度超过 25 千米，喷出的火山灰的量极大，达 10^9 m^3。

（3）海温特征

1669 年位于两次强厄尔尼诺事件之间，是非厄尔尼诺年。在这 9 年之前的 1660 年出现强厄尔尼诺事件（S）；在 1669 年 2 年后的 1671 年又发生另一次强厄尔尼诺事件（S）。

---

① 民国《龙山乡志》卷二
② 乾隆《潮州府志》卷十一
③ 雍正《揭阳县志》卷四
④ 康熙《新安县志》卷十一
⑤ 康熙《新修广州府志》卷四
⑥ 康熙《番禺县志》卷十四
⑦ 康熙《广东通志》卷五

6.3 1636年的炎夏和北方地区暖冬

1636年（明崇祯九年）夏季中国北方和长江下游地区高温酷暑，冬季北方地区异常温暖而南方异常寒冷。这是小冰期寒冷气候阶段中出现的冷暖气候异常的年份。

6.3.1 炎夏和北方暖冬实况

1636年夏季河北、陕西、江苏、浙江出现大范围高温酷热天气，历史文献记述如：河北饶阳"六月大暑，人畜多热死"[①]、永年"夏酷炎，人热死者甚众"[②]、曲周"夏酷热人多暍死"[③]，陕西礼泉"六月酷热二十余日人多暍死"[④]，江苏吴县"夏大旱大热，行人多冒暑僵死"[⑤]、吴江"夏酷热，人多触暑僵死"[⑥]、金坛"夏六月大旱，热且久，自五月至七月雨不及寸"[⑦]，浙江湖州"大旱酷热"[⑧]。这些记载多为明末和清早期文献所记，是当时人记当时事，可信度高。

冬季北方地区异常温暖，堪称暖冬。山东寿光"冬燠，腊月犹不著绵衣"[⑨]、安丘"冬燠，腊初犹难着绵，草虫亦有生者"[⑩]、潍坊"冬燠，十一月犹不着衣"[⑪]、高密"冬燠"[⑫]，以及安徽贵池、石台"冬无冰"[⑬⑭]。

---

① 顺治《饶阳县后志》卷五
② 崇祯《永年县志》卷二
③ 康熙《广平府志》卷十九
④ 崇祯《醴泉县志》卷四
⑤ 崇祯《吴县志》卷十一
⑥ 乾隆《吴江县志》卷四十
⑦ 明《镇江府金坛县采访册》
⑧ 光绪《乌程县志》卷二十七
⑨ 康熙《寿光县志》卷一
⑩ 康熙《续安邱县志》卷一
⑪ 民国《潍县志稿》卷二
⑫ 乾隆《高密县志》卷十
⑬ 康熙《贵池县志略》卷二
⑭ 康熙《石埭县志》卷二

图6—3—1 1636年夏季炎热和冬季北方温暖、南方寒冷的历史记录分布

6.3.2 气候概况

1636年夏、秋、冬皆呈现大范围气温异常，夏季高温炎热，秋季异常温暖，冬季北暖南寒，即北方暖冬、南方寒冬。继夏季高温之后，秋季北方许多地方出现反映异常暖热的反常物候，记载如河北盐山"桃李秋花结实"[①]、鸡泽"十月榆钱满树，桃李华"[②]，山西长治"秋桃李复花"[③]、襄垣"秋桃李复华"[④]。这些物候异常记录的地点也正是出现在夏季异常炎热的地区，至于二者是否有直接关联的问题，尚未有论证。值得注意的是冬季北暖南寒，当北方暖冬时，长江三角洲地区和华南却异常寒冷。十二月中旬的强寒潮造成南方大范围冻害，上海"十二月极寒，黄浦、泖湖皆冰"[⑤]，福建连江"冬十二月大霜，荔枝龙眼树尽枯"[⑥]、漳州与南靖"大雨雪积冰厚一尺，牛羊

① 康熙《盐山县志》卷九
② 光绪《广平府志》卷三十三
③ 乾隆《长治县志》卷二十一
④ 康熙《重修襄垣县志》卷九
⑤ 康熙《松江府志》卷五十一
⑥ 乾隆《连江县志》卷十三

草木多冻死"①②、寿宁"冬大寒，溪冰厚近尺可履而越，凡数日始解，花木多冻死"③，广东五华"冬大冻，乐土从来霜凝仅一粟厚，是年冰结寸余坚凝可渡，凡竹木花果俱冻死"④、惠来"冬十二月十六日（1月11日）陨霜成冰厚四五寸，连陨三日，草木禽鱼冻死无数"⑤、海丰"十二月大雪，树木多冻死"⑥、陆丰"冬十二月大雪"⑦、揭阳"冰厚盈寸"⑧、高州"十二月大雪，池水尽冰"⑨，海南岛万宁"十二月大寒，木叶凋落"⑩、临高"十二月望（1月10日）雨雪三昼夜，树木为之尽槁"⑪，广西藤县"冬大雪"⑫。

1636年夏季降水分布呈南北旱、淮河流域多雨的格局。西北地区严重干旱，华北部分地区干旱，华南干旱，多雨地带在黄淮和江淮地区（图6—3—2）。1636年夏季高温与干旱相伴出现，河北、陕西和长江下游及太湖流域等夏季异常高温的地方，皆位于严重干旱地区。

6.3.3 可能的影响因子简述

（1）太阳活动

1636年位于1634～1645年的太阳活动周内，是该周的太阳活动极小年1635年的后1年，记为m+1。该周峰年1639年的太阳黑子相对数估计为70，强度为中弱（WM）。

（2）火山活动

1636年有两次喷发级别为3级（VEI=3）的火山活动，其一为日本Oshima火山喷发，另一次是5月8日冰岛Hekla火山喷发，但后者的火山火喷发量较大，达10^7m^3。在此之前1635年和1634年皆有菲律宾的Tall火山的3级喷发（VEI=3↑）。

---

① 乾隆《龙溪县志》卷二十
② 乾隆八年《南靖县志》卷八
③ 崇祯《寿宁县志》卷下
④ 康熙《长乐县志》卷七
⑤ 乾隆《潮州府志》卷十一
⑥ 乾隆《海丰县志》卷十
⑦ 乾隆《陆丰县志》事纪
⑧ 雍正《揭阳县志》卷四
⑨ 康熙二十六年《茂名县志》卷三
⑩ 康熙《万州志》卷一
⑪ 康熙《临高县志》卷一
⑫ 同治《藤县志》卷二十一

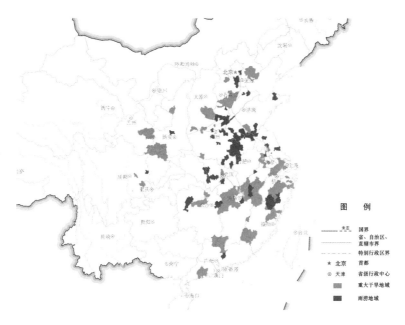

图 6—3—2 1636 年重大干旱（橙色）和雨涝（深蓝色）地域分布

有趣的是中国历史文献中有一些 1636 年秋天疑似火山尘幕的大气光学现象的记录，如徐州"是秋，每日向夕，西方殷红如血"[①]，这是否和冰岛火山的喷发有关，尚待考。以冰岛火山的喷发级别为 3 级的活动而论，喷出的火山灰是可能穿过对流层顶到达平流层内并滞留的，这火山尘幕造成异常的大气光学现象的可能性是存在的。

（3）海温特征

1634/35 年有强厄尔尼诺事件发生，1636 年是强厄尔尼诺事件结束后的非厄尔尼诺年。

6.4 1671 年的炎夏

1671 年（清康熙十年）夏季华北、江淮和长江中下游地区大范围高温、异常炎热，而且高温与严重干旱相伴出现。这是在小冰期寒冷时段，紧随严寒的 1670/71 年冬季之后又出现异常炎夏的典型个例，表明这些年的温度变幅极大。

---

① 康熙《徐州志》卷二

6.4.1　炎夏实况

1671 年夏季华北高温炎热。河北各地酷热，永年"五月、六月奇暑，道多暍死者"①，定州、唐县"秋七月大热如熏灼"②③，卢龙"七月朔（8 月 5 日）炎热如炽"④。令人惊叹的是高温竟导致民众大量死亡，仅邢台县一地即有"大热，七月初二日暍死者数百人"⑤。高温区覆盖了山西南部，芮城"夏热甚，人有暍死者，至八月犹热"⑥，万荣、临猗、运城等地皆有"夏大热，人有暍死者"⑦，或"夏大热，人多病暑"⑧⑨的记载。

夏季高温区还见于江淮地区和长江中下游的安徽、江苏、江西等地。如江苏泰兴"六七月旱，异暑，民有暍死道路者"⑩、武进"夏大旱酷暑，人有暍死"⑪、仪征"夏酷热。疫大作，人多暴死"⑫，安徽南部的宣城"夏大旱连月不雨，毒热如焚，民有暍死者"⑬、南陵"夏连月不雨大旱，热如焚"⑭，浙江湖州"五月至七月大旱蝗，异常大燠，草木枯槁，人暍死者众"⑮，类似的高温记载也出现在江西，如新建"六月酷暑，行者多毙，大旱数十日"⑯。

1671 年夏季华北大片地方高温酷暑，长江中下游地带毒热如焚的异常情形是史籍记载中罕见的。

---

① 康熙《永年县志》卷十八
② 康熙《定州志》卷五
③ 康熙《唐县新志》卷二
④ 康熙《永平府志》卷三
⑤ 康熙《邢台县志》卷十二
⑥ 康熙《芮城县志》卷二
⑦ 康熙《荣河县志》卷八
⑧ 康熙《临晋县志》卷六
⑨ 康熙十二年《解州志》卷九
⑩ 康熙二十七年《泰兴县志》卷一
⑪ 康熙《高淳县志》卷三
⑫ 道光《重修仪征县志》卷四十六
⑬ 康熙《宁国府志》卷三
⑭ 嘉庆《南陵县志》卷十六
⑮ 光绪《乌程县志》卷二十七
⑯ 乾隆《新建县志》卷二

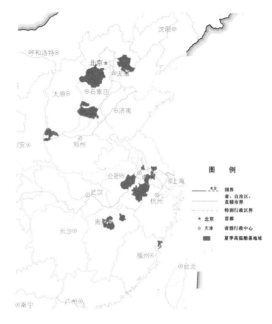

图 6—4—1　1671 年夏季高温酷暑地域分布

6.4.2　气候概况

　　1671 年中国东部的降水分布呈大范围干旱的格局，仅华南有区域性多雨，严重旱区广布于华北和江西、安徽、江苏、浙江等地（图 6—4—2）。河北各地普遍记有"春三月至夏五月不雨"[①]，山西则称"夏旱，七月方雨"[②]，山东"济南府属旱蝗"[③]。长江中下游地区多有记载"五月至八月不雨，田禾尽槁"[④]等，如江西临川"夏大旱五月至八月不雨，泉涧皆涸，赤地千里"[⑤]，更有详细记载连晴日数达 94 天的如浙江金华"五月十三日无雨，晴至八月十六日微雨"[⑥]，严重的旱象如嘉定"夏秋大旱，河底凿井，禾尽槁，至八月二十四日始雨"[⑦]，景德镇"六月旱至十一月河井皆竭，行道有渴

[①] 乾隆《怀安县志》卷二十二
[②] 康熙《文水县志》卷一
[③] 道光《临邑县志》卷十六
[④] 康熙二十二年《安庆府志》卷十四
[⑤] 康熙二十七年《抚州府志》卷一
[⑥] 康熙二十二年《汤谿县志》
[⑦] 乾隆《嘉定县志》卷三

死者"[1]。如此严重的旱情十分罕见，有记载"鄱阳二十八都有潭深数丈，至是水尽见底，内有石刻'洪武三年见此'数字，盖三百年乃再见"[2]。夏季高温区位于大范围干旱区内。

1671年春、秋季北方地区气温偏低，春季终霜日推迟、秋季初霜日异常提前。春季山西榆社"夏四月陨霜杀豆"[3]（按：农历四月为公历5月9日—6月6日），比现代的平均终霜日期4月19日和极端最晚终霜日期5月6日都要晚；秋季初霜记录如山东莒县"秋八月霜杀稼"[4]（按：农历八月为公历9月3日—10月2日），也比现今平均初霜日10月18日和极端最早初霜日10月3日提前。由此推想该年春、秋季气温可能偏低。其实，1671年春季的气温偏低是1670/71年寒冬的延续。

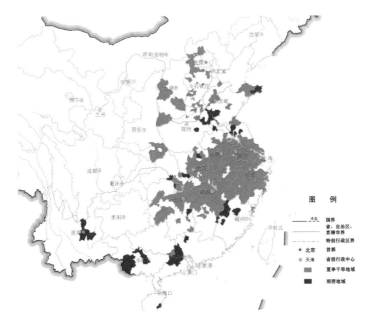

图6—4—2　1671年夏季干旱（橙色）和雨涝（深蓝色）地域分布

1671年台风活动频繁。仅广东遭受台风侵袭的日期见于记载的即有：六月初七日（7月12日）、六月二十一日（7月26日）、九月初九日（10月11日）、十月十三日

---

① 康熙二十一年《浮梁县志》卷二
② 康熙《鄱阳县志》卷十五
③ 康熙《榆社县志》卷十
④ 康熙《莒州志》卷二

（11 月 14 日）等①，最晚的日期是 11 月 14 日。六月十九日（7 月 24 日）在广西合浦登陆的台风②，二十一日又侵袭广东揭阳③。

6.4.3　可能的影响因子简况

（1）太阳活动

1671 年位于 1666～1679 年的太阳活动周内，在该周太阳活动峰年之前，记为 M–2，该活动周的峰年 1675 年的平均太阳黑子相对数估计为 60，强度为弱（W）。

（2）火山活动

1671 年较大规模的火山活动仅有小巽他群岛的 Iya 火山喷发，喷发级别为 3 级（VEI=3↑）。其之前，1670 年有中美洲尼加拉瓜的 Masaya 火山的 3 级喷发，1669 年 3 月 25 日有意大利 Etna 火山 3 级喷发（VEI=3），火山灰的喷发量达 $10^7\,\mathrm{m}^3$。

（3）海温特征

1671 年有强厄尔尼诺事件发生，是强厄尔尼诺年。

6.5　1743 年的华北炎夏

1743 年（清乾隆八年）夏季华北地区高温炎热，高温地域广及北京、天津、河北、山西、山东，北京的日最高气温高达 44.4℃，超过了 20 世纪的极端气候记录，是中国最近 700 年来最严重的炎夏事件。这炎夏出现在小冰期内的相对温暖时段，是工业革命之前全球 CO_2 排放较低水平时出现的极端高温事例。

6.5.1　炎夏实况

1743 年夏季高温的历史记录较丰富，包括中国历史文献记载、清代宫廷逐日天气记录《晴雨录》、外国教士的通信报告、早期仪器观测的温度记录等。笔者已依据这些

---

① 乾隆《潮州府志》卷十一
② 康熙十二年《廉州府志》卷三
③ 乾隆《潮州府志》卷十一

材料和北京逐日晴、雨、风向天气记录以及晴天日数、连续无降水日数资料统计，确证了1743年的炎热实况[68]。

由中国历史文献记载[5]查得1743年华北异常炎夏的记载共56条（原始出处相同的重复记载已予剔除），高温酷暑的记录地点共48处，覆盖的地域广及北京、天津、河北、山西和山东（图6—5—1），其中有代表性的记述如北京"六月丙辰（7月25日）京师威暑"①，天津"五月苦热，土石皆焦，桅顶流金，人多热死"②，河北高邑"五月廿八（7月19日）至六月初六日（7月26日），薰热难当，墙壁重阴亦炎如火灼，日中铅锡销化，人多渴死"③、无极"夏六月热灾，六月初亢旱热甚，时有焦木气触人。初伏数日，人民中渴即骤毙日数十人，相近数百里皆然"④，山西长治"五月日出赭色，照墙壁皆红，酷热，殆者甚多"⑤、浮山"夏五月大热，道路行人多有毙者，京师更甚，浮人在京贸易者亦有热毙者"⑥，山东高青"室内器具俱热，风炙树木向西南辄多死。六月间自天津南武定府逃走者多，路人多热死"⑦、平原"五月下旬热甚，

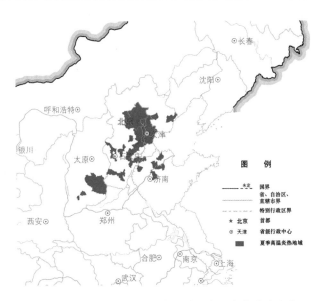

图6—5—1　1743年夏季华北地区高温炎热地域分布

---

① 清·王先谦《东华续录》
② 同治《续天津县志》卷一
③ 民国《高邑县志》卷十
④ 乾隆《无极县志》卷三
⑤ 乾隆《长治县志》卷二十一
⑥ 乾隆《浮山县志》卷三十四
⑦ 乾隆《青城县志》卷十

有渴死者”①，河北遵化“六月五日（7 月 25 日）大风夜作，毒热立解，万民立苏”②、元氏“五月二十八日至六月初六日熏热难当，人多渴死，初六日未时得雨始安”③。

史料所记述的北京景况也为当时居留北京的法国教士的目击报告所证实，在一份由教士 Gaubil 写给巴黎耶稣教会的信[68]中有这样的文字：“（译文）北京的老人称，从未见过像 1743 年 7 月这样的高温了”“7 月 13 日以来炎热已难于忍受，而且许多穷人和胖人死去的景况引起了普遍的惊慌。这些人往往突然死去，尔后在路上、街道或家中被发现，许多基督徒为之祷告”“奉皇帝的命令，官吏们商议了救济民众的办法，在街上和城门免费发放药物、冰块和施舍”“高官统计 7 月 14 日到 25 日北京近郊和城内已有 11 400 人死于炎热”（图 6—5—2）[69]。

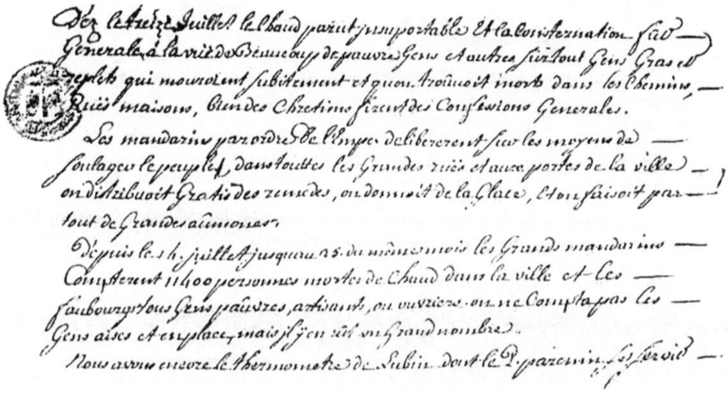
Dez le treize juillet le chaud parut insupportable et la consternation fut —
Generale à la vüe de beaucoup de pauvres gens et autres surtout gens gras et
replets qui mouroient subitement et qu'on trouvoit morts dans les chemins —
rües maisons, bien des Chretiens firent des Confessions Generales.
Les mandarins par ordre de l'Empr. delibererent sur les moyens de —
soulager le peuple, dans touttes les Grandes rües et aux portes de la ville —
on distribuoit Gratis des remedes, on donnoit de la Glace, et on faisoit par —
tout de Grandes aumones.
Depuis le 14. juillet jusqu'au 25. du même mois les Grands mandarins —
Compterent 11400 personnes mortes de Chaud dans la ville et les —
fauxbourgs tous Gens pauvres, artisans, ou ouvriers. on ne Compta pas les —
Gens aisés et en place, mais il y en eût un Grand nombre.
Nous avons encore le thermometre de Lubin dont le P. parennin se servit —

图 6—5—2　Gaubil 教士关于 1743 年北京酷热记述片段[68]

注：原件存于 the Bibliothèque de l’Observatoire de Paris。

综合古籍文献记述知，1743 年华北地区 6 月下旬至 7 月下旬天气十分炎热，7 月 13 日—25 日为异常高温时段，以 7 月 25 日最为炎热，至 7 月 26 日高温才解除。又由清代钦天监的北京《晴雨录》（见于北京的中国第一历史档案馆），和法国教士的气象观测记录簿（见于比利时皇家档案馆）可知更多细节：北京《晴雨录》显示，从 7 月 7 日到 18 日连续 12 个晴天（仅 12 日 19 时片刻微雨），或从 13 日直到 18 日连续 6 个晴天，紧接着 7 月 20 日—25 日又连续 6 个晴天，直到 7 月 26 日晨 9 时降小雨，炎热

① 乾隆《平原县志》卷九

② 乾隆二十一年《直隶遵化州志》卷二

③ 乾隆《元氏县志》卷一

解除；Gaubil 教士的观测簿则记有："7 月 20 日—25 日连日高温"和"25 日夜间出现东北风，然后降雨"。这些记录相互印证且一致表明，北京地区连续出现三个晴热时段，即 7 月 7 日—12 日、7 月 13 日—18 日、7 月 20 日—25 日，呈现一波接一波的典型"热浪"（heat wave）天气特征。这份珍贵的气象观测资料，即法国耶稣会士 Gaubil 在北京进行的每日两次气象观测记录，有温度、风向和天气现象等项，它使用 Reaumur 氏温度计，读数分辨率为 0.25°R，等于 0.31℃。从中可读到，其下午 3：30 的气温测值（近于日最高气温）自 7 月 20 日以后就高于 33.25°R（41.6℃）、7 月 25 日的温度值最高达 35.25°R（44.4℃）、7 月 26 日突降至 25.25°R（31.9℃），而且它的逐日风向和天气状况和北京《晴雨录》的完全一致（图 6—5—3）。

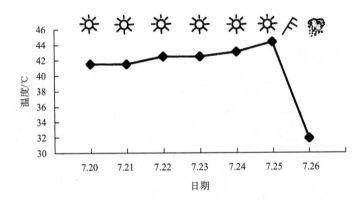

图 6—5—3　北京 1743 年 7 月 20 日—26 日观测记录的逐日气温值（下）和《晴雨录》所记的
逐日天气现象（上）[68]

注：☀ -晴　🌧 -雨　🗲 -东北风。

华北地区多个地点的各种资料不仅显示出大范围持续晴热天气的典型特征，更有意思的是各地的暑热先后消解过程清晰地显示了一次典型的冷锋活动：北京《晴雨录》和地方志记载各地的风向由偏南风转为偏北风的时间一致呈现自北而南依次推迟，降雨也自北而南递次发生，如 7 月 25 日夜北京转为东北风、26 日上午 9 时北京降小雨，直至 26 日下午 1 时河北南部的元氏县等地相继降小雨①等，这正是典型的冷锋移动表现。由以上各类天气记录推论，这次高温事件是由暖高压系统自 6 月底至 7 月 25 日长久稳定地控制华北地区所致，于 7 月 26 日由一次冷空气活动而告结束。

历史文献中的夏季酷热记载数量最多的首推 1743 年，对比 14～19 世纪各例炎夏

①　乾隆《元氏县志》卷一

事件的实况记述，以酷热程度、暑热伤害景况和高温范围、持续时间而言，皆未有超过 1743 年的。

6.5.2 气候特征值的推断

（1）高温的观测记录

在北京早期器测气象记录中，存有 1743 年 7 月～1746 年 3 月的逐日气象观测记录，包括温度、风向和天气现象等。北京的观测每日两次，分别是地方时早晨 6 时半和下午 3 时半，气温观测使用拉谋氏温度计。将原记录的逐日温度值 Reaumur 氏温标（°R）换算成摄氏温标（℃），可见北京 1743 年 7 月高温时段的极端最高气温出现在 7 月 25 日，高达 44.4℃（图 6—5—3）。须说明，在 1743 年进行此项观测时，正好有另一台备用的作对比观测的 Lubin 氏温度计也留下了观测记录，二者结果相同，故此项观测记录的可靠性得以认可。关于这温度计的使用、记录考证和温标换算等问题，笔者有另文详述[68]。

（2）与现代高温记录的比较

据北京现代温度观测资料，20 世纪以来最高气温超过 40℃ 的记录共有三次，分别出现在 1942 年和 1999 年，可将 1743 年的高温记录与之对比（表 6—5—1）。

表 6—5—1　北京 1743 年气象观测记录与现代炎夏高温时段温度值的对比

	1743 年 7 月下旬	1942 年 6 月中旬	1942 年 7 月上旬	1999 年 7 月下旬
日最高气温极值（℃）	＞44.4 *	42.6	40.5	42.2
＞40℃的总日数（天）	6	3	3	1
连续＞38℃日数（天）	6	3	3	2

*用午后 3：30 的测值代替。

注：现代资料取自中央气象局联合资料室《中国气温资料》1954 年和文献[69]。

从表 6—5—1 可见，无论从日最高气温的极端值或是＞40℃ 的高温日数和连续＞38℃ 的日数来看，1743 年盛夏的高温记录都超过 20 世纪的极端记录。尽管 1743 年观测值的可能误差和订正等问题现在已无从讨论，但若仅仅在于辨识 1743 年的高温记录是否超过 20 世纪的高温记录，则结论还是肯定的。鉴于 15～19 世纪的历史记载中尚未见有超过 1743 年的炎夏事件，故可以认为 1743 年华北的夏季温度是最近 700

年来的最高记录。

6.5.3　气候概况

1743 年春季冷空气活跃，夏季炎热。春季长江中下游地区多雪，湖北"春大雪连旬"[①]"雪深数尺"[②]，湖南"春雨雪深数尺"[③]，安徽、江苏"春大雪连绵"[④⑤]，浙江宁波等地"三月初三日大雪"[⑥]，连一向温暖的江西赣州竟也"三月初三等日打霜、池有冰"[⑦]。春夏之交的强冷空气活动致使立夏后五日（5 月 11 日）陕西延安、宜川、延长等地"大雪麦苗偃仆"[⑧]，河南灵宝"陨霜杀麦"[⑨]。

1743 年夏季降水分布呈典型的北旱南涝格局。夏季华北地区大范围干旱，长江流域多雨[2]（图 6—5—4）。华北地区的干旱已持续了 2 年，1741 和 1742 年皆呈现华北干旱、长江流域或江淮地区多雨[2]。由 18 世纪长江下游梅雨气候研究[33]知，1743 年夏季梅雨期的雨量正常，入梅日期（6 月 22 日）偏晚，出梅日期（7 月 11 日）略偏晚，而其前 1 年 1742 年则是典型的多梅年，入梅早（4 月 28 日），梅雨期长达 40 天。

值得注意的是，1743 年的气候特征如旱涝分布、梅雨特点等与 1942 年和 1999 年的（分别是现代北京夏季温度第一高值、第二高值年份）很相似，这三例华北夏季高温年份降水的共同特征是：①中国东部的降水分布皆呈北旱南涝的分布格局，华北地区连年持续干旱（1942 年夏季华北及黄淮地区干旱、长江中下游多雨[2]；1999 年夏季北方少雨南方多雨[71]，北方许多地方的降水量是此前 50 年以来同期的最小值或次小值[71]）；②长江流域梅雨总雨量接近正常，出、入梅日期正常或略偏晚，但其前一年（1742 年、1941 年、1998 年）却均为典型的多梅雨年份，梅雨期长、梅雨量异常的多（表 6—5—2）。

---

① 乾隆《汉阳县志》卷四
② 乾隆《汉川县志》祥异
③ 乾隆《宁乡县志》卷八
④ 乾隆《无为州志》
⑤ 乾隆《高淳县志》卷十二
⑥ 乾隆《镇海县志》卷四
⑦ 乾隆《赣县志》卷三十三
⑧ 嘉庆《延安府志》卷六
⑨ 乾隆《阌乡县志》卷十一

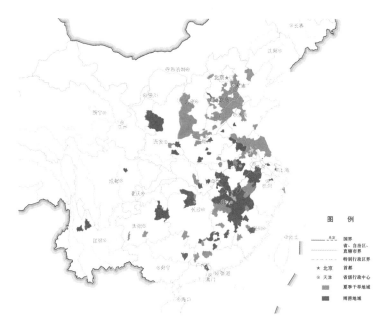

图 6—5—4　1743 年夏季干旱（橙色）和雨涝（深蓝色）地域分布

表 6—5—2　历史华北炎夏年份 1743 年和现代炎夏 1942 年、1999 年当年、前一年的梅雨特征之对比

	年　份	入梅日期		出梅日期		梅雨量
当年	1743 年	6 月 22 日	偏晚	7 月 11 日	略偏晚	正常
	1942 年	6 月 16 日	正常	7 月 9 日	正常	多
	1999 年	6 月 23 日	偏晚	7 月 1 日	正常	多
前1年	1742 年	4 月 28 日	早	7 月 10 日	正常	多
	1941 年	6 月 22 日	偏晚	7 月 25 日	偏晚	多
	1998 年	6 月 24 日	偏晚	8 月 1 日	偏晚	多

6.5.4　可能的影响因子简述

（1）太阳活动

1743 年位于 1734～1745 年太阳活动周，是该活动周极小年的前 2 年，记为 m–2，该活动周峰年 1738 年的太阳黑子相对数估计为 110，活动强度为强（S）。按现代太阳活动周与盛行大气环流型的对应关系，在 m–2、m–1 位相上盛行纬向环流型，对应于纬向环流的增强。现代两例出现炎夏的 1942 年和 1999 年分别处于太阳活动周第 17 周的 m–2 位相和第 22 周的 m–1 位相，这三例炎夏年份所处的太阳活动周的位相很相似。

（2）火山活动

1743 年并无重大的火山喷发活动，但其前 1 年 1742 年有南美厄瓜多尔的 Cotopaxi 火山的 6 月 15 日和 12 月 9 日两次喷发，和日本 Oshima 火山的继其上 1 年的喷发，喷发级别皆为 3 级（VEI=3）。

（3）海温特征

1743 年正好位于两次厄尔尼诺事件之间，在其之前的 1740 年有中等强度（M 级）的厄尔尼诺事件发生，其后的 1744 年又有强度为 M+的厄尔尼诺事件发生，显然 1743 年正处于赤道太平洋海面温度相对较冷的情形。值得注意的是现代出现华北高温事件的 1942 年和 1999 年竟然也呈现类似的对应关系：①在 1942 年炎夏之前，1940/41 年出现强（S 级）厄尔尼诺事件，随后的 1943 年又出现中等强度（M 级）的厄尔尼诺事件；②1999 年的华北炎夏事件之前 1997/98 年出现过极强（VS 级）的厄尔尼诺事件，而 1999 年赤道东太平洋海面温度急剧降低，出现极强的拉尼娜事件，直到 2000 年 4 月方告结束[72]。换言之，现代炎夏的 1942 年和 1999 年也都处于赤道太平洋海面温度很冷的情形。

1743 年的气候特征如旱涝分布、梅雨特点，以及相应的太阳活动、海温场条件等皆和现代 1942 年、1999 年华北炎夏事件的相同。

6.6　1870 年北方地区炎夏

1870 年（清同治九年）夏季华北和中原地区高温酷热，秋冬温暖。降水分布呈南北旱长江流域涝的分布型，夏季高温出现在严重干旱的地域。这是小冰期的寒冷阶段中的一个气温异常的年份。

6.6.1　炎夏实况

1870 年夏季北方地区高温炎热，历史文献中天气炎热的记载广及河北、河南、山东等省。从历史记录来看，高温时段可分为农历六月和七月两段：六月份（6 月 29 日—7 月 27 日）河北正定"大热，人多暍死"①、获鹿"夏六月大热"②、唐县"六

---

① 光绪《正定县志》卷八
② 光绪《获鹿县志》卷五

月热甚，耘田者多死"①，河南开封"夏酷热半月伤人畜"②、商水和项城等地都有"六月大燠，人多暍死"之类的记述③④；另一时段是七月上旬（7月28日—8月6日），河北东光"七月初旬酷热，人多暍死"⑤、宁晋"夏大暑有暍死者"⑥，相邻的山东宁津"七月酷热，人多暍死"⑦、定陶等地"伏日炎热异常，中暑死者甚众"⑧、桓台"七月初旬大暑，乌河中水尽温，人有热死者"⑨。

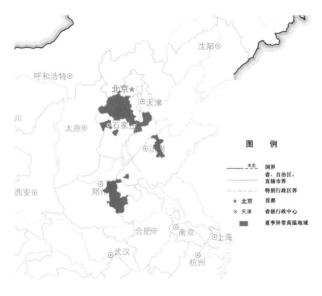

图 6—6—1　1870 年北方夏季异常高温地域分布

6.6.2　气候概况

1870 年气温明显异常，春冷、夏热、冬寒。春季华北和黄河中下游地区气温低、多

---

① 光绪《唐县志》卷十一
② 光绪《祥符县志》卷二十
③ 民国《商水县志》卷二十四
④ 民国《项城县志》卷三十一
⑤ 光绪《东光县志》卷十一
⑥ 民国《宁晋县志》卷一
⑦ 光绪《宁津县志》卷十一
⑧ 民国《定陶县志》卷九
⑨ 民国《重修新城县志》卷四

雪，山西平陆"三月初一（4月1日）雪大如掌"[①]，陕西"春大雪伤稼"[②]，河南开封"三月雪寒伤麦"[③]。夏季北方地区大范围高温炎热。秋季和初冬华北地区偏暖，山西"是岁天气甚暖，十月之后，木未落者多，野外青草过霜降不变色，冬至之时，室无炉火，不觉甚寒"[④]。然而隆冬却严寒，有强劲的中路寒潮南袭，致使湖北江陵"河冰厚尺许"[⑤]，广东饶平"大霜雪，地瓜根叶皆枯"[⑥]、中山"十一月十七日（1 月 7 日）雨雪"[⑦]。

1870 年旱涝分布属于典型的华北和华南干旱、长江流域涝的分布型[2]。春季长江流域少雨干旱；夏季华北、华南均干旱少雨而长江流域多雨，长江上游、中游地区夏季有严重暴雨洪水，同时辽宁夏季多雨、辽河水溢为害；入秋后华北雨水较多，酿成漳河、卫河决溢等局地水害。夏季高温酷暑记载的地点（北京，河北正定、获鹿、唐县、东光、宁晋，河南开封、商水、项城，山东宁津、定陶、桓台）皆位于严重干旱区。

1870 年沿海台风活动尚属一般，无异常。

6.6.3 可能的影响因子简述

（1）太阳活动

1870 年位于 1867～1878 年的第 11 太阳活动周，是该活动周的太阳活动峰年，这峰年的太阳黑子相对数达 139，活动强度为很强（SS），是最近 250 年各太阳活动周峰年的第四高位值。

（2）火山活动

1870 年的重要火山喷发活动有小巽他群岛的 Iliwerung 火山喷发，和 2 月 21 日墨西哥 Ceboruco 火山喷发，它们的火山灰喷发量都很大，达 10^8 m³，还有 6 月 20 日新西兰的 Raoul 岛火山和 8 月 27 日爪哇 Ruang 火山的喷发，这四次喷发级别皆为 3 级（VEI=3）。在 1870 年之前较重要的火山喷发也在美洲，1869 年有墨西哥 Colima 火山、

① 光绪《平陆县续志》卷下
② 光绪《洵阳县志》卷十四
③ 光绪《祥符县志》卷二十
④ 光绪《续猗氏县志》卷下
⑤ 光绪《续修江陵县志》卷六十一
⑥ 光绪《饶平县志》卷十三
⑦ 光绪《香山县志》卷二十二

哥伦比亚 Galeras 火山、Purace 火山和厄瓜多尔 Sangay 火山、Cotopaxi 火山的喷发等，这些喷发级别皆为 3 级（VEI=3），此外还有许多中等规模（VEI=2）的喷发记录。

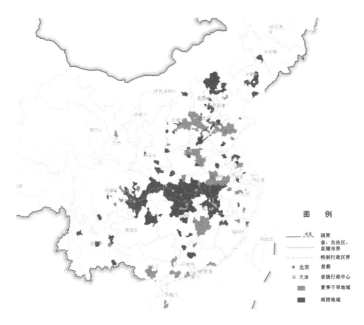

图 6—6—2　1870 年夏季干旱（橙色）和雨涝（深蓝色）地域分布

（3）海温特征

1870 年正处于厄尔尼诺事件的前 1 年。1871 年是强厄尔尼诺年。

结　语

气候是变化的，一直在变化，将来还要一直变化下去。极端气候事件现在有发生，过去也有，将来还会发生，可是我们的所知竟又如何？

中国的历史上曾有许多极端气候事件发生，由本书所述的 47 例历史极端事件的实况复原研讨可知，其中有些与现代发生的、每每带来重创的极端气候事件相似，另有一些却是现代鲜见，甚至未曾见过的。

一些与现代相似的事件，如持续久雨，清代 1794 年多流域持续多雨事件的气候特征和现代 1963 年的很相似（见书中第 2 章第 5 节，下同），1823 年的全国大范围持续多雨事件（第 2 章第 6 节）和现代 1954 年的相比，不仅气候特点相似，而且背景情况相似，都是太阳活动周的极小年、有重大火山喷发、正值厄尔尼诺年的次年，等等；又如暴雨事件，清代 1662 年黄河中下游地区暴雨事件的天气形势特点和现代 1933 年的相仿（第 3 章第 2 节），1668 年华北暴雨的气候特点和现代 1963 年 8 月的华北暴雨事件极其相似（第 3 章第 3 节），不仅暴雨天气过程、发生地域相似，它们都同样和沿海的台风活动密切关联，此类例子还有一些，可在书中见到。总之，一些以往的研究结论得到了历史事例复原研究之印证，如历史上的厄尔尼诺事件与中国夏季降水分布的对应、中国冬季寒冷与夏季降水的关联、台风活动与华北降水关联等，这令人欣然，所以说，本书增进和丰富了我们的天气学、气候学认识。

另一些现代所未见的极端事件，则具有警示的意义——竟然有许多极端事例是现代所未见的！如干旱事例：北宋 989～990 年大范围干旱时，旱区中心的开封连续 2 年的平均降水量推算值为 319 mm，低于现代的极端最低记录，为最近 70 年来所未见（第 1 章第 1 节）；元代 1328～1300 年的大范围干旱，河南旱区的推算降水量也远低于现代的极端低值（第 1 章第 2 节）。至于明、清两代，且不说明代末年延续 7 年的旷世干旱（第 1 章第 5 节），即如明代 1585～1590 年、清代 1784～1787 年、1876～1878 年的连续 6 年、4 年、3 年的大范围干旱，各例实况推算的降水量、降水量减少程度（距平百分率）、干旱持续时间，也都是现代所未见的（第 1 章第 4 节、第 1 章第 6 节、第 1 章第 7 节）。又如暴雨事件，1870 年长江中上游地区的连续大暴雨，其所引发的洪水位居长江洪水自宋代 1153 年以来记录之首位，至今未有超过（第 3 章第 7 节）。再如炎夏，1743 年华北夏季高温（第 6 章第 5 节），其时北京的实测最高气温达 44.4℃，超过现代 1942 年、1991 年气象观测的高温极值，凡此种种，不一而足。值得注意的是，这些现代未曾出现、历史上曾经发生过的极端气候事件，**将来定会发生**。一旦再有发生，又将如何应对？而且这些历史时期的极端气候事件都是自然因子之作用使然（当时人类活动因子的作用可不计），将来若再发生时，应当有人类活动影响因子的叠加作用，情况会更加复杂。

　　本书显示了在历史气候研究方法方面取得的进展。这项历史气候实况的复原研究，致力于探寻如何将历史极端气候事件的气象特征作定量的表达、将复原的实况直观呈现的问题，以脱出历史气候多为定性描述之窠臼。这是综合运用多学科（历史地理学、水文学、农学、物候学、气象学）专门知识的全新探讨，经过多番尝试，历经"众里寻他千百度"的求索，终有"蓦然回首"的惊喜，得出了对干旱、雨涝、冷、暖不同项目分别采用量值定量推算（温度、雨量、降水距平百分率等），和气候特征值判读（梅雨期、降雨日数、干旱日数、异常的初（终）霜雪日期、积雪深度等）等方法，详见引言和各章所述。不过，这些定量推算毕竟是初次尝试，尽管经过反复推敲、有科学依据、有验证，但其结果仍有不确定性，尚待继续研讨。另外，还尝试了如何更好地用绘图形式来表现历史气候实况，依据经过考订的历史气候记载（文献[5]），将雨、旱、高温的发生地域，降雨中心区，寒潮冷锋的移动过程，以及推断的最低温度等值线，等等，都绘在地图上以直观显示，还将历史记载的水灾和河流决溢、大水淹城的地点，饥荒和"人相食"记录地点也在图上标示，还绘制了相关的疫病、蝗灾发生地域图等。显然，这些标示和地域图只是据《中国三千年气象记录总集》的记述绘成，只为辅佐对气候事件之了解，相比于专门的历史洪水、灾荒著述，显然有浅陋之嫌，但所提供的直观图像，对认识气候事件的社会影响来说，却是大有助益的。书中插图190 幅，除 1 幅图片外，全都是特为充分展现各历史事件之实况而精心构思、绘制的。

　　至今，关于极端气候事件研讨甚多，但在认识上还存在未知和不确定性，事件的成因研究亦仍在不断的探究之中。本书虽限于资料条件未进行成因探讨，只给出了太阳活动周、火山活动和厄尔尼诺条件三种自然影响因子的简况以助思考，从中可看到自然因子和极端事件之间的某些关联，有些还可引出更多的思考，如清代 1743 年夏季华北夏季高温事件，与现代 1942 年、1999 年的华北炎夏相比，三者的太阳活动周、厄尔尼诺条件都相同（第 6 章第 5 节），等等。不过本书给出的例子仅 47 例，且是有意挑选的例子，所以这些对应、关联仅仅是些提示而已，并无统计学意义。例如，书中可以看到有许多雨涝事件都发生在厄尔尼诺年的次年（第 2 章），但却并非尽皆如此，1586 年正值厄尔尼诺年的次年却出现大范围干旱（第 1 章第 4 节），还有其他一些例子；又如，连续两年大范围多雨的 1840～1841 年的气候特点，尽管和现代 1954～1955 年的很相似，但是二者的太阳活动、火山活动背景又大不同（第 2 章第 7 节）。这样的对比在 47 个例子中可以找出许多，表明极端气候事件绝非某一二个因子所致，更不是其直接作用的结果，所称某种现象必伴随有极端气候事件出现的说法是不足信的，成因及其影响机制的问题极其复杂，"单轨思考"应于摒弃。

纵观这 47 件复原的实例出现的冷暖气候背景，可见尽管峻烈的寒冬大多集中在寒冷气候期，可相反的情形也是有的，如在小冰期的寒冷阶段也有暖冬和炎夏事件（第 6 章），在小冰期的温暖阶段也有夏季低温事件出现，如 1755 年冷夏（第 5 章第 5 节）等。而在冷、暖气候阶段交替的背景下，出现的极端气候事件更值得留意，如在寒冷的小冰期即将结束、转入快速增暖时的 1892/93 年冬季十分峻烈的严寒事件（第 4 章第 11 节），等等。当今，全球快速增暖、气温上升很快，在这种气候急剧变化的背景之下，极端气候事件尤其值得警惕。

总之，本书陈述的历史极端事件的实况复原研究，将人们对极端气候事件的关注视线，从有正式气象观测记录以来的最近几十年、百余年，引向更久远的历史时期，从而拓展了见识、启发新的思考；又在历史气候的研究方法上取得进展，探索了定量推算历史气候要素值的新途径。本书是利用《中国三千年气象记录总集》写就的第一本专著，尝试将中国的系统的历史气候记载用于现代科学研究，一偿笔者之夙愿。惟愿本书提供的历史极端气候事件的新认识，将对气候预测、气候评估和应对气候变化诸多方面有所助益。

值得指出的是，本书所选的历史极端事件的严重程度多是现代气象观测记录所未见的，这将使我们对气候极端事件的认识大为拓展。而且某些历史个例的天气气候分析结果一再地印证了或补充了我们以往的研究结论[27][28][29]，诸如历史上的厄尔尼诺事件与我国降水分布的对应关系，又如我国冬季寒冷与夏季降水的关联等，这些在各章中将有述及。在这个意义上说，本书增进了我们的天气、气候学知识。这些新的认识无论在气候预测，或者在防灾、减灾对策研讨诸方面，都会有所助益的。

至今，关于极端气候事件的研讨甚多，但认识上还存在不解，也有未知和不确定性。一些现代未曾出现，而历史上却发生过的、且更为严重的事件，将来是会发生的，倘如再有发生，后果又将如何？这些不正是值得关注的吗？

全书参考文献

1　竺可桢："中国近五千年来气候变迁的研究"，《考古学报》，1972 年第 1 期。

2　中央气象局气象科学研究院：《中国近五百年旱涝分布图集》，地图出版社，1981 年。

3　张德二："中国南部近 500 年冬季温度变化的若干特征"，《科学通报》，1980 年第 6 期。

4　张德二："我国历史时期以来大气降尘的天气气候学分析"，《中国科学（B 辑）》，1984 年第 3 期。

5　张德二主编：《中国三千年气象记录总集》，江苏教育出版社，2004 年、增订本 2013 年。

6　陈垣：《二十史朔闰表》，中华书局，1962 年。

7　谭其骧：《中国历史地图集（1—8 册）》，地图出版社，1987 年。

8　张德二："中国历史气候基础资料系统的研制"，《中国学术期刊文摘》，2001 年第 4 期。

9　中国科学院《中国自然地理》编辑委员会：《中国自然地理·地表水》，科学出版社，1981 年，第 58 页、第 61 页。

10　中国气象局：《中国气候资源地图集》，中国地图出版社，1994 年，第 176 页，第 182 页。

11　《中华人民共和国气候图集》编委会编：《中华人民共和国气候图集》，气象出版社，2002 年，第 218 页。

12　竺可桢、宛敏渭：《物候学》，科学出版社，1975 年，第 90 页。

13　张家诚等：《气候变迁及其原因》，科学出版社，1976 年。

14　Schove，D. J. 1955. The sunspot cycle 649 B. C. to A. D. 2000，*Journal of Geophysical Research*，Vol.60，No.2，pp.127-146.

15　Waldmeier，M. 1961. *The Sunspot-Activity in the Years 1610—1960*，Schulthese.

16　Simkin，T., L. Siebert 1994. *Volcanoes of the World*，Geoscience Press INC.

17　Quinn，W. H., V. T. Neal 1992. The historical record of El Nino events. In：Bradley R. S., P. D. Jones（ed.），*Climate Since AD.1500*，Routedge，pp. 623-648.

18　IPCC. 2007. *Climate Change 2007–the Scientific Basis*，Cambridge University Press，pp. 249，468.

19　《第二次气候变化国家评估报告》编写委员会：《第二次气候变化国家评估报告》，科学出版社，2011 年。

20　Bradley，R. S., P. D. Jones（ed.）. 1992. *Climate Since AD.1500*，Routedge.

21　Hughes，M. K., H. F. Diaz（ed.）. 1994. *The Medieval Warm Period*，Kluwer Academic Publishers.

22　张德二："中国的小冰期气候及其与全球变化的关系"，《第四纪研究》，1991 年第 2 期。

23　Zhang，D. E. 2005. Severe drought events as revealed in the climate records of China over the last thousand years，*Acta Meteorologica Sinica*，Vol.19，No.4，pp.485-491.

24　冯佩芝、李翠金、李小泉等：《中国主要气象灾害分析 1951—1980》，气象出版社，1985 年。

25　温克刚主编：《中国气象灾害大典综合卷》，气象出版社，2008 年，第 87～88 页，第 297～325 页，第 674～687 页。

26　秦大河主编：《中国极端天气气候事件和灾害风险管理预适应国家评估报告》，科学出版社，2015 年。

27　陈菊英：《中国旱涝的分析和长期预报研究》，农业出版社，1991 年。

28　张德二、薛朝晖："公元 1500 年以来 El Nino 事件与我国东部地区降水分布型的关系"，《应用气象学报》，1994 年第 2 期。

29　张德二："我国近五百年各区域旱涝变化及其与冬季冷暖的关系"，见国家气象局气象科学研究院编：《气象科学技术集刊（4）》，气象出版社，1983 年。

30　张德二、刘传志、江剑民："中国东部 6 区域近 1000 年干湿序列的重建和气候跃变分析"，《第四纪研究》，1997 年第 1 期。

31　张德二、梁有叶："近五百年我国北方多雨年及其与温度背景的关联"，《第四纪研究》，2009 年第 5 期。

32　Zhang，D. E.，P. K. Wang 1989. Reconstruction of 18th century summer monthly precipitation series of Nanjing，Suzhou and Hangzhou using the clear and rain records of Qing Dynasty. *Acta Meteorological Sinaca*，Vol.3, No.3，pp. 261-278.

33　张德二、王宝贯："18 世纪长江下游梅雨活动的复原研究"，《中国科学（B 辑）》，1990 年第 12 期。

34　张德二、刘月巍："北京清代'晴雨录'降水记录的再研究——应用多因子回归方法重建北京（1724～1904 年）降水量序列"，《第四纪研究》，2002 年第 3 期。

35　水利水电科学研究院：《清代长江流域西南国际河流洪涝档案史料》，中华书局，1988 年。

36　胡明思、骆承政：《中国历史大洪水（上）》，中国书店，1988 年，第 205～218 页，第 332～339 页。

37　胡明思、骆承政：《中国历史大洪水（下）》，中国书店，1988 年，第 125～133 页，第 182～191 页，第 317 页。

38　陶诗言等：《中国之暴雨》，科学出版社，1980 年。

39　丁一汇：《高等大气学》，气象出版社，2005 年。

40　水利电力部水管司科技司，水利水电科学研究院：《清代黄河流域洪涝档案史料》，中华书局，1993 年，第 229～251 页。

41　水利电力部水管司科技司，水利水电科学研究院：《清代海河滦河洪涝档案史料》，中华书局，1981 年，第 153～165 页，第 255～284 页。

42　国家海洋局：《海滨观测规范》，科学出版社，1987 年，第 48～59 页。

43　张方俭：《我国的海冰》，海洋出版社，1986 年，第 165 页。

44　张福春、龚高法、张丕远等："近 500 年来柑橘冻死南界及河流封冻南界"，见中央气象局研究所编：《气候变迁和超长期预报文集》，科学出版社，1977 年。

45　闵骞："鄱阳湖历史冰情的考证"，《湖泊科学》，1996 年第 3 期。

46　程纯枢主编：《中国的气候与农业》，气象出版社，1991 年。

47　陈尚谟、黄寿波、温福光：《果树气象学》，气象出版社，1988 年。

48　张养才、何维勋、李世奎：《中国农业气象灾害概论》，气象出版社，1991 年，第 235 页。

49　俞新妥："樟树"，见《中国农业百科全书》编辑部：《中国农业百科全书·林业卷下》，农业出版社，1986 年，第 778 页。

50　郝永路："热带作物寒害"，见程纯枢主编：《中国农业百科全书·农业气象卷》，农业出版社，1986 年，第 230～231 页。

51　曾麟祥："福建百年、五十年一遇两次极端低温对树木冻害的研究"，《中国生态农业学报》，2002 年第 2 期。

52　河南农学院农林系竹子研究组："对我省发展竹林生产、扩大竹林面积的几点建议"，《河南农学院科技通讯（竹子专辑）》，1974 年 7 月。

53　韩湘玲主编：《作物生态学》，气象出版社，1991 年，第 277～278 页。

54　竺可桢，吕炯，张宝堃：《中国之温度》，国立中央研究院气象研究所，1940 年，第 407～654 页。

55　孔翼："我国冬季温度异常和夏半年降水"，《天气月刊》，1959 年第 7 期。

56　徐群："江淮流域夏季旱涝的前期环流特征分析"，《中央气象局研究所论文汇集》，1965 年。

57　Ludlum，D. M. 1996. *Early Ameirican Winters 1604-1820*. American Meteorological Society，p.22.

58　朱艳："2008 年宜昌城区榕树冻害调查"，《湖北农业科学》，2010 年 6 期。

59　罗晓青、袁洪钊："2008 年初贵州兴义市园林植物受冻害情况调查研究"，《安徽农业科学》，第 2009 年第 3 期。

60　周芳纯："竹林培育学"，《竹类研究》，1993 年第 1 期。

61　顾大形、陈双林、郑炜曼等："竹子生态适应性研究综述"，《竹子研究汇刊》，2010 年第 1 期。

62　张福春：《物候》，气象出版社，1985 年。

63　张福春："气候变化对中国木本植物物候的可能影响"，《地理学报》，1995 年第 5 期。

64　郑景云、葛全胜、赵会霞："近 40 年中国植物物候对气候变化的响应研究"，《中国农业气象》，2003 年第 1 期。

65　郑景云，葛全胜，郝志新等："过去 150 年长三角地区的春季物候变化"，《地理学报》，2012 年第 1 期。

66　Lamb, H. H. 1977. *Climate, Present, Past and Future: Climatic History and the Future, Volume 2.* London: Methuen and Co Ltd.

67　Alexander，R. D.，T. E. Moore 1958. Studies on the acoustical behaviour of seventeen-year Cicadas （Homoptera: Cicadidae: Magicicada）. *Ohio Journal of Science*，Vol.58，No.2，pp.107-127.

68　张德二、Demaree，G.："1743 年华北夏季极端高温—相对温暖气候背景下的历史炎夏事件研究"，《科学通报》，2004 年第 21 期。

69　Gaubil，S. J.，Le P. Antoine. 1970. Correspondance de Pékin，1722-1759. Publiée par Renée Simon，Préface par Paul Demiéville，de l'Institut. Appendice par le P. Joseph Dehergne，S. J. Genève，Librairie Droz，pp. XVIII-1005 .

70　国家气候中心：《全国气候影响评价 1999》，气象出版社，2000 年，第 6 页。

71　张德二、李小泉、梁有叶："《中国近五百年旱涝分布图集》的再续补（1993～2000 年）"，《应用气象学报》，2003 年第 3 期。

72　NOAA/NCEP. Climate Diagnostics Bulletin. 2002, (12): 3~48.

后　记

　　本书的完成有梁有叶、陆风二位的参与和贡献。梁有叶承担了本书第 4 章、5 章、6 章中历史冷暖实况插图的绘制，他以极大的细致和耐心几番修改图稿，为本书增色；陆风承担完成的"中国历史气候基础资料系统"乃是本书写作的得力工具，本书大部分插图即利用"中国历史气候基础资料系统"的检索和绘图功能绘制而成，他为本书插图的绘制付出了智慧和辛劳。正是由于梁有叶、陆风两位的贡献，使得笔者欲采用绘图形式来直观表达历史气候实况情景的设想能够实现，这本含有自绘插图 190 幅的著作方得以问世。

　　本书用到的许多现代气象、水文观测资料，有国家气象信息中心周自江和国家气候中心梁有叶、郭艳君、高歌，中国水利科学研究院万金红诸位帮助查找，在物候学等专业学识方面，承张福春先生悉心指点，关于火山活动、太阳活动的专业术语使用得到刘嘉麒、林元章二位先生指正，还有陆龙骅先生和国家气候中心诸多同事曾惠予帮助和支持，在此成书之日，一并致以诚挚的谢意。

張德二

2019 年 7 月 28 日

补后记

在本书出版过程中，遵从地图审核管理规定，对书稿中含有地理底图的插图（共186 幅），用自然资源部主管部门提供的公益性地理底图，进行重绘并呈送审核。这项巨量的工作由出版社全力承担。

重绘图较之原绘图稍有改变。例如原绘图在米黄底色上用蓝色系列来标示雨、涝地域，显得明亮，而在白色底图上就需做些调整了。为取得最佳效果，重绘时对表示气候事件的各类符号的形状、颜色配置做了改换。原绘图最小绘图单元为"县"的特点在重绘图上未能显现，原绘图上用各种符号表示的高温、暴雨、决堤、大水淹城、人相食记录的地点等，在重绘图上亦不能直观判读，好在这些插图只是示意性的，正文之意已得以表达了。不过，对一些图载的符号数量多且密集的插图来说，由于地图审核批准后图幅版面已定，不能改成大图来展现，殊为遗憾。

新地理底图的图例在重绘图上随同呈现，但它是现今中国地图的图例；此外，政区界线、首都、省级行政中心地名等都是指现今而非古代的，重绘图上的这些现代地名、河流、政区界线等可为读者理解历史实况的地域分布情形提供参照，但它们毕竟异于古时的情形。故特对重绘的宋、元、明、清时代的历史实况图作此说明。

本书的出版工作在商务印书馆科技编辑室李娟主任坚定信念的支持和悉心筹划下有序进行。苏娴编辑以她特有的细致和专业素养补正了原稿中若干漏、误，又以极大的耐心接受笔者的一再修改。烦难万端的重新绘图工作乃藉魏铼、陈思宏、苏娴编辑的苦思和辛劳操作方得以实现。于此，笔者谨致谢忱。

张德二

2023 年 2 月 8 日